石油和化工行业"十四五"规划教材

家庭园艺学

蒋欣梅 主编

化学工业出版社

·北京·

内 容 简 介

家庭园艺是庭院经济的一部分,本书从庭院的角度出发,主要介绍了近年来国内常用的适合庭院的设施建造、园艺作物栽培技术以及庭院的规划设计,充分体现"实用性"和"可操作性"的原则,力求做到理论联系实际,服务于生产。本书共分11章,包括绪论、庭院的设计与布局、适合庭院的设施、适合庭院的集约化栽培技术、庭院主要大宗蔬菜栽培技术、庭院主要芽苗类蔬菜栽培技术、庭院主要果树栽培技术、庭院主要花卉栽培技术、庭院食用菌栽培技术、庭院药食兼用植物栽培技术和盆栽观赏植物栽培技术等内容。

本书的编写以就业为导向,以培养应用型人才为目标,具有很强的针对性、实用性和可操作性,能让学生掌握基本理论的同时,提高学生的实践操作能力。本书可作为家庭园艺爱好者、农业科技人员、大中专院校有关专业师生的教材和参考书。

图书在版编目(CIP)数据

家庭园艺学 / 蒋欣梅主编. — 北京 :化学工业出版社,2024.6

石油和化工行业 "十四五" 规划教材

ISBN 978-7-122-45616-8

Ⅰ. ①家… Ⅱ. ①蒋… Ⅲ. ①观赏园艺–高等学校–教材 Ⅳ. ①S68

中国国家版本馆 CIP 数据核字(2024)第 092066 号

责任编辑:赵玉清　　　　　文字编辑:李　雪
责任校对:李雨函　　　　　装帧设计:刘丽华

出版发行:化学工业出版社
　　　　　(北京市东城区青年湖南街 13 号　邮政编码 100011)
印　　装:河北延风印务有限公司
787mm×1092mm　1/16　印张 16½　字数 372 千字
2024 年 9 月北京第 1 版第 1 次印刷

购书咨询:010-64518888　　　售后服务:010-64518899
网　　址:http://www.cip.com.cn
凡购买本书,如有缺损质量问题,本社销售中心负责调换。

定　　价:49.80 元

编写人员

主　编　蒋欣梅（东北农业大学）

副主编　程　瑶（东北农业大学）

　　　　廉　华（黑龙江八一农垦大学）

　　　　佟雪姣（东北农业大学）

参　编（按姓名笔画排列）

　　　　史绪梅（绥化市农业技术推广中心）

　　　　刘汉兵（东北农业大学）

　　　　刘生财（福建农林大学）

　　　　刘在民（东北农业大学）

　　　　李沛歆（黑龙江工商学院）

　　　　张清友（黑龙江农业职业技术学院）

　　　　陈映彤（吉林农业大学资源与环境学院）

　　　　胡晓辉（西北农林科技大学）

主　审　蒋先华（东北农业大学）

序

　　祝贺《家庭园艺学》出版发行。

　　《家庭园艺学》课程从 1989 年由东北农业大学园艺园林学院（原东北农学院园艺系）蒋先华教授创立至今已有 35 年之久，后由东北农业大学园艺园林学院蒋欣梅教授讲授该课程并通过多年的教学实践不断充实教材。现由蒋欣梅教授主持并联合了蔬菜、果树、花卉、食用菌、药食兼用类植物、芽苗菜以及设施等多方面专业人才逐步完善该教材，使其更全面、更实用、更先进。作为一部新形态教材，其可扫二维码进入教学课堂方便大家学习。

　　《家庭园艺学》作为高等农业院校的新教材，不但激发了学生对专业课的兴趣爱好，更调动了乡村居民利用房前屋后、宅旁种植园艺作物的积极性，为农民致富提供了有效途径，也为城镇居民在庭院、阳台、室内等场所打造美丽家园提供了具体的技术支持，从而增添了城市、乡村美感。

　　该书囊括了园艺学方方面面的知识，内容丰富，填补了我国在家庭园艺学相关教材的空白，改变了目前教材单一化的现象，开创了综合性教材的先例，是一本值得阅读的好书。

彭文山教授

上海交通大学生物与农业学院

2024 年 2 月

随着社会发展及科技的进步，人们对生活质量要求越来越高，这就对高等院校人才的培养目标提出了更高的要求，园艺产业也面临着前所未有的人才挑战。要实现园艺产业"质"的飞跃和高教强省、强国的战略目标，培养与园艺产业发展需求相适应的高质量人才，是农业院校的首要任务。家庭园艺是园艺学的重要组成部分，是利用房前屋后、宅旁以及室内传统的生活领地从事园艺生产的一种活动。发展家庭园艺不仅对美化环境、陶冶情操、缓解现代人的精神压力、改善不良情绪等起到重要作用，而且对促进农村商品生产发展和城乡市场繁荣、促进商品流通、拓宽农村市场、提高农民的思想文化素质、带动农村社会秩序的好转、促进城乡文明建设具有重要意义。

我国现代家庭园艺起步于 20 世纪 80 年代初，东北农业大学园艺园林学院（原东北农学院园艺系）蒋先华教授利用自家庭院进行科学研究并总结多年的实践经验于 1989 年开创了《家庭园艺学》课程，其先后作为蔬菜、农学、植保、园艺、职教等专业的选修课程，"村村大学生"的必修课程，专业拓展课程以及全校的通识选修课程。最早家庭园艺学课程的教材为蒋先华教授于 1989 年主编的《北方家庭园艺》，在《北方家庭园艺》基础上，2007 年蒋欣梅主编了东北农业大学"十一五"立项教材（自编讲义）《家庭园艺学》。从 1989 年开设《家庭园艺学》课程以来，已有 30 多年，教学内容不断增加新的栽培模式、新的设备、新的理念等，这也亟须原有教材（讲义）内容根据新时期的需求进行补充完善。2021 年 5 月，《家庭园艺学》教材获得了东北农业大学规划教材建设立项教材，同时 2023 年 10 月获得了石油和化工行业"十四五"规划教材（普通高等教育）立项教材（第一批）。本教材结合"家庭园艺学"在线开放课程资源（国家高等教育智慧教育平台；学银在线）建设，这种新形态教材可提高学生对专业课程的兴趣，激发广大读者对家庭园艺的喜爱。

本教材共分十一章。第一章绪论由蒋欣梅和史绪梅编写，第二章庭院的设计与布局由蒋欣梅和刘在民编写，第三章适合庭院的设施由刘在民、张清友和胡晓辉编写，第四章适合庭院的集约化栽培技术由蒋欣梅编写，第五章庭院主要大宗蔬菜栽培技术由廉华和刘汉兵编写，第六章庭院主要芽苗类蔬菜栽培技术由程瑶和李沛歆编写，第七章庭院主要果树栽培技术由刘生财和佟雪姣编写，第八章庭院主要花卉栽培技术由程瑶编写，第九章庭院食用菌栽培技术由蒋欣梅和陈映彤编写，第十章庭院药食兼用植物栽培技术由蒋欣梅和程瑶编写，第十一章盆栽观赏植物栽培技术由佟雪姣编写。其中，程瑶编写 8.1 万字，廉华编写 5.5 万字，佟雪姣编写 5.3 万字。蒋先华主审了第一至第五章、第十和十一章，上海交通大学生物与农业学院彭文山教授对第六章相关内容提出了宝贵意见，东北农业大学园艺园林学院杨国慧教授、车代弟教授和东北农业大学资源与环境学院曲娟娟教授分别对第七章、第八章和第九章相关内容提出了宝贵意见，在此一并表示感谢。本书由蒋欣梅和程瑶统稿和完善。

为了这部教材顺利出版，编者付出了很多心血，但由于教材编写是一项较大的工程，在浩如烟海的资料中很难收集全面，难免挂一漏万。同时，由于作者经验尚不完善，水平所限，书中难免存在不足之处，恳请读者批评指正，以便今后修改完善。

蒋欣梅

2024 年 1 月于哈尔滨

目录

第四章　适合庭院的集约化栽培技术 / 061

绪论

一、家庭园艺学概念

家庭园艺是庭院经济的重要组成部分，原是指利用房前屋后、宅旁以及室内传统的生活领地从事商品园艺生产的一种经济活动。随着社会的发展，现阶段家庭园艺的概念指的是利用庭院、室内、阳台、屋顶等传统的生活领地进行果蔬、花卉等园艺植物生产和装饰的活动。

二、家庭园艺学的内容和任务

家庭园艺学是园艺学的一部分，虽然涉及的对象是蔬菜、果树、花卉、食用菌以及药食兼用类特色经济作物等，但又不同于园艺学、蔬菜栽培学、果树栽培学。家庭园艺学的内容主要就是通过充分利用庭院的有利条件，科学地规划布局庭院，做到合理使用作物；同时应用各种园艺设施，采用高度集约化的栽培技术，为园艺作物（蔬菜、果树和花卉等）创造最佳的生长发育条件，以获得更高的经济效益和社会效益。家庭园艺学是以这些学科的基础理论为指导，在庭院的特定条件下的具体运用。根据我国不同地区的自然环境和经济状况，以及人们的不同需求，其侧重点应该有所不同。例如，在我国的北方地区，地多人少、经济欠发达，可以把发展家庭园艺作为振兴当地经济，帮助农民脱贫致富的一种商品园艺生产。另外，随着现代化城乡的发展和人民生活水平的不断提高，顺其自然的"慢生活"应运而生，想要回归自我，把握自己的生活节奏，享受清静悠闲的幸福生活，就可以把家庭园艺打造成一个淡泊宁静、劳逸结合、有张有弛、让香花异卉为生活盛情绽放的作品，并品尝着亲手种植的名特优奇、高品质的绿色果蔬产品，营造一个回归自然、轻松优雅的意境，丰富生活情趣。

家庭园艺学的中心内容和任务是指在庭院中如何因地因时制宜地选择适合的作物，如何采取多层次的立体栽培、间作共生栽培、多茬次栽培等技术，以达到最大限度地提高庭院有限的空间和土地的利用率。同时配置适合庭院的园艺设施，采取"一室多用"、"一床多用"、"一膜多用"、"床室结合"等方式，来降低生产成本，充分发挥园艺设施的潜力，从而创造比一般大田生产高几倍、十几倍，甚至几十倍的经济效益。另外，在考虑庭院收益的同时，还必须为城乡环境的美化着想。所以，用园林艺术把小小的庭院创造成一个个卫生、舒适、优美的生产生活环境，也是家庭园艺学的任务之一。

第二节　家庭园艺的发展简史、现状及发展趋势

一、家庭园艺的发展简史

中国是世界四大文明古国之一，农业历史悠久。园艺本是农业中一个重要组成部分，古代就从农业中分化出来，开始作为独立的经营部门。追溯我国园艺之源，7000～8000年前的新石器时代，我国的先民已有了种植蔬菜的石制农具；6000～7000年前黄河、长江流域就已开始种植蔬菜；4000～5000年前就有了菜园和果园的记载。我国园艺花卉业的发展，要比欧美诸国早600～800年，比印度、埃及、巴比伦王国以及古罗马帝国都要早。另外中国和西方国家之间的园艺植物和栽培技术的交流，最早当属汉武帝时张骞出使西域。张骞通过丝绸之路给西亚和欧洲带去了中国的桃、梅、杏、茶、芥菜、萝卜、甜瓜、白菜、百合等，给中国带回了葡萄、无花果、苹果、石榴、黄瓜、西瓜、芹菜等，丰富了各国园艺植物的种质资源，之后海上丝绸之路也打通了交流的渠道。几千年来的园艺活动，使我国劳动人民发现了家庭园艺的经济价值。元代农学家王祯所著的《王祯农书》中，对家庭园艺场景也进行了特别明细的刻画。

自党的十一届三中全会普遍推行家庭联产承包责任制之后，农村经济的全面改革，我国著名经济学家于光远老先生，作为我国"庭院经济"首倡者，于1984年在自然辩证法报上发表一篇题为《重视发展庭院经济》的文章，对庭院经济的宏观意义做了精辟的阐述，对发展庭院经济予以充分肯定，这对庭院经济的发展起到了推动作用。在此之后，庭院经济在全国兴起，各地区相继成立了庭院经济技术协会，据1985年的不完全统计，仅黑龙江省当时已有69个市、县，1960个农户在自己的庭院里修建了温室，面积已达约32万 m²，生产新鲜蔬菜约950万公斤，一般的年收入就达到了2000～3000元以上，其中在万元以上的就有30余户。庭院经济在过去近40年间，已经取得了长足发展。不同类型、多种经营模式的庭院经济，正在让农家庭院承担起多样功能，演绎出多彩角色。可以说庭院经济是农户利用家庭现有资源，包括家庭可利用劳动力、可利用的自有或周边可租用的土地、房屋、养殖场所等，通过单一或多元的创新发展模式，结合交通、环境、文化等有利优势，取得较高的经济效益的小农业、微农业。

近年来，各地政府高度重视庭院经济工作，加大措施，强化指导，坚持把庭院经济开发与农业结构调整、新农村建设有机结合起来，依托行政推动、政策启动、科技拉动、典

型带动和服务联动，大力发展庭院精种、精养、精加工，走上了专业化、产业化发展的新路子，形成了一村一品、一乡一业和小规模、大群体，小产品、大产业的庭院经济规模发展格局。比如，2018 年黑龙江省出台了"菜园革命"示范村建设实施方案，提出要围绕"东西南北中"五大中心区域、结合黑龙江省 660 多个美丽乡村建设示范点，省、市、县、村四级联动，打造"菜园革命"示范村 100 个，辐射带动黑龙江省村屯实现"庭院革命"，"小菜园"也就成了农户致富的宝地。对于"花园型"生态小菜园，重点选择在乡村旅游示范村和通往景区景点的铁路公路沿线，种植品种以蔬菜为主，果木为辅，点缀花卉；将菜园与房屋、围墙、栅栏、甬道等生活环境做出整体规划，科学搭配品种、高度、色彩，增强观赏性，以菜园景观、生产活动和绿色产品吸引游客，形成可观光、可采摘、可体验的农业业态，打造网红打卡地，让农民的"小菜园"变成游客的"采摘园""观光园""研学园"，引导具备条件的"花园型"小菜园向农家乐、乡村民宿方向发展，延长菜园产业链和价值链，提升菜园产出效益；对于"经济型"生态小菜园，发挥能人带动作用，对接专业合作社、龙头企业、家庭农场，拓展商品订单，实现产品分散生产、集中处理、统一销售；促进菜园与商超对接，探索个人定制、线上销售、众筹消费等新业态新模式，不断扩大"小菜园"的经济效益，将菜园小产品培育成增收大产业，提高组织化、规模化、商品化、品牌化程度。

二、家庭园艺的现状

以习近平新时代中国特色社会主义思想以及关于"三农"工作重要论述为指导，各地通过推行生产绿色化、技术先进化、品种特色化、环境美观化和功能多样化，打造小规模、大群体、小菜园、大产业的特色庭院经济，有效增加了农民收入。如，黑龙江省的克东县昌盛乡翻身村根据资源禀赋、庭院空间、劳力状况、种养经验等实际情况，把"菜园革命"作为农户实现稳定增收的突破口，积极鼓励农民群众从"大处着眼、小处着手"，在方寸之地做文章，庭院里面见效益。该村大力发展黏甜玉米、青刀豆等特色速冻蔬菜种植加工，产业规模持续扩大，实现了种加销一体化发展格局，将蔬菜产业定位为村级产业，通过"公司＋合作社＋农户"模式，统一种子、统一肥料、统一机械、统一种植、统一管理、统一收购的"六统"形式订单收购优质农产品原料，通过派驻技术员、经理人的形式科学指导农户种植优质青刀豆、糯玉米、甜玉米，有效提升农户种植水平，确保种植质量。2021 年，全村生产总值 13001 万元，其中，蔬菜种植和速冻加工产值 11095 万元，农民人均纯收入 1.92 万元。翻身村以"延长产业链、留住附加值"的发展理念谋划速冻农作物产业发展，抓龙头带产业，抓基地树标准，抓连片提效益，实现了速冻农作物生产及加工的特色产业格局。

巩固拓展脱贫攻坚成果、发展庭院经济是增收的重要方式。庭院经济在千家万户的家庭经营与千变万化的大市场有效衔接中展现着自身价值，可以充分发挥其生产功能和经济功能。生活在农村的人口，家家户户都有大小不等的庭院，可以充分利用庭院空间，通过订单生产、服务协作、公司＋农户、公司＋合作社＋农户、公司＋基地＋农户等模式发展庭院经济，把庭院经济由分散化向规模化转变、由粗放式向精细化提升、由产销脱节向产销一体化推进，实现全产业链上下游各环节紧密衔接。当闲置的土地资源被有效盘活，业态繁多的庭院经济就会激活乡村振兴的一池春水。多地实践证明，庭院经济以其形式多样、适应性强的特点在我国农业经济发展中日益发挥着重要作用。近年来，全国多地在推进乡村产业振兴过程中，围绕"家"和"庭"做文章，积极引导农民整合房前屋后的空余土地、空闲资源、养殖鸡鸭、种植果蔬，发展各具特色的庭院养殖、种植经济，把农家庭院的"方寸地"建设成为增收致富的"聚宝盆"，让一个个农家小院充满生机。

2022年农业农村部、国家乡村振兴局印发《关于鼓励引导脱贫地区高质量发展庭院经济的指导意见》中，明确提出"高质量发展庭院经济，是促进就地就近就业创业、发展乡村特色产业、拓展增收来源的有效途径"；2023年中央一号文件提出"鼓励脱贫地区有条件的农户发展庭院经济"。在中国特色社会主义新时代里，在发展庭院经济的同时，人们对更高质量生活有强烈需求，其中也包括对美好居住环境的需要。此前的一项关于现代城市家庭园艺消费行为的调查显示，在402份有效调查问卷中，92.6%的受访者会产生家庭园艺购买行为；同时也表明，现阶段的家庭园艺市场前景较好，大多数消费者对于购买植物装饰家庭环境已经成为习惯。随着城市化发展进程的加快，地面空间逐渐减少，高楼取代平房成为城市居民首选居住场所，城市中的家庭菜园基本消失，而以阳台或楼顶平台成为人们进行家庭园艺生产的新选择，这也丰富了家庭园艺的内涵（图1-1）。现阶段，我国家庭园艺市场发展向好，而消费者的需求推动市场供给。随着家庭园艺产业的蓬勃发展，家庭园艺产品也愈加丰富，其外观设计、包装与服务也越来越完善，"颜值"越来越高，销售渠道也有了很大创新，从线下到线上实现全面开花。

图 1-1　阳台植物　　　　　　　　　　　　　　　　　　　彩图

三、家庭园艺的发展趋势

1. 模式由简单型向复杂型、由单一型向综合型转变

家庭园艺开展起来后，可带动其他的经济发展。过去家庭园艺仅仅是一种简单的蔬菜作物生产，现今在庭院中还可同时发展养殖业，并向生态园艺发展。例如，将蔬菜温室建成三位一体的复合型温室，即一个温室可实现蔬菜种植、牲畜养殖以及室内厕所的功能，

其中粪便不仅是作物很好的有机肥，而且是沼气的来源，沼气是住户的热源和光源，沼气的残渣、残液也是作物很好的肥料。

家庭园艺产业也将向多产业、多维度融合发展。可通过依托农村主导产业，培育生产具有特定地域、特色品种、特殊品质的农产品，赋予特色农耕文化品牌价值，积极发展城市近郊休闲农业、乡村旅游、农耕体验产业融合模式；通过依托加工龙头企业带动农村菜园开展加工原料订单生产，建立村级加工原料基地，实现自给有余、富余有销、产出有效，进一步拓展庭院经济功能，促进一二三产融合发展，提升庭院经济产业综合竞争力。

2. 产品由过去的数量型向优质型转变

只有生产优质产品才具备市场竞争力，才能获得很好的经济效益。园艺作物优质主要表现在四个方面：

（1）品质　表现在外观好、口感好、风味佳。如果出现畸形果则会影响销售，目前市场上销售的番茄，尽管有的产量低，但由于口感好自然带来了好的价格。

（2）营养　要求营养全或含某种营养物质特别多，不同的蔬菜或水果种类不同，其所含的营养有所差异，如西蓝花是维生素 C 和维生素 B_1 含量很高的蔬菜。

（3）保健　表现在含某种特殊具有保健功能的物质。如苦瓜的新鲜汁液含有苦瓜苷和类似胰岛素的物质，具有良好的辅助降血糖作用。

（4）安全　要求无农药残留、无污染，最好达到绿色食品或有机食品标准。

3. 种类和品种由过去的普通型向名特优新型转变

获得名特优新产品有三条途径：

（1）洋菜中种　从国外引进试种，如甘露子（宝塔菜）、西芹、香芹、豌豆（荷兰豆）、欧洲甜樱桃（车厘子，即进口的大樱桃）等。

（2）南菜北种（或北菜南种）　从南方引种到北方种植（或从北方引种到南方种植），如南方的蕹菜（空心菜）、木耳菜、丝瓜、苦瓜等在北方种植。

（3）野菜家种　即山野菜的人工栽培，如蒲公英（婆婆丁）的庭院种植，老山芹、刺五加、龙牙楤木（刺嫩芽）的反季节种植。

由于名特优新产品市场需要数量相对有限，其价格也会随着生产面积的增加而下降，一旦达到供大于求时，就跟普通蔬菜或水果一样。最典型的例子就是花椰菜（白菜花），在 20 世纪 80 年代黑龙江省种植的花椰菜是由蒋先华教授从南方引进的一种特菜，当时的经济效益相当可观，随着生产面积的增加，花椰菜也就逐渐成了普通蔬菜。由此可见，为了取得很好的经济效益，就必须掌握"人无我有、人有我优、人优我转"的经营策略。

4. 蔬菜种植由过去的常规型向反季节型转变

常规种植是按照当地的气候条件、生产条件和传统习惯来安排生产季节的种植方式。例如，大白菜和大萝卜常规种植是种在夏季，长在秋季，秋后收获，故称秋菜；菠菜和生菜因生育期短，忌炎热，所以常规是春季或秋季种植，故称春、秋菜；茄子和青椒喜温暖，怕霜冻，所以常规是春季育苗，霜后种植，夏季收获，故称夏菜。

反季节种植就是采取特殊的技术措施，改变常规的生产季节进行种植的一种方式。反季节种植主要有以下四种方式：

（1）春、夏、秋菜冬种　在北方想进行冬季生产，则需要有温室。

（2）秋菜春种　如秋菜大白菜和胡萝卜想进行春种时，一定要选用耐寒性强抗抽薹的品种。

（3）春菜秋种　如大棚韭菜，黑龙江省南部地区一般在4月中旬开始采收，为了养根，进入正常采收时期的韭菜往往采收4刀，如果4刀韭菜都在春季收获时，则第3刀和第4刀正好赶上露地韭菜也开始收获了，因此这2刀效益不好；为了提高效益，可以春季只采收前2刀后开始养根，待立秋前后再开始让其生长也就是第3刀和第4刀放在秋季进行，正好可以赶上中秋节及国庆节，此时价格好、效益高，这就是春菜秋种的一种方式。

（4）春、秋菜夏种　如香菜、菠菜属于半耐寒蔬菜，忌炎热，常规种植季节为春季或秋季，如果夏季种植，由于温度高，秧苗易烂根，并且当植株不高时就很容易抽薹，影响产量及品质。还有很多叶菜如油麦菜、油菜、茼蒿等也是半耐寒蔬菜，忌炎热，因此夏季绿叶菜相对不足，为此，如果这类叶菜想进行夏种时，需要采取适当的措施，如利用遮阳网来降温，或者棚膜上扬些泥土使棚膜透光率降低来达到降温的目的。

第三节　家庭园艺的意义及基本特征

一、发展家庭园艺的意义

发展家庭园艺的意义有以下几点。

①促进农村商品生产发展和城乡市场繁荣。庭院具特殊小气候（一般比大田的温度高出2~3℃），便于管理，适合发展设施园艺生产，特别是其中的蔬菜生产，对解决北方冬春淡季蔬菜均衡供应、丰富城乡"菜篮子"作用很大。

②投资小、见效快，小气候条件好、管理方便，可以充分利用农村两个"剩余"（劳动力和劳动时间），适合发展设施生产；设施可以因陋就简，就地取材，当年投资，当年即有利润。

③促进了各种商品流通，拓宽了农村市场。产品的交换为农业再生产和生活提供了资金保障，农民手中有钱增加了购买力。

④发展家庭园艺可以把分散、粗放、自发生产引向生产专业化、布局区域化、开发模式化、技术规范化。庭院绿色覆盖面积的大大增加，还具有美化环境，陶冶情操，缩小城乡、工农差别等功能。同时也提高了农民的思想文化素质，带动了农村社会秩序的好转，促进了物质文明、精神文明和政治文明建设。

二、发展家庭园艺的有利条件

我国土地辽阔，庭院土地面积很大。2023年，国家将"庭院经济"列入中央一号文件，指出了"庭院经济"的发展方向，明确了"庭院经济"的地位，并指出庭院经济是农民以自家庭院和周边环境为基础，为自己和社会提供农产品和相关服务的生产经营单位。据报道，我国农村土地总面积占全国总量的 94.7％，而我国广大农村每家房前屋后都有一定面积的庭院来发展庭院经济。家庭园艺作为庭院经济重要的组成部分，在拓宽农民增收中起到了重要作用。

家庭园艺虽然有了很大发展，并取得明显成效，但仍有很大潜力。目前尚有很多庭院闲置，就已开发利用的庭院看，许多还没形成规模效益，技术水平还有待于提高。只有全面实施"金园子"工程，才能推动全国各地区经济的进一步发展，同时也将加速农业强省建设。

三、家庭园艺的基本特征

1. 商品性

商品是能够进行交换的产品，目前的庭院生产，是一种以出售为目的的商品性生产，商品率在 80％以上。庭院生产规模虽小，但多实行一村一品、一乡一品的群体化生产，能为市场提供大量商品。为了提高庭院产品的商品性，可以进行适当的包装，提高商品的价格。

目前的乡村加强了网络建设，乡村快递网点不断增加，通过运用各种电商平台、连锁配送、农超对接、直播带货、网络团购、私人订制等新型营销模式，促进线上线下融合发展，拓宽庭院农产品销售渠道，减少中间环节，增加农民收益。

2. 集约性

集约在农业上指在同一土地面积上投入较多的生产资料和劳动，进行精耕细作，用提高单位面积产量的方法来增加总量。而集约栽培就是指应用现代先进技术，采取高投入，进行高效率的生产。集约主要包括三种形式：①劳力集约；②资金集约；③技术集约。其中，劳力集约是靠投入大量劳动力取得高产量；资金集约是以较多的生产资料投入换取产品产量增加；技术集约是采用大量先进的生产技术来增加产出。

庭院生产实行的是小规模集约经营，是运用一系列的集约化栽培技术，在有限的场地上实现劳动力、资金和技术集约三种形式的有机结合。如合理运用小垄密植与间、套、混、复和立体栽培，就可以充分利用土地、空间、时间，大大提高单位面积产量；合理使用设施，以达到低耗高效的最高经济效益。充分运用这些集约化栽培技术，就是庭院蔬菜栽培的最大特点。

3. 高效性

在商品经济的环境里，高效益的经济才有生命力。进行庭院种植时，从整地、播种、覆盖地膜、定植甚至到收获，通过一些小型机械的应用可以省工省时，大大降低生产成本，提高功效（图1-2）。另外，在栽培技术上，比如庭院蒲公英种植时，在垄沟内种植生菜、毛葱等，能增加单位面积产量，提高经济效益，既体现了集约性，也体现了高效性。可见，家庭园艺生产的效益是十分显著的，其投资少、见效快、效益高，正是家庭园艺生产具有强大活力的源泉所在。

4. 科学性

家庭园艺生产普遍使用先进技术，许多新技术、新品种、新产品往往在庭院生产中最早采用，并能把传统的生产手段和现代科学技术有机地结合起来，创造出适合当地条件的实用技术，再向大田扩展。所谓科学种田，同样是瓜，虽然苦瓜和黄瓜同样是雌雄同株，但黄瓜属于单性结实，雌花不需授粉，果实可以膨大而获得产品，而苦瓜不是单性结实，雌花必须经过人工授粉或用植物生长调节剂如番茄灵、坐果灵或 2,4-D 处理才能使果实坐住，否则将出现化瓜现象而影响产量。种植西瓜时，想结出巨型西瓜，除了与品种有关外，每株的肥料施用量、枝蔓的管理和水分的管理等直接影响果实的大小（图 1-3）。因此，家庭园艺体现了其科学性。

图 1-2　小型机械的应用　　　　　　　　图 1-3　科学种植　　　　　彩图

5. 开发性

在产品的开发上，如种植的葫芦成熟后可采摘下来进行加工处理，形成受人们欢迎的观赏价值较高的且保存期长的宝葫芦；蓝靛果或蓝莓等可以开发成饮料或酒品；开发"福"字苹果等。在栽培模式的开发上，如根据园艺作物生长习性、市场欢迎度，可开发适合盆栽的园艺作物种类以及盆栽技术，特别是开发具有观赏价值的盆栽药食同源类植物显得尤为重要。对于盆栽果树，则要求开发适当矮化、枝条结构好的栽培技术。

6. 休闲性

随着家庭园艺从农村走向城市，一些家庭园艺爱好者，往往会在阳台、室内种植些花花草草陶冶情操，有些居住在楼房一楼门前自带小院的居民除了种植些自己喜欢吃的绿色果蔬外，也会种植些具有观赏性的树木、花卉，打造赏心悦目的景观。山东省威海市乳山银滩湖畔人家小区的一位住户利用五年的时间打造的美丽庭院已经成为游人慕名参观的"打卡点"，同时也带动指导了周围一楼邻居的"美丽庭院"，在这些美丽庭院中都是以观赏花卉为主，适当点缀果树，有的甚至配置了各种小动物造型的景观。威海市乳山银滩一个小区住户利用近一年的时间打造了一个具箱栽蔬菜、花坛和花盆种植花木，自食兼观赏的"空中庭院"。市民往往在自家阳台采用花盆或木箱或泡沫箱等方式种植些自己喜欢的速生叶菜。

　　这些家庭园艺的爱好者利用茶余饭后的时间所创作出的家庭园艺，不仅满足了自己的兴趣爱好，也是交友、会友的良好方式。在从事家庭园艺所带来的娱乐时，通过适当的劳作也锻炼了身体，在全民"大健康"的今天，休闲型的家庭园艺显得尤为重要。

庭院的设计与布局

第二章

第一节　家庭园艺的庭院类型及特点

一、以商品园艺生产为主型的庭院

以商品园艺生产为主型的庭院，所种植的园艺作物主要用作商品，自食只占很少一部分，种菜或种植水果等是家庭的主业或主业之一。这类庭院主要分布于城郊、乡镇、工矿郊区和外销果蔬生产基地。现在中国商品果菜田都已承包给各个家庭，因此，商品果菜主要靠这类庭院供应。以商品园艺生产为主型的庭院的特点，表现为栽培技术较先进，设施设备较完善，种植田基本建设较好，产量较高且稳定，总体生产的园艺作物种类多。

二、以农村自食果蔬生产为主型的庭院

农村居民大部分人食用的果蔬基本上是在自家庭院生产出来的。在农村，一方面大多数家庭庭院生产的果蔬主要是为了自食，另一方面也将其多余的果蔬出售，无论是对城镇商品菜的供应，还是对农村本身的消费市场都会起到一定作用。农村自食果蔬生产为主型庭院历史悠久，从人类开始种植蔬菜时起延续至今，且会一直存在。农村自食为主型庭院的特点，表现为栽培面积小、分散，一般能精耕细作，单位面积产量较高，品质较好。就一个庭院来说，栽培蔬菜种类较少，园艺设施设备较少，从总体上说，先进技术的普及慢于以商品园艺为主的庭院。

三、企事业单位供给型的庭院

有些企事业单位都有自己的农场，其中不少土地用于种植蔬菜，收获的蔬菜供食堂用，多余的也分给职工，也有的作为商品菜出售。庭院除种植花草树木外，还将部分土地种植蔬菜。这些都属于广义的庭院，种菜目的主要是为了自食。一些离城市、集镇稍远的

企事业单位的农场，都有较好的园艺设施设备，具有一定的蔬菜面积，对菜田的投入往往较多，甚至远远超过以商品菜为主的庭院，种植的蔬菜种类也较多，生产水平较高。这类庭院为企事业单位的食堂提供了大量蔬菜。

四、城镇居民娱乐型的庭院

在城镇居民住房的四周，如楼房一层前后左右，平房的房前屋后及宅旁等空闲土地，从几平方米至数百平方米不等。除种植花草外，也种植蔬菜和果树，有的只种植蔬菜并不种植其他作物；有的只种花草和少量果木，还有的在楼顶、阳台放置栽培槽、木箱、塑料盘、花盆等种植蔬菜和花木。这类庭院的特点是一般面积小，种植蔬菜种类少，主要种植最喜食和常食的蔬菜。可随时管理，非常方便，集劳动、健身、娱乐、会友于一体，既增加了生活乐趣，又可随时采收新鲜蔬菜，如山东威海乳山海岸明珠区的"空中庭院"以及上海星俪苑的休闲娱乐型庭院（图2-1）。

图 2-1 休闲娱乐型庭院 　　　　　　　　　　　　　　　　　　彩图

五、周末休闲型的庭院

周末休闲型的庭院是指利用双休日去种植、采收果蔬，平时一般由他人代管的菜园。周末庭院一般在郊区或稍远的乡村。周末庭院不仅可以生产出无污染的蔬菜、水果等，而且还会迎合人们回归自然的心理，让人们采摘亲手种植的蔬菜、水果、花卉，享受着丰收的喜悦。利用每个双休日甚至上班前下班后到菜园成为生长季节不可少的活动，又会使人们生活变得充实，同时也可以消除平时工作、学习、生活的精神紧张，增进身心健康。

第二节　以生产为主型的庭院规划设计

一、庭院设计指导思想

庭院的设计与布局必须合理，这不仅在于获得很高的经济效益，改善、提高人们的生活水平，还能创造一个优美舒适的生活环境，处处给人们以美的享受。这就需要遵循园艺艺术的布局构景法进行设计。所谓布局构景，相当于绘画的构图，即组合、联系和布置，中国画论叫"经营位置"，造园叫"园林章法"，都含有布局的原意。园艺布局构景是综合性的造型艺术，它是以自然美为特征，有了自然美，园艺造型才有生命力。庭院设计常借助各种造型艺术和自然科学来加强其艺术表现力，同时在统一的规划设计下，进行创作设计。因此，庭院规划布局的指导思想一是立足于生产，以生产为主，兼顾庭院的艺术造型、美化和绿化；二是结合不同人群、不同需求、不同气候特点合理设计。

二、以生产型为主的庭院设计基本原则

1. 庭院的合理方位

农业生产离不开阳光，如果发展设施园艺生产，庭院的采光就显得尤为重要，其关系到光能的合理利用与植物生长发育的好坏。目前我国农村住房主要是面朝南的平房，房前是庭院，使整个庭院充满光照，这种方位基本上是合理的。但是要发展庭院设施园艺生产，特别是北方进行冬季生产，最佳方位并非正南，而是朝南略偏西 3°~10°，最佳 5°~7°，最多不能超过 10°。如黑龙江省地处高寒地区，冬季严寒，在利用温室进行冬季和早春生产时，采光屋面晚间需覆盖保温被。由于早晨气温低、多雾，覆盖物不能早揭，而下午气温较高，光照比早晨好，可以适当晚盖。因此，为了更好利用下午的阳光，庭院方位，坐北朝南略偏西 5°~7°更为合理。这里所指的南北并非罗盘测出的磁力线南北，而是子午线的南北。

2. 各种设施合理布置及配合

北方庭院的设施主要有温室、温床、塑料棚和窖。温室、温床应安排在避风向阳的位置，如住房的南面或庭院的北墙南面，塑料棚在庭院中应按南北走向安排在阳光能充分照射的地方，这样，棚内光照均匀，有利于作物生长发育。窖是地下式的，不应占用耕地，可以把窖建在住房下面或住房的北面避阴处，窖顶上还可以饲养畜禽或在窖上支上棚架用于攀援作物。

3. 高中矮作物的合理搭配

果树在家庭园艺中不仅有很好的经济效益，而且对庭院的绿化也具有很大意义。但是，高大的乔木类果树占地面积较大，在庭院面积有限情况下，必须合理安排。如果为了点缀庭院，应把果树安排在过道的一侧或庭院的一侧，按南北向单行种植比较合理，这样对庭院的影响小，树体相互遮阴不大，可以加大密度，甚至可在两棵高大果树间再栽植灌木类的玫瑰花、蓝靛果、树莓等，地面再种植草莓，形成高、中、低立体式栽培。另外，在葡萄架下或黄瓜架下或番茄架下栽培食用菌也是一种非常好的形式（图 2-2），也可以在果树下种植一些草本山野菜如蒲公英、老山芹等。

4. 合理布置攀援植物

攀援植物种类繁多，著名生物学家达尔文，根据其运动习性，将其归纳分成四大类型：一是缠绕藤本，靠茎干本身螺旋状缠绕上升，如紫藤、牵牛花、猕猴桃和各种蔓生菜

豆等；二是攀援藤本，借助于感应器官，如变态的叶、叶柄、卷须枝条等攀援他物生长，如葡萄和各种蔓生瓜类及豌豆等；三是钩刺藤本，靠钩刺附属器官帮助上升，如蔷薇等；四是攀附藤本，茎上长出很多细小不定根或吸盘，帮助攀登，如爬山虎。上述攀援植物中，对发展家庭园艺经济意义最大的是葡萄。为了充分利用庭院的土地和空间，可在庭院道路的一侧或两侧种植葡萄，在道路上面支上棚架，由葡萄占领过道上面的空间；住房北面背阴处不能种植作物，但支上棚架也可为葡萄所利用。这种占地不多，却利用了许多闲余空间的做法，俗称"占天不占地"的栽培方式，不仅增加了庭院收益，还为庭院的绿化、美化增添了光彩。另外，在庭院四周种植蔓生豌豆和菜豆，攀援于篱障之上，也是一种好形式。

图 2-2　高中矮作物搭配　　　　　　　　　　　　　　　　彩图

5. 庭院地块的合理区划与轮作

为了便于管理，实行科学种田，将庭院土地进行合理区划是非常必要的。黑龙江省农村庭院面积多在半亩左右。庭院内作物以南北向种植最为合理。为了便于灌水和扣小棚，小区长以 10m 左右为好。因此，按南北长 10m 左右进行划区，两区间留 50cm 宽的田间作业道或水道。由于连作不仅会加重病虫害，而且还会造成土壤某些营养成分的缺乏或某些有害物质的积累，所以轮作是一项有效的增产措施。将庭院地块进行合理区划，这就为合理轮作创造了条件。

6. 根据庭院的现状就地规划

目前广大农村的农家庭院大小不一、形状不一，当地所要求发展的园艺作物均不一样，必须根据每个庭院及当地的具体情况，遵循以上一些基本原则进行综合设计，因地制宜进行规划。

三、以生产为主型的现有庭院规划设计

以蒋先华教授的家中庭院为例。庭院北开门，房前屋后及宅旁东边共有半亩多地（图 2-3）。将温室建在住房和偏厦的南边，可以充分采光；温室的北墙即后墙是借用住房和偏厦的南墙建成家庭半地下依托式温室。这种家庭半地下依托式温室只需建东、西山墙以及南墙，既省工省料又保温。为了不影响住房的光照，将温室下卧 1m 深，这样还可以进一步提高温室的保温效应。但必须注意解决排水问题，可在温室前沿东侧设一下水井。

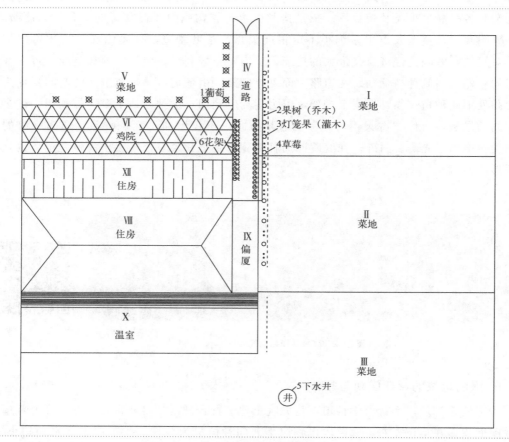

图 2-3 现有庭院就地规划平面图

　　为了便于灌水和轮作，将东边的菜地分成三段，每段长 10m 左右，成为 3 个菜区，同一进大门左侧的一个菜区构成了四个菜地轮作区。因大门道路左侧的菜园中种植了葡萄，为了节省空间，将葡萄种植在院最东侧和最南侧的种植畦内，这个院也称为葡萄院。在一进大门的道路两侧以及鸡院北侧搭建了葡萄架，利用葡萄爬架的特点去占领道路和鸡院上面的空间，即"占天不占地"，葡萄攀援后形成阴凉场所，可以在葡萄架下的过道处纳凉。此外，可以在庭院的篱障处种植些攀援的牵牛花或菜豆等。

　　温床都是临时性的活动床，设在采光避风的 I 区（即东部北区），用后拆除，平整后再栽植蔬菜。为了尽量减少果树对蔬菜生长的影响，将果树安排在靠路的一旁呈单行排列，即呈南北行向，可以适当缩小株距，并在两棵高大的乔木果树之间种一株相对较矮的灌木类的醋栗或玫瑰，木本的果树最底层栽植草莓，形成高中矮立体栽培。由于种植的果树根系很大，并且高大的树木会对相邻植物遮阴，因此相邻果树一侧建造了一个约 4m 宽、10m 长、2m 深的水池（高出地面 1m），在其四周安装种植槽，并在种植槽内种植水生的水芹或空心菜等；水池主要用于贮水、晒水，还可以养观赏鱼，夏季还可游泳。为了美化庭院，在住房门前搭建了花架，可种植些盆栽观赏植物，除了花卉外，还可种植些既有观赏价值又可食用的五彩椒、观赏茄、穿心莲等。

四、以生产为主型的新建庭院规划设计

黑龙江省农家庭院包括住房面积在内，多在 $334\sim667m^2$。对于一块面积为 $640m^2$ 新建庭院的土地，其东西长 32m，南北长 20m，将从以下两种不同模式来加以阐述。

第一种是把温室建在住房的南面，并与住房连接，成为家庭半地下依托式温室。对于新建庭院，首先应当考虑住房安排在什么位置最为合理。为了减少住房对作物的影响，并有利于温室的保温与采光，住房安排在新建庭院的西北角，房门朝东开是比较恰当的。庭院的大门设在庭院北边及住房东侧，并有一条 2m 宽的路直穿庭院。路的东侧有 1m 宽的葡萄栽培畦，南北长 9.75m，在道路上方支 2m 多高的葡萄架。住房下面建菜窖，窖顶应高出地面 $0.5\sim1m$，既有利于通过窖的侧窗进行通风换气，又避免了温室对住房的遮光。另外，在住房南边窗台处用预制板建成宽 30cm 的平台，便于揭、盖温室保温被等作业。温室下卧 1m，成为半地下式温室。

将果树安排在庭院的最东侧，在两株高大的乔木类果树如各种小苹果树之间种植灌木类果树如树莓、玫瑰、醋栗等。随着人们保健意识的增强，药食兼用类的木本植物也越来越受欢迎，因此可以种植枸杞、刺五加甚至刺嫩芽等。在果树下可以种植草莓。高、中、低果树形成了立体式栽培模式。

在庭院的东部，区划了 4 个菜地轮作区，对于温室前沿的南部，为了防止种植高大植物遮挡温室，因此温室的前面可以种植低矮的草莓。温室相邻的东侧以及东南处最好种植较为低矮的灌木类果树，如灯笼果、树莓等。为了便于排水，在温室的东南方建有下水井（图 2-4）。

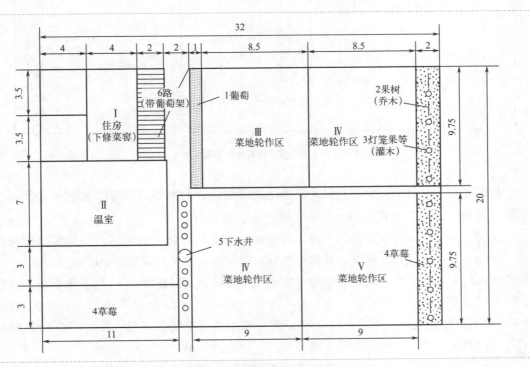

图 2-4　温室依托房屋规划平面图（单位：m）

同样是这个庭院，第二种模式就是住房与温室分开建（图 2-5）。住房安排在新建庭院的西北角，庭院大门设在庭院西侧及住房南边，并有一条 3m 宽的路通向庭院，住房南开门，并在门前安置花架。路的南边有 1m 宽的葡萄栽培畦，东西长 10m，在道路上空支 2m 多高的葡萄架。离住房东墙 2m 远有南北长 7m，宽 1m 的葡萄栽培畦，与住房之间也搭 2m 多高的葡萄架，离葡萄畦 2m 远建温室，避免相互遮光。温室西开门，为了避免寒气直接进入温室，应设门斗。为了避免果树与温室相互遮光，其间应保持 2m 的距离，将窖建在这里，窖上可用于饲养畜禽。同样果树安排在庭院的最东侧形成一排高矮相间的立体模式，在整个庭院的南部区划了 3 个菜地轮作区。

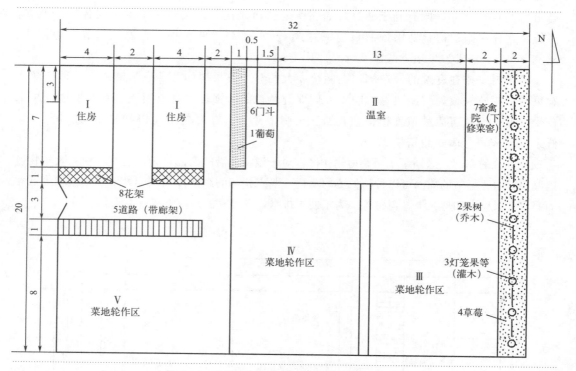

图 2-5 温室与房屋分离规划平面图（单位：m）

目前还有一种将庭院生产与较大面积生产紧密结合的类型，下面以 3000m² 的庭院为例进行规划，该庭院南北长 60m，东西长 50m（图 2-6）。

住房与温室均安排在庭院的北边，住房在中间，两边各一栋温室，住房为两层楼房，其中间为通道，由此进入庭院；其两边各有一间屋进入温室和温室后面的菜窖，菜窖上可养畜禽或野生动物，为了避免住房对温室遮光，住房较温室错后 3m。住房前面设一花坛，其两侧设花架。庭院东西两边各有一栋大棚，大棚距温室 4m，其跨度为 12m，其北面有 2m 宽的路，路北边为 1m 宽，12m 长的葡萄栽培畦，在道路上空支 2m 多高的葡萄架，不仅充分利用了空间，还起到了大棚的天然"门斗"作用。

在葡萄栽培畦和花坛之间可栽些灌木类的灯笼果或玫瑰花等。两栋大棚之间为四区轮作的菜地，北边两区设活动式电热温床。不要在整个庭院内建满大棚，但两栋大棚之间的菜地，可采用小棚栽培，一旦小棚拆除使作物露出，即可绿化、美化庭院。可以利用庭院特殊的小气候，采取小棚加微棚的办法也能起到大棚栽培的经济效果。

　　总之，庭院的模式应该是因地制宜多种多样的，不是这几种模式所能包括的。但是，有关庭院综合设计总的精神、基本原则及方法，则可作为借鉴，供规划、布局庭院时参考。

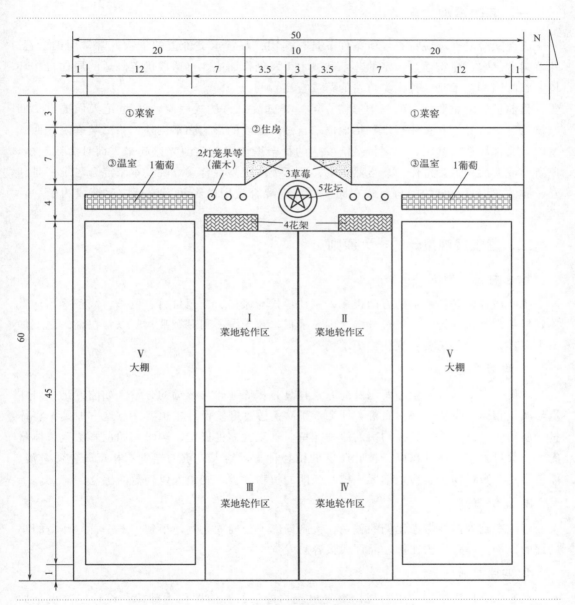

图 2-6　大型新建庭院规划平面图（单位：m）

第三节　庭院景观设计原则

一、庭院景观的含义

庭院景观是在庭院特有场所条件下具有实用、观赏审美价值的景物，常常用山、石、花草树木、水、建筑通过一定的艺术和技术手段创作而成，打造成优美舒适的居住自然环境，庭院园林艺术是一种人类再造的第二自然。

目前世界上主要流行的三类庭院：第一类庭院是自然式庭院，20世纪人们提出"回归自然"的口号，衣食住行都狂热地追求自然，庭院的形式亦不例外；第二类庭院是西式庭院，又称规整式庭院，在现行经济发达的社会里该庭院逐渐兴盛起来，而且愈演愈烈，以致形成大面积人为造作的非自然景观；第三类庭院是混合式庭院，本来混合与统一是相互矛盾的，但目前自然式与西式在同一庭院内混合应用已经相当流行，逐渐成为了一种类型。

二、庭院景观设计的十大原则

1. 多样统一原则

统一用在庭院中所指的方面很多，例如形式与风格、造园材料、色彩、线条等，从整体到局部都要讲求统一，但过分统一则显呆板，疏于统一则显杂乱。所以常在统一之上加一个多样，意思是需要在变化之中求统一。

2. 均衡原则

均衡是人对其视觉中心两侧及前方景物具有相等趣味与感觉的分量。如前方是一对体量与质量相同的景物，一对石狮，即会产生均衡感。庭院设计中也要注意这一原则。将体量、质地各异的植物种类按均衡的原则配植，景观就显得稳定、顺眼。如色彩浓重、体量庞大、数量繁多、质地粗厚、枝叶茂密的植物种类，给人以重的感觉；相反，色彩素淡、体量小巧、数量简少、质地细柔、枝叶疏朗的植物种类，则给人以轻盈的感觉。

3. 比例原则

庭院中到处需要考虑比例的关系，大到局部与全局的比例，小到一木一石与环境的小局部的比例。一旦失去比例，品评者很容易发觉。

4. 韵律原则

在音乐或诗词中按一定的规律重复出现相近似的音韵即称为韵律。设计庭院也是如此，只有巧妙地运用多种韵律的同步，才能使游人获得韵律感。配植中有规律的变化，就会产生韵律感。

5. 对比原则

在庭院设计中，为了突出庭院内的某局部景观，利用体形、色彩、质地等与之相对立的景物与其放在一起表现，以造成一种强烈的戏剧效果，同时也给游人一种鲜明的审美情趣。

6. 和谐原则

和谐是指庭院内景物在变化统一的原则下色彩、体形、线条等在时间和空间上都给人一种和谐感。

7. 质地原则

质地是指庭院中生物与非生物体表面结构的粗细程度，以及由此引起的感觉。如细软的草坪、深绿色的青苔均匀而细腻，让人不舍得去踩它，如果在旁边一片河沙中放一块光润的顽石，这一组质地相近的景物显然会呈现协调之美。

8. 简单原则

简单一词用在庭院设计中是指景物的安排以朴素淡雅为主。自然美是庭院设计中刻意追求和模仿的要点，自然美被升华为艺术美要经过一番提炼。简单也是美，应当在朴素淡雅的原则之下取舍。

9. 满足"人看人"原则

"人看人"成为行为学的理论是近 20 年来才提出的、引申到庭院设计中来是说，庭院景观设计中最引人注目的设计原则应当首先考虑"人"的行为问题。一个好的设计应当能对人的需要最敏感地做出反应，使人尽情地游玩，使他们精神焕发，兴趣盎然，满足他们行为的需要。

10. 寻求意境原则

庭院这类艺术品在成"境"之后就成为欣赏者游乐之所。一座耐人寻味的庭院可连续几百年成为游人乐往之地，可见创作的形象和情趣已经触发游人的联想和幻想，换言之就是有"意境"，而且是持久隽永的意境，突出表现为：一是诗情，常说"见景生情"，意思是有了实景才触发情感，也包括联想和幻想而来的情感。二是画意，庭院是主体的画卷，对于庭院中自由漫步的游人来讲，只有"八面玲珑"才能使人满意（图 2-7）。

图 2-7　寻求意境的庭院　　　　　　　　　彩图

第四节　庭院攀援植物的架式设计

一、适宜庭院种植的攀援蔬菜

我国攀援蔬菜种类繁多，适合于庭院种植的攀援蔬菜品种也很多，一般如扁豆、菜豆、黄瓜、落葵都可以用插架方式在庭院边种植。搭棚架种植的如丝瓜、冬瓜、南瓜、蛇瓜、节瓜、苦瓜、瓠瓜及佛手瓜等，几乎所有能在菜园中栽植的攀援蔬菜，都可以在庭院栽培，每一户庭院选择哪个种类和品种，应根据具体条件灵活掌握。

根据庭院的大小、光照、灌溉、肥料等条件以及周围环境，选择品种好并能取得较好收成的品种。冬瓜、南瓜、瓠瓜、佛手瓜对水、肥、光照要求较高；扁豆、菜豆、丝瓜、落葵比较耐旱；丝瓜比较耐阴。

选择抗病虫能力和适应性强的种类和品种，如丝瓜、扁豆、瓠瓜、佛手瓜，病虫害较少，适应性较强，各地均有当地优种可供选择。

选择多次收获、供应期较长的种类和品种。如落葵，可多次采割嫩梢食用，也可陆续采摘嫩叶，供应时间也长；丝瓜和扁豆立秋后进入盛收期，一直收到早霜降临。

选择经济效益高、营养成分丰富的种类和品种。如丝瓜、佛手瓜、瓠瓜、苦瓜、木耳菜等，高营养，无污染，是人们喜爱的保健蔬菜，特别是在山高气爽的庭园内种植佛手瓜，产量高，品质好，采收期长，也可与叶菜类蔬菜间套种植。

根据自己嗜好和喜爱来选择品种，如苦瓜；也可根据需要选择食用和观赏兼用的种类和品种，如平房、围墙、门庭、过道两旁和庭院小路两侧可种植瓠瓜、各种葫芦、蛇瓜、长丝瓜、南瓜等攀援蔬菜，既可收获市场短缺的产品，又可遮阴乘凉和观赏。

二、庭院攀援植物的架式设计

庭院种植攀援植物，需要搭架支撑，一般以小棚架为主。搭架时既科学又美观是保证收益、美化住宅环境的关键。支架本身应当有一定的艺术性和独特的装饰效果，庭院中的每一架攀援植物本身就应当成为一架立体的艺术品。支架可以用水泥柱（10cm×10cm）、铁管、角铁、塑料管或树干以及庭院内可利用的树木等做成永久性的。永久性支架的特点是坚固耐用，造型美观。横向可以用8号铁丝、竹竿、木条、树枝等搭制成临时性支架。它们的特点是造型多样，造价低廉，拆装方便，居民自己很容易找到材料，做好了的支架也很有田园风情。以下的支架图示是列举的几种常见的架式（表2-1）。当然，根据居住地的条件和手头能找到的一些材料及个人的爱好、审美观点，还可以发挥自己的聪明才智，设计出更多、更美的支架。只要不离开适用、美观、牢固三条原则就可以了。

支架设置的一个重要问题，就是防腐。尤其是埋入土壤中的支架部分，防腐就更重要了。简单的防腐方法是用沥青涂刷，除涂刷埋入土中的部分外，应在地表以上再刷20cm左右，以防止溅水浸蚀；地上部分的防腐有条件的可以与美化结合在一起，一般方法就是涂上一层色彩协调的"调和漆"。

❖ **表 2-1 攀援植物各种架式**

名称	图示	名称	图示
斜花篱架	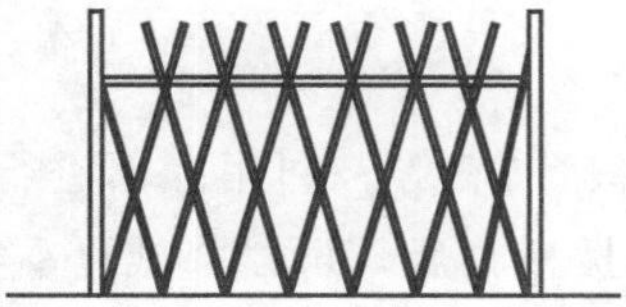	弧形铁管棚架（加挂尼龙网）	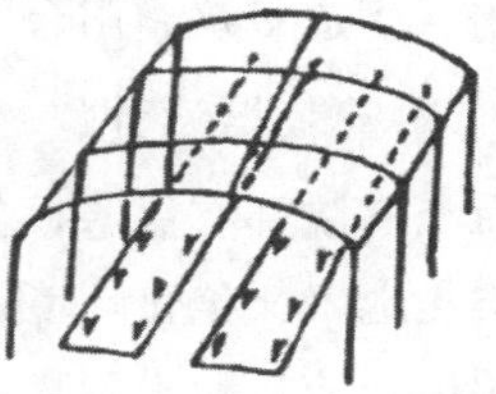
方格篱架	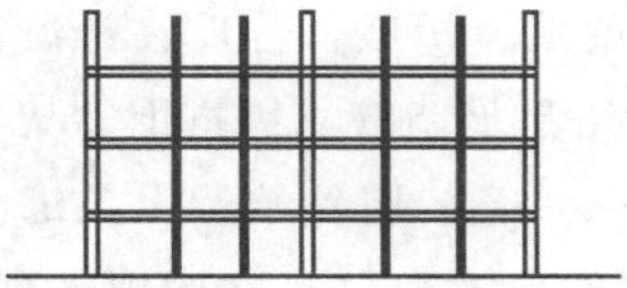	半圆形竹材棚架	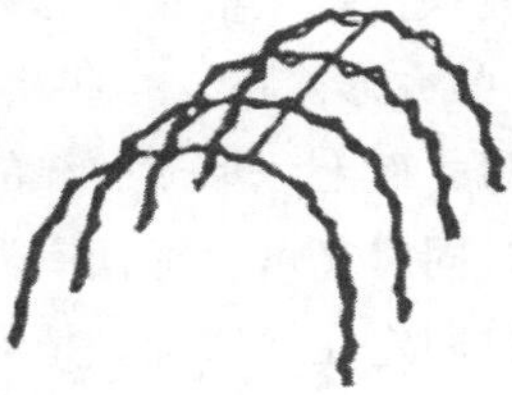
直立栅栏架	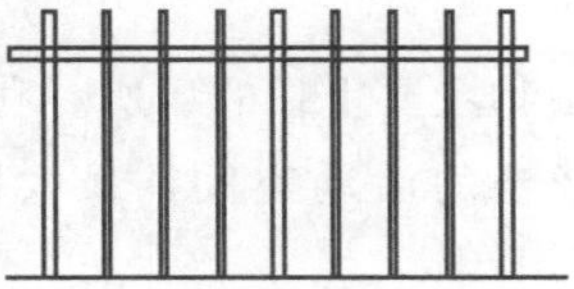	喇叭形篱架	
人字架	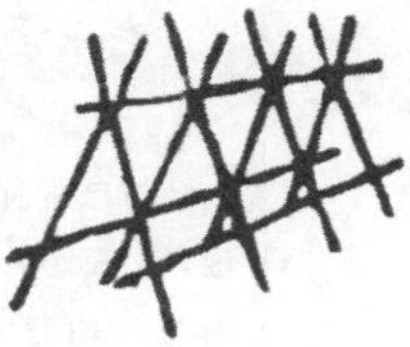	圆锥形架	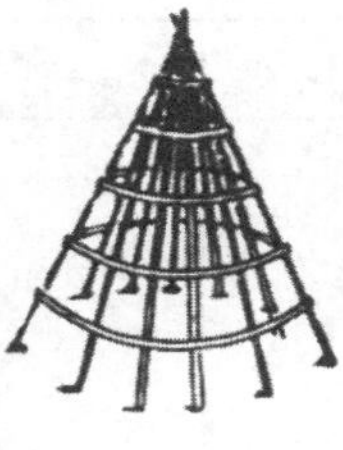
改良型人字架	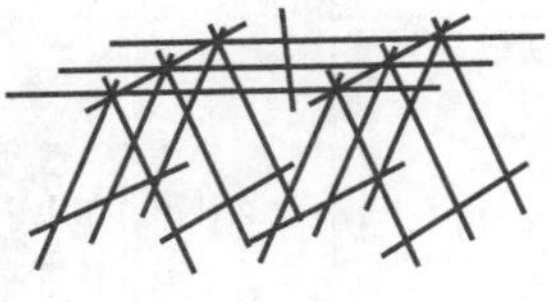	团扇式篱架	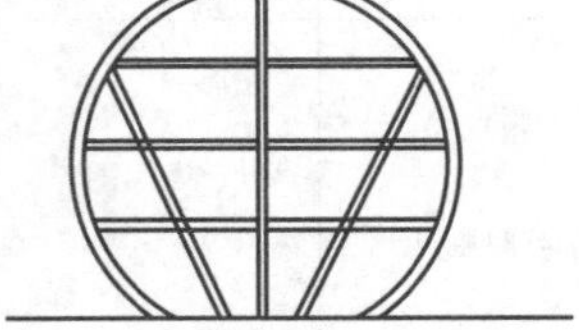
水平棚架	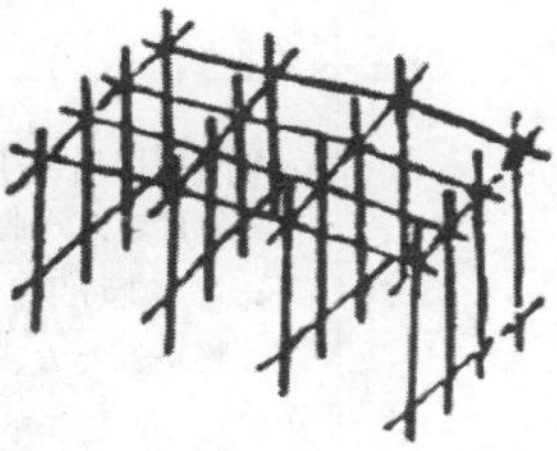	折扇式篱架	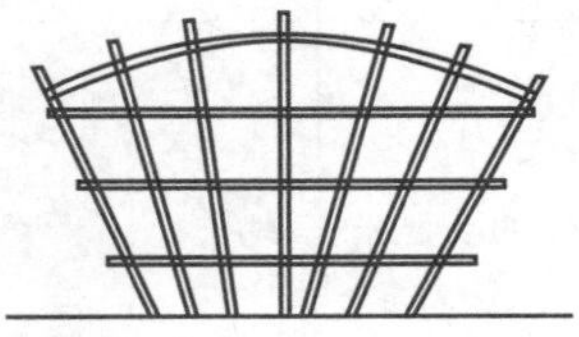

三、攀援植物结合庭院建筑物的设计

庭院栽培攀援植物，只有科学利用好一切可以利用的空间，才能扩大庭院的经营面积，获得高效益。空间的科学利用主要包括利用庭院的一切建筑物进行多层栽培，例如附壁栽培、廊道栽培、阳台及屋顶的利用等类型。

1. 附壁栽培设计

每个庭院都有墙壁，包括房屋外墙、间壁墙、围墙等。利用围墙进行栽培攀援植物，既节省土地，又美化环境，同时居室外墙栽培攀援植物后，可以降低夏季室温，增加院内空气湿度，防止粉尘和噪声污染。钉桩拉线式栽培是在砖墙上打孔，钉入长 20～25cm 的木钉或铁钉，纵横距离为 50cm，在桩（钉）上拉上直径 1～3mm 的镀锌铁线形成 50cm×50cm 的方形网格，一些攀援性的植物（豆角、黄瓜、丝瓜、苦瓜、蔷薇、红香木等）就可以附之而上，形成碧绿的墙壁。附壁篱架式栽培是借墙壁支撑搭上篱架，既美观占空间又少，同时又可以降低室温，一般可距墙壁 20～30cm，用竹竿、木条绑扎成花篱架，并用木钉固定在墙壁上，植物即可沿架生长。附壁斜架式栽培是在围墙上斜搭木条、竹竿，使栽培植物沿架上爬，这种方法简便易行。

2. 廊道栽培设计

门廊过道是人类活动的庭院空间，也是攀援植物主要生长的场所。利用门廊过道的方法有很多种，其特点是具有美丽的艺术造型，舒畅的活动空间，最大限度的生产效益（表 2-2）。

✤ **表 2-2　廊道栽培支架**

名称	图示	说明
拱形门廊栽培		在门口台阶的两侧，砌上水泥池或砖池，上面用竹竿、铁管制成拱形支架。断面积比门高、宽各大 50～80cm，长度为 1～1.5m，用以栽培瓜果和花卉等
长方形门廊栽培		这种形式与上图相同。架材可以用竹、木、水泥、铁管制作
扇形影壁式栽培		在临街的门前用竹竿、木条、铁管等材料做成影壁式造型架。栽培攀援性果、菜、花。既可生产果菜，又是绿色的屏风。美观、大方、经济、实惠。一般距离房门 2m 左右为宜

续表

名称	图示	说明
单侧门道栽培		有些房门上有雨搭，可以在一侧搭上支架，一般北屋搭在西侧，厢房搭在北侧为好
拱形廊道栽培		在庭院中的人行道路上用铁管、竹片捆扎成拱形棚架，栽培攀援瓜、菜、花木，构成绿色长廊（高度应在 2.5m 以上）
方形廊道栽培		支架用水泥、木料制造，其余同上
单壁廊道栽培		在居室前人行道上，搭上支架。距窗宽度 2m 以上，高度 2.5m 以上。既可为居室遮阴，又美化了环境
天井栽培架		两栋平房或居民楼之间拉上铁丝，上面爬满攀援植物，形成绿色的天幕，是居民夏季休息、娱乐的最佳场所，同时又是瓜、菜的生产场地

3. 阳台栽培设计

风格多样的阳台构成了人与自然交融的桥梁。合理利用阳台，绿化美化阳台，也是庭院立体绿化的一个重要内容。一般阳台平均 3m²，每户均有 1～3 个，面积最高达 10m²，这个空间一般通风透光、安全方便，很适合种植攀援植物，如木耳菜、黄瓜及花卉等。这对垂直绿化、生态环境建设和居民的"菜篮子"的补充与多样化是非常有益的。表 2-3 是阳台栽培攀援植物的几个例子。阳台栽培方式是多种多样的，只要做得好，产量和效益都很可观。但要注意的是容器和基质要选重量轻的，防止影响阳台寿命，同时要固定牢固，防止掉下去伤人，浇水时一定要防止渗漏。

　　平房窗口或一楼的窗口也可以栽植攀援植物，可以用木条、竹竿绑扎，也可用铁管焊成各种艺术造型，使支架本身就具有架材支撑和美化居住环境的双重作用。对于炎热的夏天，尤其是朝西的窗户，用攀援植物搭成"帘子"，是一种遮阳的方法。具体方法是在距墙壁 50cm 左右修一个栽培池，种上攀援植物如豆角、丝瓜、木耳菜、苦瓜、红香木以及凌霄花等。

✤ 表 2-3　阳台栽培支架

名称	图示	说明
阳台双侧篱架		在阳台的两侧放置栽培箱，靠阳台两侧搭上方格形的支架，栽培箱中栽上攀援植物，形成绿色的屏风
阳台三面篱架		在阳台的两侧和前缘摆放上栽培箱，搭三面支架，其余同上
一楼阳台三面架		本方法适于一楼，攀援植物于阳台外侧，其余同上
软支架阳台栽培		在阳台内放栽培箱，阳台外缘拉铁丝，箱内栽培攀援植物，沿铁丝攀援，形成绿色软帘，微风吹来，绿波荡漾

第五节　家庭园艺室内景观设计

一、玄关设计

玄关源于中国，最早出自道德经的"玄之又玄，众妙之门"，用在室内建筑名称上意指通过此过道才算进入正室，玄关之意由此而来。过去中式民宅推门而见的"影壁"，也称照壁，就是现代家居中玄关的前身。玄关现在泛指厅堂的外门，也就是居室入口的一个区域，专指住宅室内与室外之间的一个过渡空间，也就是进入室内换鞋、更衣或从室内去室外的缓冲空间，也有人把其叫做斗室、过厅、门厅。在住宅中玄关虽然面积不大，但使用频率较高，是进出住宅的必经之处。将玄关处的家具称为玄关家具，玄关家具样式很多，有的本身就是一件艺术品。玄关隔断柜下部多为带有柜门的储物柜，在玄关隔断柜上可摆放盆栽观赏植物，或在顶部摆放垂吊型花卉。对于室内较大的玄关架，摆放的物品可多样化，除了观赏花卉外，还可以摆放各种盆景或者酒具或书籍等，避免物品的单一化而显得呆板。

二、客厅设计

客厅是居家者白天活动的主要场所，因此室内可摆放一些耐阴且观赏性强的植物，根据客厅面积可利用适宜大小的美观、有层次感的架子摆放盆栽花卉等，花盆可以购买美观的花盆提高其观赏性。由于"葫芦"和"福禄"谐音，将葫芦放在家里，寓意着家人健康长寿。同时，葫芦也是富贵的象征，寓意着可以为家庭带来财运，可以垂挂在屋顶或家具侧壁上，也可以利用葫芦作为装酒的容器。对于面积非常大的客厅，可以购买山、水、绿植融为一体的景观石。

三、窗台设计及阳台设计

室内适合盆栽植物，阳面的窗台采光好、温度好，因此常常在阳面的窗台摆放盆栽植物。如君子兰、多肉植物、食用穿心莲、紫背天葵、草莓等。

阳台是建筑物室内的延伸，是居住者呼吸新鲜空气、晾晒衣物、摆放盆栽的场所，其设计需要兼顾实用与美观的原则。阳台一般有内阳台和外阳台之分，内阳台即建筑结构中的半开敞空间，内阳台属于楼房建筑结构中的一部分，一些人也称之为凹阳台。外阳台则是建筑结构以外的部分，和建筑结构有一定的连接，是一种延伸出去的空间，也叫凸阳台。阳台有封闭式的也有开放式的，开放式的阳台光照充足，但安全性不好，因此，有不少住户会在开放式阳台加设围栏及窗户，使其密闭。由于阳台空间不大，除了地面摆放盆栽植物外，为了充分利用空间，可以采取立体架放置各种矮生的观赏植物或特色保健叶菜如紫背天葵、紫苏、蒲公英等的盆栽。

在阳台上种植小果型番茄也是不错的选择，可以种植矮生的小番茄或无限生长类型的小番茄；也可在阳台围栏上挂置垂感好的、花期长的同时还可以食用的牡丹吊兰（即食用穿心莲）；此外，阳台上也可以种植盆栽的一些果树，如小果实的金橘或是葡萄，盆栽木本果树需要通过合理的枝条修剪使其矮化且株形合理。对于在阳台打造观赏鱼池的，一定注意防水问题。进行阳台种植时应注意阳台承载问题。为了防止阳台外挂种植盆因坠落而伤人，阳台外加设的种植槽一定要牢固，通常不建议在围栏外种植。

第三章

适合庭院的设施

我国的园艺设施发展历史悠久，在不断发展过程中，已经形成了类型多样化、结构科学化、功能齐全化、应用广泛化的态势。园艺设施是一种特殊的农业生产性建筑，是指利用专门的保温防寒或降温防热材料、设备，创造具备适合作物生长发育的小气候条件，性能比较稳定，可以进行园艺作物生产的结构或建筑。随着社会的发展、科技的进步，园艺设施经历了由简单到复杂、由低级到高级的发展阶段，形成了今日的多种结构类型，可以满足不同园艺作物不同季节的生产需要。

一、简易保护设施

简易保护设施主要包括各种风障、风障畦、阳畦、温床、小拱棚、防雨棚等，这些园艺设施结构简单，建造方便，造价低廉，多为临时性设施。主要用于园艺作物的冬春育苗和早熟生产。

1. 风障和风障畦

冬春季节，在栽培畦北侧设立的挡风屏障称为风障，设立风障的栽培畦称为风障畦。风障可以分为大风障和小风障两种。大风障由篱笆、披风草及土背组成，篱笆由芦苇、高粱秆、竹子、玉米秸秆等夹制而成，高 2～2.5m；披风由稻草、谷草、塑料薄膜围于篱笆的中下部构成；基部用土培成 30cm 高的土背，一般冬春季大风障的防风范围在 10m 左右。小风障高 1m 左右，一般只用谷草和玉米秸秆做成，防风范围在 1m 左右。

风障是依靠其挡风作用来减弱风速，使风障前气流稳定，充分利用太阳热能，提高气温和地温，降低蒸发量和相对湿度，创造适宜的小气候条件。在风障前面畦内覆盖地膜、麦糠、稻壳、棉籽壳、草席等，可有效地提高地温。风障畦主要应用于北方地区的幼苗越冬和春菜的提前早熟生产。

2. 阳畦

阳畦又叫冷床，是由风障畦发展而来的，由风障、畦框及覆盖物组成。因各地外界气候和应用时间不同，阳畦也有多种形式，风障有直立的和倾斜的，畦框有四周等高的和南框低、北框高的；透明的覆盖物以前多用玻璃，现在一般由塑料薄膜覆盖，不透明的覆盖物有草席、草苫、苇毛苫和纸被等。

阳畦除具有风障的效应外，由于增加了土框和覆盖物，白天可以大量吸收太阳光热量，夜间便可以降低辐射强度。阳畦内温度受季节、天气的影响很大，天气的变化直接影响阳畦内温度的高低。阳畦的结构、畦框的厚度与覆盖物的种类对其性能都有很大的影响。此外，在同一阳畦内不同的部位由于接受阳光热量的不同，致使局部存在着很大的温差，一般北框附近和中部的温度较高，南框附近和西部的温度较低。

阳畦在北方地区主要用作耐寒蔬菜越冬栽培；喜温果菜春提前、秋延后栽培以及蔬菜和花木的育苗。

3. 温床

温床是在冷床的基础上，增加了加温设施，通常用砖、土或木头等制成床框，坐北向南，南框高 15～30cm，北框高 25～50cm，用薄膜、玻璃、草帘等覆盖保温的小型保护设施。根据加温设施的不同可分为酿热温床、电热温床、火炕温床和太阳能温床；根据床框的位置可分为地下式温床（南框全在地表以下）、地上式温床（南框全在地表以上）和半地下式温床（南框内酿热物和床土部分在地表以下，其余部分在地表以上）。

（1）酿热温床　酿热温床是在床下铺设酿热物来提高床内的温度，温床的大小和深度要根据其用途而定，一般长 10～15m、宽 1.5～2m，在床底部呈鱼脊形，以求温度均匀。

根据酿热物分解发热情况不同，分为高热酿热物和低热酿热物。高热酿热物有新鲜的马粪、新鲜厩肥、各种饼肥等；低热酿热物有牛粪、猪粪以及秸秆等。各种酿热物的配合比例、数量及厚度，应根据天气寒冷程度、应用时间的长短及蔬菜的种类而定。播种床的酿热物厚度要大于 30cm，移植床一般可为 15～20cm。

（2）电热温床　电热温床是利用电热线把电能转变为热能进行土壤加温的设施，可自动调节温度，可进行空气加温和土壤加温，且能保持温度均匀（图 3-1）。

图 3-1　电热温床

4. 简易塑料棚及无纺布

塑料棚也称塑料冷棚，根据空间大小可分为塑料大棚、塑料中棚、塑料小棚等。大棚、中棚、小棚的界定根据南北方的差异以及随着时代的变化、机械设备的使用等因素有所不同。一般将跨度为 1～2m，棚高 0.5～1m 的塑料棚称为小棚，也叫小拱棚，塑料小拱棚在我国应用面积很大。由于我国南方和北方气候差异比较大,南方小棚一般高0.5～0.9m,宽1.5m左右,面积不足66.7m²;北方小棚一般高0.6～1m,宽1～2m,长8～10m。一般将跨度为3～6m,棚高1.5～1.7m的称为中棚;跨度在6m以上,棚高1.8m以上的称为大棚。同样由于南方和北方气候差异较大,大棚、中棚在规格上差异也比较大,南方棚高1.8m以上、宽3m以上,面积在133.4m²以上的就称为大棚;而棚高1～1.5m,宽2m左右,面积66.7～133.4m²的则称为中棚。北方大棚面积多在667m²以上,一般棚高2.5～2.8m、宽10～12m、长50～60m;中棚一般面积为66.7～200m²,棚高1.8～2m、宽4～6m、长12～20m。北方中棚有时比南方的大棚面积还大,原因是北方外界温度低,冬季冻土层较深,春天解冻晚,棚的四周受冻土层影响比较大,所以北方的大棚和中棚面积比较大。不过,近些年南方中棚也在向大型化发展,并且生产效果也很好。

简易塑料棚主要包括微棚、小拱棚、中棚以及竹木结构的大棚。简易塑料棚虽然建造成本低,但在增温、保温、实现促成早熟栽培和延后栽培起到了重要作用。无纺布作为一种轻便的保温覆盖材料,结合简易塑料棚使用,则可有效提高简易塑料棚的保温性能。

在多雨的夏、秋季或在高温季节也常常使用防雨棚或遮阳棚。防雨棚是利用塑料薄膜等覆盖材料,覆盖在大棚或中棚或小棚的顶部,四周通风不覆盖膜或覆盖防虫网,使作物免受雨水直接淋袭,防雨棚可进行夏季蔬菜和果品的避雨栽培或育苗。在棚室外或棚室内增加遮阳网而形成的遮阳棚可以防止夏季高温烤苗或用于夏季喜冷凉蔬菜反季节生产。

(1)微棚　微棚一般是用柳条、竹篾、细铁丝等作拱架,上面覆盖地膜而成。地膜厚度根据国标要求不得低于0.01mm,由于地膜很薄,经不住风刮,必须在小棚、中棚、大棚或温室中使用(图3-2)。一般每个微棚扣1垄,微棚常常采取"先盖天后覆地"的栽培模式,即定植后马上扣上微棚,正常通风管理,7～10d缓苗后撤掉微棚,进行铲地培垄,再将微棚膜覆盖作地膜用。

(a)微棚　　　　(b)小拱棚内扣微棚

图3-2　　　　　　　　　彩图

(2)小拱棚　小拱棚一般用柳条、竹篾、8号铁丝等作拱架,上面覆盖6～8道(即直径0.06～0.08mm)的塑料膜或者用旧的大棚膜覆盖而成(图3-3)。例如:每个小拱棚扣两垄,垄距50～70cm(或扣宽1m左右的畦),拱架间距为50～60cm,使用1.8～

2.0m 宽的塑料薄膜，8 号线等长 2～2.2m，两端插入土中各 15cm。小拱棚也可用 3m 长的宽厚竹篾插成拱，每棚扣 3～4 垄，垄距 50～70cm，拱架间距为 1m，使用 3m 宽的塑料薄膜。小拱棚长以 10m 左右为宜，便于通风等管理。

（3）中棚　对于跨度 6～8m、脊高 3～3.5m、长度 20～30m 的塑料中棚一般骨架可采用桁架式焊接或椭圆管组装，适合机械作业，抗风性强，适合蔬菜或葡萄种植。为了便于搬运，可建成活动式中棚，即棚体不大，并采用轻型材料建成。例如：可用薄壁铁管焊接成宽 2.2m、边高 0.7m、顶高 1.5～1.6m、长 3m 的棚架，每 3～4 个棚架间隔 0.5m 连接成活动式中棚，考虑到活动式中棚不用时便于拆卸搬动，两个棚架之间的铁管连接注意不要焊死。中棚上可覆盖 10 道或 12 道塑料膜（图 3-4）。

（4）竹木结构大棚　用竹木作拱架，常常覆盖 12 道的塑料膜。这种竹木结构的大棚虽然造价低，但抗风雪能力较差。这种大棚的跨度为 8～12m，高度多为 2～2.5m，长 40～60m，由立柱、拱杆、拉杆、棚膜、压杆（压线）和地锚等构成。

图 3-3　小拱棚　　　　　　　　　　　图 3-4　活动式中棚

（5）无纺布　无纺布是以聚酯为原料经熔融纺丝，堆积布网，热压黏合，最后干燥定型成棉布状的材料，因其没有织布工序，故称"无纺布"或"不织布"，又因其可使作物增产增收，又称为"丰收布"。无纺布具有防寒、保温、透光、重量轻、结实耐用、不易破损等特点，由于无纺布有很多微孔，因此还具有透气性，有利于减轻病害。根据纤维的长短，分长纤维无纺布和短纤维无纺布，短纤维无纺布强度差，不宜在设施园艺生产上应用，目前应用于设施园艺的是长纤维无纺布。根据每平方米的重量，可将无纺布分为薄型无纺布和厚型无纺布。通常薄型无纺布的单位面积重量为每平方米十几克到几十克，如 $15g/m^2$、$20g/m^2$、$30g/m^2$ 和 $40～50g/m^2$ 等。一般重量为 $10～20g/m^2$ 的薄型无纺布的透光率高达 80%～85%，而 $30～50g/m^2$ 的薄型无纺布透光率仅为 60%～70%，$60g/m^2$ 薄型无纺布的透光率在 50% 以下。用于园艺设施外覆盖材料的厚型无纺布单位面积重量为 $100g/m^2$ 或以上。

薄型无纺布在园艺上的应用主要体现在以下三个方面：一是用作浮面覆盖栽培，一般用 $15～20g/m^2$ 的薄型无纺布直接覆盖在蔬菜畦上，可以起到增温、防霜冻、促进蔬菜早熟、增产的作用，也可以直接覆盖于苗床上，起到保温、保墒的作用，促进种子萌发，出苗既快又齐。二是用作棚室内的保温幕帘，可以提高棚室内的温度，节省加热能源，由于无纺布透气性好，不会因多层覆盖增加空气湿度。三是用作夏季防雨栽培，根据作物需要遮阳的要求，选择相应密度的无纺布，可以起到防暴雨、遮阳降温、防虫防鸟的作用。

二、钢筋骨架结构塑料大棚

钢筋骨架塑料大棚的骨架是采用普通钢筋焊接成网状构架，构架焊于预埋在混凝土基础中的钢筋或连接钢板上，因用塑料薄膜覆盖，其屋顶常作成圆弧形或其他拱形。为了使拱架在大棚纵向保持稳定，其横断面常焊成三角形（即拉花）（图 3-5）。为了便于机械化作业，最好采用无立柱的钢筋骨架结构大棚。由于塑料大棚空间大，晴天蓄积的热量丰富，非常适合早春多层覆盖进行抢早栽培，夏季高温期降温效果好，能为作物创造优越的生长环境，提高作物产量，也适合种植如桃树、苹果、樱桃等大型果树。

图 3-5 钢筋骨架结构塑料大棚

三、日光温室

日光温室是节能日光温室的简称，又称暖棚，具有墙体，是我国特有的一种以日光为主要能源（即使在最寒冷的季节也可以不加温），只依靠太阳光来维持室内温度，以满足作物生长需要的一种园艺设施。日光温室主要应用于蔬菜、花卉和果树等作物的早春、深秋、冬季生产和幼苗培育。

我国是温室栽培起源最早的国家，利用保护设施栽培蔬菜有着悠久的历史。据《古文奇字》记载"早在秦始皇时代，冬种瓜于骊山沟谷中温处，瓜实成，使人上书曰：'瓜冬有实'"。据《汉书·召信臣传》记载"太官园种冬生葱，覆以屋庑，昼夜燃蕴火，待温气乃生"。可知当时用覆盖栽培，加上昼夜加温，在隆冬季节生产出葱韭菜之类的"不时之物"。随着"蔡侯纸"的发明和推广，在公元 1127～1279 年的南宋时期就有用纸作覆盖透光材料，凿地为室，加温生产花卉的记载。在公元 1368～1644 年的明朝，王世懋在

《学圃杂疏》中写道："王瓜，出燕京者最佳，其地人种之火室中，逼生花叶，二月初即结小实，中官取以上供。"说明 400 多年前，北京利用温室进行黄瓜的促成栽培，已享誉中华。我国的近代温室产业始于 20 世纪 30 年代的冬季不加温"日光温室"，到 20 世纪 50 年代中期经有关专家的总结，将其命名为"鞍山式日光温室"。大规模的温室生产则是在 20 世纪 70 年代末和 80 年代初，通过第一次大量温室引进才揭开了我国现代温室生产、研究和应用的序幕，并在消化和吸收国外先进技术的基础上，使我国自身的温室技术和产品得到不断提高。

根据日光温室发展的环境条件，我国适宜日光温室发展的区域选定在北纬 32°以北地区。近年来我国日光温室快速发展，规模迅速扩大，主要分布在华北、东北、华东、西北地区，以华东地区的山东，华北地区的河北、北京，东北地区的辽宁、吉林、黑龙江，西北地区的甘肃、陕西、新疆、青海为主要分布区。东北地区的日光温室蔬菜栽培也已成为我国北方地区冬季蔬菜供应的重要保障，其中辽宁省的设施园艺产业发展最为迅速。

第二节　设施内环境条件与调节

一、设施内光照条件的调控

1. 影响设施光照条件的因素

（1）透光率　设施的透光率是指设施内的光照强度与外界自然光照强度的比，以百分率表示。透光率的高低反映了设施采光性能的好坏，透光率越高，设施的采光性能越好，设施的光照条件越优。

（2）覆盖材料　太阳投射到设施覆盖物上，一部分太阳辐射能被覆盖材料吸收，一部分被棚膜反射，还有一部分透过覆盖材料进入设施内。这三部分的关系为：吸收率＋反射率＋透射率＝1。其中吸收率主要决定于覆盖材料的种类和状态，一般干净玻璃或塑料棚膜的吸收率为 10％左右。覆盖材料落尘和老化会加大吸收率而降低透射率，落尘一般可降低透光率 15％～20％，棚膜老化一般可使透光率下降 10％左右。棚膜附着水滴，一方面强烈吸收太阳的红外光部分，另一方面还能增加反射率，水滴越大，对覆盖材料透光率的影响越明显，一般由于附着水滴可使覆盖物的透光率下降 20％～30％。与落尘结合可使覆盖物的透光率下降 50％左右。

（3）设施结构　设施结构对设施透光率的影响较大，主要包括设施的屋面角、类型、方位、间距等对透光率的影响。

① 屋面角。从吸收率、透射率和反射率三者的关系式来看，覆盖材料选定后，其对太阳辐射的吸收率可以看成一个定值，那么透射率的大小主要由反射率的大小决定，反射率越小，透射率就越大。屋面角的大小主要影响太阳直射光在采光屋面上的入射角（与屋面垂线的交角）的大小，总的趋势是设施的透光率随着太阳光线入射角的增大而减少，但

二者不是呈简单的反比关系。

② 设施类型。竹木结构的温室和大棚比钢结构的温室和大棚骨架材料用量大，遮阴面积大，透光量少；单栋温室和大棚的骨架遮阴面积较连栋温室和大棚的小，透光率比连栋温室和大棚的高。另外设施的透明覆盖物层次越多，透光量越低，双层薄膜大棚的透光量一般较单层大棚减少50%左右。

③ 设施方位。对于单屋面温室（如日光温室），这类温室仅向阳面受光，两山墙和后墙是不透光部分。显然，这类温室应东西延长，坐北朝南，以达到充分采光。

④ 相邻温室或塑料棚的间距。为了保证相邻设施内有充分的光照，不致被南面的设施遮光，相邻温室南北之间的距离应不小于其总高度的2～2.5倍，在太阳高度角最低的冬至前后，设施内有充足的光照。两栋温室和两栋大棚之间的间距在檐高的0.8～1.5倍，纬度越高倍数越大。

2. 设施内光照调控措施

（1）增加室内自然光照

① 采用合理的设施方位和采光屋面角度。以日光温室为例。生产上选择冬半年阴雨天少，粉尘和烟雾等污染少的地区和地段建造温室，在高纬度地区透明屋面以南偏西5°～10°为宜，这是因为高纬度地区冬季清晨气温低，光照弱，有些地方还有雾，早上揭苫晚，偏西一点可充分利用中午和下午的光照。我国黄淮流域气候温暖的中低纬度地区则以南偏东5°～10°为宜，这是因为作物上午光合作用强，充分利用上午的日照对作物生长发育有利。

② 设施结构及骨架材料要合理。要减少遮光面积，首先要从结构设计入手，如安排多根建材的阴影处于同一部位，尽可能缩短温室后坡长度，透明屋面以拱圆形为宜，最好是圆形面与抛物面组合型等。在架材上尽可能选用细材和反光性能好的材料，如强度大的钢材或铝合金骨架，即使采用木材，也要在保证骨架强度的基础上使用细材，以减少骨架的遮阳。

③ 选择透光率高、无滴、防尘、耐老化膜性能好的薄膜。透光率高，如使用两个月后聚氯乙烯膜透光率仅为55%，而聚乙烯防尘农膜还高达82%，使用一年后二者能相差40%。新无滴膜透光率90%左右，普通有滴膜透光率仅为60%～70%，而使用一年后的薄膜，透光率仅为55%～60%，最低的仅为12%。另外扣膜时要拉平、拉紧，薄膜上褶皱多也会影响透光，在中午前后扣膜容易拉紧。

④ 充分利用反射光。把后墙用白灰涂白，能增加室内的反射光量。在后墙张挂反光幕，可使膜前3m范围内的光强增加7.8%～43%。地面铺设地膜，可增加近地面的光照。

⑤ 加强对棚膜、草帘的管理。要经常打扫或清洗设施的透明覆盖物，保持表面清洁，干净膜可比污染膜增加透光率约20%。草帘、二道幕等应保证室内温度的前提下，尽量早揭晚盖，延长光照时间。

⑥ 调整作物布局，合理密植。高棵和高架作物对中下部遮光重，要适当稀植，并采用南北向大小行距栽培法。不同种类作物搭配种植时，矮棵或矮架作物在南部和中部，高棵或高架作物在北部和两侧。最好进行高、矮间作或套作栽培，如番茄、茄子与草莓的间

套作。

（2）人工补光　补光有调节花期的日长补光和栽培补光。日长补光是为了抑制或促进作物花芽分化，调节开花期（如草莓），一般只要求几十勒克斯的光照强度。而栽培补光主要是促进作物光合作用，促进作物生长，要求补光强度在 2000～3000lx 以上，而且要求由一定的光谱组成，最好是具有植物（蔬菜）生长需要的连续光谱，另外还要求光照强度具有一定的可调节性。

（3）遮光

① 覆盖遮阳物。可覆盖草苫、草帘、竹帘、遮阳网、普通纱网、不织布等。一般可遮光 50％～55％，降温 3.5～5.0℃，这种方法应用最广泛。

② 玻璃面涂白或塑料膜抹泥浆法。涂白材料多用石灰水，一般石灰水喷雾涂白面积 30％～50％时，能减弱室内光照 20％～30％，降温 4～6℃。

③ 流水法。在透明屋面上不断流水，既能遮光，还能吸热。可遮光 25％，降温 4℃ 左右。

二、设施内温度条件的调控

1. 设施内热量支出途径

（1）贯流放热　把透过覆盖物和围护结构（指墙体和后屋面等）的放热过程称为贯流放热。这种贯流传热量是几种传热方式同时发生的，其传热主要分为三个过程：一是设施内表面吸收了从其他方面来的辐射热和从空气中来的对流热，在覆盖物内外表面形成温差；二是以传导的方式，将内表面的热量传至外表面；三是在设施的外表面，以对流的方式将热量传至外界空气之中。

贯流放热在设施全部放热量中占有大部分，贯流放热量的大小与设施室内外温差、设施表面积及材料的热贯流率成正比。设施内外温差必然存在，只有降低设施的保温性，才能减小室内、外温差；设施的表面积由于考虑设施的采光和操作等因素，不可能绝对减小；因此只有减小热贯流率才能有效地提高设施的保温性。而热贯流率与材料的导热率、对流传热率、辐射传热率、材料的厚度和风速有关，表 3-1 列出了若干材料的热贯流率。需特别强调的是：风能吹散覆盖物外表层的空气层，带走热空气，使设施内的热量不断向外贯流。据测定，风速 1m/h，热贯流率为 33.47kJ/（m² · h · ℃），风速 7m/h，热贯流率大约为 100.42kJ/（m² · h · ℃），增长了 3 倍。可见，减小贯流放热的有效途径是降低覆盖物及围护结构的导热系数，如采用导热率低的建筑材料，采用异质复合型建筑结构作墙体和后屋面，前屋面用草苫、纸被、保温被，室内张挂保温幕，低温期多风地区加强防风等措施，都可以降低贯流放热，取得良好的保温效果。

（2）缝隙放热　设施内的热量通过放风口、覆盖物及维护结构的缝隙、门窗等，以对流的方式将热量传至室外，这种放热称为缝隙放热。缝隙放热包括显热热量和潜热热量两部分。由于缝隙大小不同、风速不同等，引起的缝隙放热差异很大，在设施密闭的条件下，缝隙放热只有贯流放热的 10％ 左右。设施建造和生产管理中，应尽量减少缝隙放热，建造中注意门的朝向，避免将门设置在与季风方向垂直的方向，如北方地区，一般将门设置于东部，并且最好加盖缓冲间。墙体及围护结构建筑时一定不能留下缝隙。覆盖薄膜时应密封塑料薄膜与墙体、后屋面、前屋面底角的连接处，并保持薄膜的完好无损，风口设置处两块薄膜搭接处不应过窄，以便把缝隙放热减小到最小限度。

❖ 表 3-1 各种物质的热贯流率

种类	规格/mm	热贯流率 / [kJ/(m²·h·℃)]	种类	规格/cm	热贯流率 / [kJ/(m²·h·℃)]
玻璃	2.5	20.92	木条	5	4.60
玻璃	3～3.5	20.08	木条	8	3.77
玻璃	4～5	18.83	砖墙（面抹灰）	38	5.77
聚氯乙烯	单层	23.01	钢筋混凝土	5	18.41
聚氯乙烯	双层	12.55	土墙	50	4.18
聚乙烯	单层	24.27	草苫	5	12.55
合成树脂板	FRP、FRA、MMA	5.00	钢管	—	41.84～53.97
合成树脂板	双层	14.64	钢筋混凝土	10	15.90

注：FRP 为玻璃纤维增强聚酯树脂板；FRA 为玻璃纤维增强聚丙烯树脂板；MMA 为丙烯树脂板。

（3）地中传热 白天设施透入太阳辐射能，除了一部分用于长波辐射和传导，使室内空气升高外，大部分热量是纵向传入地下，成为土壤贮热。这部分补充到土壤中的热量，加上原来贮存在土壤中的热量通过纵向和横向向四周传导。冬季夜间设施土壤是个"热岛"，可向四周、土壤下部空间等温度低的地方传热，这种热量在土壤中的横向和纵向传导的方式称为地中传热。

垂直方向的传导失热，除与土壤质地、成分等有关外，还与土壤湿度有关，随土壤湿度增大而增大。土壤中垂直方向的热传导仅发生在一定的层次，即在 40～45cm 以内，在此范围以下土壤温度变化已很小，所以可认为该深度以下热传导量很小。

土壤在水平方向上的横向传热，是园艺设施的一个特殊问题。在露地由于地面面积很大，土壤温度的水平差异小，不存在横向传热。设施内则不然，由于室内外土壤温差大，横向传热不可忽视。

在实际建筑中，加强设施的保温覆盖是增加土壤贮热，减小温差，从而减小土壤纵向传热损失的主要途径；增加墙体地基厚度，前底角外侧设置防寒沟是减小土壤横向传导的有效方法。

2. 设施内温度调控措施

（1）保温 保温措施主要是根据设施内热量支出途径，目的是减小向设施内表面的对流传热和辐射传热；减小覆盖材料自身的热传导散热；减少设施外表面向大气的对流传热和辐射传热；减少覆盖材料表面的漏风而引起的换气传热。具体保温措施如下：

① 保持墙壁体的厚度和墙体的干燥。墙体干燥时墙土间空隙多，土粒间连接差，传热慢，保温性好；而墙壁体潮湿时，由于水的导热系数较高，必然降低墙体保温性能。因

此，冬季生产时墙体一定要干燥。首先要在雨季过后尽早打墙，使墙体在入冬前充分干透。其次，墙体厚度适宜，尤其是草泥墙。墙体内部不易干透。最后，要保护好墙体，防止渗水或被雨雪打湿，可在墙顶覆盖薄膜，雨季墙外用薄膜遮雨，或在土墙外包一层砖。

② 加厚屋顶，保持屋顶干燥。屋顶厚度根据各地设施内外温差来确定，如北方冬季严寒地区，屋顶秸秆层厚度不能少于30cm。另外秸秆屋外部都要用薄膜或油毡封闭起来，同时还要在上面抹一层封闭严密的泥层，以加强保温效果。

③ 设置防寒沟。通常在设施周围设置宽30cm、深50cm的防寒沟，可切断室内外土壤的联系，减少热量散失，提高地温。

④ 提高防寒覆盖物的保温能力并加强管理。草苫是北方地区经常采用的防寒覆盖物，可以通过增加厚度来提高温室的保温性能，覆盖草苫要严实，相邻草苫重叠不少于10cm，草苫要顺风叠压，草苫被雨、雪、雾打湿，要尽快晾干。要根据季节和室内气温的变化来正确按时间揭盖草苫。在高寒地区还可以采用棉被、纸被加草苫以及其他新型保温防寒材料来使温室的保温性更好。

⑤ 采用多层覆盖。温室内增设二层保温幕、小拱棚，或利用不织布等进行简易覆盖来增加保温性。

⑥ 减小缝隙放热。设施密封要严实，薄膜破孔以及墙体的裂缝等要及时粘补和堵塞。通风口和门窗关闭要严，门的内、外两侧应加挂保温帘。

⑦ 设施四周设置风障。一般用于多风地区，于设施的北部和西北部设置为宜。

（2）增温

① 增加白天的透光量。采用光照调节增加室内的自然光照的措施，不仅使设施内光照条件得到改善，还能提高室内的温度，如用无滴薄膜覆盖的温室其最高温度可比覆盖有滴膜的温室高4～5℃，地面最低温度可提高2℃左右。

② 提高地温。白天土壤吸热量加大，即地温提高后，夜间地面释放到温室中的热量增多，利于温室增温。具体措施：一是高温烤地，晴天上午日出后，封闭温室使气温迅速提高，超过28℃时放风降温，中午前后保持在32℃左右，下午温度降到28℃关闭风口。定植前多用此法，通过提高气温间接提高地温。二是高畦或高垄地膜栽培，高垄及高畦表面积大，白天受光多，升温较快，一般垄或高畦15cm高。配合地膜栽培能明显地提高地温及温室的气温。三是科学浇水，冬季做到晴天浇水，阴天不浇；午前浇水，午后不浇；浇小水和温水，不浇大水和冷水；浇暗水，不浇明水，即地膜下浇水法。浇水后还要闭棚烤地，温度上升后再放风排湿，还要注意久阴骤晴不浇水，要采取叶面喷洒的方法补充植株体内的水分。

③ 采用复合墙体、屋顶。内侧用蓄热能力强的材料，外侧用隔热好（导热率低）的材料，增加白天蓄热量，夜间放热增加室温，同时又可减少热量散失。

④ 增大保温比。保温比是指设施内的土地面积与覆盖及围护表面积之比。保温比最大值为1。设施的保温比值越大，覆盖及围护的表面积越小，通过设施表面积进行的热交换和辐射量越少，设施的保温能力越强。适当降低园艺设施的高度，缩小夜间保护设施的散热面积，有利于提高设施内昼夜的气温和地温。

⑤ 人工加温。我国传统的单屋面温室，大多采用炉灶煤火加温，近年来也有采用锅

炉水暖或地热水暖加温。日光温室一般采用临时加温，主要用于连阴天或寒潮造成的连续低温及降幅过大等情况，方式有炉火加温、火盆加温、明火加温等。大型连栋温室和花卉用温室采用集中供暖的水暖加温方式。

（3）降温　园艺设施内降温最简单、最有效的方法是通风，通过开启通风口，散放出热空气，让外部的冷空气进入设施内，使温度下降，这种方法是日光温室及拱棚降温的主要途径。但在温度过高或大型设施中，依靠自然通风不能满足作物生育的要求时，必须进行人工或机械降温，减小进入设施内的太阳辐射能；增大温室的潜热消耗。

① 通风换气降温法。通过开启设施不同部位的通风口，释放出热空气，同时外界的冷空气进入室内，使温度下降。

② 遮光降温法。遮光 20%～30% 时，室温相应可降低 4～6℃。在与设施顶部相距 40cm 左右处张挂遮光幕，对降温效果显著。另外也可在采光表面涂白，降低光照，从而降低温度。

③ 屋面流水降温法。流水层可吸收投射到屋面的太阳辐射 8% 左右，并能吸热冷却屋面，室温可降低 3～4℃。采用此法时需考虑安装费和清除采光面的水垢污染问题。

④ 蒸发冷却降温法。一是湿垫排风法，即在设施进风口内设 10cm 厚的纸垫窗或棕毛垫窗，不断用水将其淋湿，另一端用排风扇强制抽风，使进入室内空气先通过湿垫窗被冷却再进入室内，一般可使温度降到适宜温度，但冷风通过室内距离过长时，室温分布不均匀，而且外界湿度大时降温效果差。二是细雾降温法，即在室内高处喷以直径小于 0.05mm 的浮游性细雾，用强制通风气流使细雾蒸发达到全室降温。三是屋顶喷雾法，即在整个设施屋顶外面不断喷雾湿润，使屋面下被冷却的空气向下对流，达到降温的目的。

三、设施内水分条件的调控

1. 设施内空气湿度的特点

由于设施是一种封闭或半封闭的系统，空间相对较小，气流相对较稳定，使得内部的空气湿度有着与露地不同的特点：一是设施内相对湿度和绝对湿度均高于露地，平均相对湿度一般在 90% 左右，经常出现 100% 的饱和状态。对于日光温室及大、中、小棚，由于设施空间相对较小，冬春季节为保温又很少通风，空气湿度相对较高。二是存在季节变化和日变化，季节变化一般是低温季节相对湿度较高，高温季节相对湿度低。白天温度高，光照好，可进行通风，相对湿度较低；夜间温度下降，不能进行通风，相对湿度上升。由于湿度过高，当局部温度低于露点温度时，会导致结露。三是设施内的空气湿度随天气情况发生变化，一般晴天设施内的空气湿度低，一般为 70%～80%；阴天，特别是雨天设施内空气相对湿度较高，可达 80%～90% 甚至 100%。四是湿度分布不均匀，由于设施内温度分布不均匀，导致相对湿度分布也不均匀。一般情况下，温度较低的部位，相对湿度高，反之则低。

2. 设施内土壤湿度的特点

与空气湿度相比较，土壤湿度比较稳定，变化幅度较小。土壤湿度受设施温度、作物生长情况、空气湿度及浇水等的影响。一般低温期土壤湿度容易偏高且变化较小，高温期的变化较大。设施内各部位的土壤湿度因地温分布上的不同而不同。设施内与露地相比，自然风少，土壤蒸发和作物蒸腾量相对较小，加之灌水多，蒸发蒸腾水在覆盖材料表面结露下落返回土壤，因此，土壤水分含量比露地大。

地膜覆盖在设施园艺中普遍采用，由于地膜的透气性差，大大地降低了土壤水分的蒸发量，使土壤能保持相对较高的含水量，可减少灌水次数和灌水量，并可降低设施内空气湿度，抑制病虫害的发生。另外，设施一般施肥量大，而又无雨水的淋溶，蒸发使土壤表面易积盐，土壤溶液浓度提高，影响作物根系对水分的吸收。

3. 设施内空气湿度调控措施

（1）空气降湿措施　设施内的空气湿度大，调节湿度的重点是降低湿度。一是通风排湿，通风是降低湿度的重要措施，排湿效果最好。二是减少地面水分蒸发，室内覆盖地膜，或膜下暗沟灌溉可抑制土壤水分蒸发。未覆盖地膜的，可在晴天上午浇水后立即升温烤地，促进地面水分蒸发，降低地面湿度。浇水后及时中耕、松土，切断土壤毛细管，减少表层土壤水分。三是合理使用农药和叶面肥，设施内尽量采用烟雾剂、粉尘剂取代叶面喷雾。传统的叶面喷雾法，药液中的99%以上部分是水，同时由于每次的喷药量也比较大（一般成株期，每30kg药液喷洒的范围只有120m² 左右），喷药后会引起设施内生雾，故设施内防治病虫害应尽量采用烟雾剂法或叶面喷粉法，一定要叶面喷雾时，用药量也不要过大，并且选晴暖天的上午喷药，以便喷药后有足够长的时间通风排湿。四是减少薄膜、屋顶的聚水量。五是增温降湿，当寒冷季节设施内温度较低时，可以通过适当加温等措施，既满足作物对温度的要求，又能降低空气相对湿度，减少病虫害的发生。

（2）空气加湿措施　大型园艺设施在进行周年生产时，到了高温季节还会遇到高温、干燥、空气湿度不够的问题，尤其是大型玻璃温室由于缝隙多，此问题更加突出，当栽培要求湿度高的作物，如黄瓜和某些花卉时，还必须加湿以提高空气湿度。加湿的方式一是喷雾加湿，喷雾器种类多，如103型三相电动喷雾加湿器、空气洗涤器、离心式喷雾器、超声波喷雾器等，可根据设施面积选择合适的喷雾器。此法效果明显，常与降温（中午高温）结合使用。二是湿帘加湿，主要用来降温，同时也能达到增加室内湿度的目的。三是温室内顶部安装喷雾系统，降温的同时可加湿。

4. 设施内土壤湿度调控措施

（1）适时灌水　灌水时间主要根据土壤含水量、作物各生育阶段的需水规律、秧苗生长表现、地温高低、天气阴晴等情况来确定。地温高时浇水，水分蒸发快，作物吸收多，一般不会导致土壤过湿，10cm地温在20℃以上时浇水合适；地温低于15℃时要慎重浇水，必要时浇小水，并浇温水；地温在10℃以下时禁止浇水。冬季浇水最好选择晴天上午浇，因为晴天地温、气温都较高，浇水后可闷棚提温，不至于降低太多地温。但久阴骤晴时地温低，不宜浇水，如缺水可进行叶面喷洒。阴天、下午最好不要浇水。

（2）适量灌水　设施内浇水除了要满足作物的生长需求外，还要考虑浇水后空气湿度的增加幅度要小。另外，设施相对密闭，土壤水分消耗较慢，因此浇水量要比露地少。

（3）灌水技术　为有效控制设施内的水分环境，设施内采用的灌溉技术必须满足以下要求：根据作物需水要求，遵循灌溉制度，按计划灌水定额适时适量灌水；灌水均匀；灌水后土壤能保持疏松状态，表土不形成板结；灌水简单经济，便于操作，投资及运行费用低。

四、设施内气体条件的调控

1. 有益气体

（1）二氧化碳 大气中二氧化碳浓度约为 $300ml/m^3$，这个浓度并不能满足作物光合作用的需要。如能提高空气中二氧化碳的浓度，将会大大促进光合作用，大幅度提高作物产量。设施是一个半封闭的系统，在充分通风换气的情况下，设施内二氧化碳浓度与大气中二氧化碳浓度的变化趋于一致。但在早春、晚秋和冬季，为加强保温，设施通风受到严格限制。在这种情况下，设施内二氧化碳浓度的变化与室外二氧化碳浓度的变化有着明显的不同。设施内的二氧化碳气体主要来自大气以及植物和土壤微生物的呼吸活动。由于设施是一个相对封闭的空间，与外界气体交换少，特别是冬季因受保温的限制，设施几乎与外界完全隔离开来，与外界的气体交流量很少。因此，设施内的二氧化碳气体浓度的日变化幅度比较大。

（2）氧气 一般而言，设施空气中的氧浓度远远超过作物所需的最低浓度，作物缺氧的情况很少出现。不过在土壤板结或灌水过多的情况下，作物根部常常会缺氧窒息使得作物中毒死亡。此外，作物种子发芽一般对氧浓度要求较高，否则种子会丧失发芽力，一般种子发芽要求土壤含氧量在 10% 以上。土壤含氧量低于 5% 根系就不能进行正常的吸收活动，甚至会使根系窒息而死亡。

2. 有害气体

设施生产过程中，往往会产生一些有毒气体，能对作物产生毒害作用（表3-2）。如温室中施入未腐熟的鸡禽粪等有机肥，这些肥料在发酵过程中会产生大量氨气和亚硝酸气体，另外大量施用碳酸氢铵、尿素等氮素化肥，也会放出氨气和二氧化氮，这些气体如果不及时排出便会导致作物中毒。燃煤或燃烧沼气加温时，会产生二氧化硫气体，在煤燃烧不彻底时，还能产生一氧化碳气体，二者发生毒害的临界浓度更低。质量不好的棚膜还会受到氯气、乙烯、氟化氢等有害气体的危害。

✤ 表3-2 常见有害气体及危害特征

有害气体	危害浓度 / (ml/m^3)	危害症状	主要来源
二氧化硫	2.0	中部叶片叶脉间出现水浸状褪绿斑，严重时变白，干枯死亡	燃料
氯气	0.1	叶绿素分解、叶片黄化	塑料制品
乙烯	0.1	中部叶片变黄，严重时叶片脱落，植株矮化，侧枝生长快，易落花落果，果实畸形	塑料制品
氨气	5.0	下部叶片叶缘先水渍状，后变褐，转白，严重时会全叶干枯	施肥
二氧化氮	2.0	中部叶片出现白斑，重时除叶脉外全叶变白，全株枯死	施肥
邻苯二甲酸二异丁酯	0.1	叶片边缘及叶脉间叶肉部分变黄，后漂白枯死	塑料制品

3. 设施二氧化碳调控措施

目前设施内二氧化碳气体施肥常用的方法主要有燃烧法、化学法、生物法、直接法等。一般在设施内二氧化碳浓度低于大气水平（$300ml/m^3$）时，采用通风换气的方法补充二氧化碳，这种方法简单易行，但只能使二氧化碳浓度最高达到大气水平，而且当外界气温低于10℃时，设施不能进行通风，此法难以进行，在生产中只能作为增加二氧化碳的辅助措施。

土壤中增施有机肥，可在微生物的分解作用下，不断向设施内释放二氧化碳。据测定，1kg有机肥最终能释放1.5kg二氧化碳，施入土中的有机质中腐熟稻草放出的二氧化碳最多，稻壳和稻草堆肥次之，腐叶土、泥炭等较差。又如酿热温床中有机物发热量达到最高值时，二氧化碳浓度为大气中二氧化碳浓度的100倍以上。增施有机肥法可行性强，但释放二氧化碳期短，仅一个月左右，且浓度不易控制，植株进行旺盛光合作用时难以获得足够的二氧化碳，而土壤中二氧化碳浓度超过5mg/L，又不利于作物生长发育，所以这种方法也有其局限性。

(1) 设施内二氧化碳施肥技术　苗期进行二氧化碳气体施肥能明显地促进幼苗的发育，幼苗不仅生长快、叶片数多且厚，并且花芽分化提前，花芽分化的质量也提高，定植后缓苗快，结果期提前，增产效果明显。作物生长后期，生产量小，栽培效益也比较低，一般不再进行施肥，以降低生产成本。一般设施内二氧化碳浓度以800～1500mg/L为宜。可在晴天上午，当设施揭开草苫或棉被约0.5h后，其内的二氧化碳气体浓度便开始下降到适宜范围下，应开始施肥。阴天，设施升温速度慢，二氧化碳浓度下降也慢，可将施肥的开始时间推迟到日出后1h左右。在其他条件允许时，每日的二氧化碳施肥时间应尽量地长一些，一般施肥时间应不少于2h。

(2) 增施二氧化碳注意事项

① 保证肥水供应。二氧化碳气体施肥只能增加作物的碳水化合物，作物生长所需的矿质营养则必须由土壤提供，况且作物进行二氧化碳气体施肥后，生长加快，生长量增大，对肥水的需要量也加大，如果不加强肥水管理，肥水供应不足，则会由于叶片中制造的碳水化合物不能及时地被转移和利用，在叶片中积累过多，而使叶绿素遭到破坏，反过来抑制光合作用。

② 要防止植株茎叶徒长。二氧化碳气体施肥后，茎叶中积累的碳水化合物比较多，生长速度加快，在肥水供应充足、温度也偏高时容易发生旺长。因此，在进行二氧化碳施肥期间，要把温度较不施肥时适当降低1～2℃。

③ 要防止二氧化碳中毒。一般施用的最高浓度不要超过$2000ml/m^3$，生产中最高浓度一般控制在$1600ml/m^3$以下为安全。浓度过高，持续时间较长时，植株的叶片气孔不能正常开启，蒸腾作用减弱，叶片中多余的热量不能及时地散发出去，导致叶片萎蔫、黄化甚至掉落，一些对高浓度二氧化碳反应敏感的作物，叶片和果实还容易发生畸形。

④ 二氧化碳气体施肥要保持连续性。在二氧化碳施肥的关键时间应坚持每天施肥，不能每天施肥时，前后两次施肥间隔也应短一些，一般不超过1周。

⑤ 使用硫酸-碳酸氢铵反应法应注意安全。碳酸氢铵易挥发出氨气，不得在设施内贮

藏、称量或分包、装桶。浓硫酸用前在设施外稀释，3 份浓硫酸缓慢倒入 1 份水中，每次稀释硫酸量不宜过多，用盛液桶反应时应加盖密封，防止硫酸挥发伤害叶片。反应液中硫酸彻底用完后再做追肥，稀释 50 倍后施入土壤，防止烧苗。由于硫酸腐蚀性极强，使用时应避免溅到身上，并使用非金属容器。

⑥ 大温差管理可提高施肥效果。白天上午在较高温度和强光下增施二氧化碳，利于光合作用制造有机物；而夜间温度较低，增加温差有利于光合产物运转，从而加速作物生长发育与光合有机物的积累。

4. 有害气体危害的预防

（1）平衡施肥　为防止由于施肥而产生的氨气、亚硝酸气，在施肥时应根据作物种类、茬口、计划产量、地力状况计算出各种肥料用量。以优质有机肥为主，控制氮肥用量，配施磷钾肥，补施微肥。不施未腐熟的人畜粪、鸡鸭粪、饼肥等，也不可在设施内沤肥，坚持"基肥为主，追肥为辅"的原则，一次性施足腐熟的有机肥，将各种肥料混匀后，均匀撒在地面，深翻入土。追肥要少量多次，防止过量，注意深施和追后浇水。

（2）正确加温　在寒冷季节，为使设施内作物正常生长，须采取补充加温措施。一是用炉火或煤加温，应选优质煤，并使其充分燃烧，注意烟道严密不漏气。气压低时，炉内填煤量不可过多，应及时清理烟道。二是在设施附近建沼气池，低温季节用沼气加温，既能避免产生一氧化碳，又能补充二氧化碳。三是有条件的地方用暖气、地热资源等方法加温。这些措施可有效地预防二氧化硫、一氧化碳等有害气体的危害。

（3）通风换气　植物生长不能缺少二氧化碳，通风既能增加设施内二氧化碳浓度，又可排除有害气体。寒冷季节宜在中午气温高时，打开通风口，使空气流通。即使在阴雪天，也要进行短时间的通风换气。

（4）合理使用烟雾剂　在防治病虫害时要对症下药，严格按使用说明书操作，不得任意加大药量，燃施点要分布均匀，熏后要及时通风换气。

（5）选用无毒专用膜　氯气、乙烯、邻苯二甲酸二异丁酯、氟化氢等有害气体，多由棚膜中的增塑剂在高温条件下蒸发而来，由于设施的密闭性，浓度积累会对作物产生严重的危害。当今市场上棚膜的种类较多，质量良莠不齐，要选用无毒专用塑料薄膜，禁止使用二异丁酯等塑料膜和易挥发增塑剂（DIBP）的塑料制品，如发现棚膜有质量问题，出现有害气体，应立即更换。

五、设施内土壤营养条件的调控

1. 设施内土壤条件的特点

露地土壤在自然环境的影响作用下，一般性状比较稳定，变化较小。但在设施内，由于缺少酷暑、严寒、雨淋、暴晒等自然条件的影响，加上栽培时间长、施肥多、浇水少、连作严重等一系列栽培特点的影响，土壤性状就会发生不同程度的改变，其主要特点表现如下：

（1）土壤营养失衡　设施内地温、水分含量相对较高，土壤中微生物活动比较旺盛，这就加快了养分分解、转化的速度。如果施肥量不足或没有及时补充肥料，易引起作物出现缺素症状。由于设施内种植作物种类单一，长期单一或过量施用某种肥料，会破坏各元素间的浓度平衡关系，一方面影响到土壤中本不缺少的某种元素的吸收，使作物发生缺素症，另一方面过量施用的肥料引起营养过剩，作物被动吸收导致体内各种养分比例不正常，甚至出现毒害作用，如植株根冠比失调，抗病虫害能力差，产品品质变劣等。

（2）土壤盐分浓度大　土壤表层干燥时有明显返盐现象，地表形成一层白霜或斑块状盐结皮。湿润时土壤颜色较正常土壤发暗。设施内土壤电导率（EC）是露地的 8～10 倍时，作物出现生理性干旱和生长不良，表现为叶色深绿，叶小且萎缩，叶边缘翻卷，有波浪状枯黄色斑痕，严重时转为褐色枯斑，落花及"僵果"率明显增加；根系发黄，不发新根，根毛变为褐色继而腐烂；植株生长发育受抑制，严重时萎缩并逐渐枯死；植株抗病能力下降，病虫害加剧，产品品质变劣。

（3）土壤酸化　氮肥施用量过多，如底肥中施用含氮量高的大量鸡粪、饼肥、油渣等，追肥还施入较多氮素化肥，土壤中积累的硝酸根较多；过多地施用氯化钾、硫酸钾、氯化铵、硫酸铵、过磷酸钙等生理酸性肥也可导致土壤酸化。土壤酸化对作物危害的主要表现：一是破坏根的生理功能，导致根系死亡；二是降低土壤中磷、钾、钙、镁、钼的可溶性，间接降低这些营养元素的吸收量，引发缺素症；三是铝、锰吸收过量，会抑制酶的活性，影响矿物质的吸收；四是不利于土壤微生物的活动，使肥料分解、转化缓慢，尤其影响氮素的转化和供应；五是病虫害加重。

（4）土壤中病原菌聚集　由于设施连作栽培十分严重，种植茬次多，土地休闲期短，而使危害作物的病原菌不断繁殖、积累；同时由于设施内的环境比较温暖湿润，为一些土壤中的病虫害提供了越冬场所，土传病虫害严重，使得一些在露地栽培可以消灭的病虫害，在设施内难以绝迹。如枯萎病、青枯病、早疫病、根结线虫等。

2. 设施土壤环境调控措施

保持良好的土壤性状，是设施生产的首要基础，更是提高设施生产持久经济效益的重要条件。针对设施土壤环境特点，坚持"用养结合"的原则，采取综合调控措施，切实提高土壤使用效益。

（1）防止营养过剩或营养失调

① 测土施肥。定期测量土壤中各元素的有效浓度，并结合作物需肥规律确定是否施肥及施肥量大小，避免盲目施肥。

② 增施有机肥。有机肥中含有各种蔬菜生长所需的营养成分，能够全面补充营养，且各元素释放缓慢，不会发生营养过剩危害。此外，有机肥中含有大量微生物，能促使被土壤固定的营养元素释放出来，从而增加土壤中的有效营养成分。

③ 根据肥料特性施肥，多种肥料配合施肥。氮肥的当年利用率只有 30%～40%，残留较多，且多为水溶性氮，应测土施肥，防止过量造成危害；施肥时应基肥、追肥并重。磷肥易被土壤固定，且当年利用率低，应以基肥为主，集中深施，可隔年施用。钾肥在缺钾地块利用率高，并以基肥为主、追肥为辅，且施于表土下，减少被土壤固定。此外，氮、磷、钾肥配合施用，可提高肥效，避免营养失调。

（2）防止土壤积盐危害　土壤盐分积累主要是由于大量施肥和土壤水分向上移动两方

面原因引起的，盐分积累对园艺作物的危害较大，应采取以下措施预防积盐危害。

① 科学施肥。测土施肥和配方施肥；基肥应以有机肥为主，少施化肥，增加土壤缓冲能力；提倡根外追肥，且严格用量，少量多次；深翻土壤与有机肥结合；氮肥过剩的土壤可施用腐熟的有机肥等。

② 灌水洗盐。对于盐分过大的土壤，在生长期间可增加灌水次数和灌水量；在夏季休闲期进行深翻后灌大水洗盐，使盐分随水向下渗透或排出；每隔 2～3 年利用夏季休闲期，揭开棚膜接受降雨淋洗。

③ 生物除盐。换茬种植某些禾本科作物，如玉米，可把土壤中的无机态氮转变为植物体内的有机态氮，从而降低土壤溶液浓度，把玉米秸秆变为绿肥，在分解过程中土壤微生物还要消耗土壤中的可溶性氮，进一步消除盐分积累。也可在休闲期种植生长快、吸肥能力强的苏丹草、盐蒿，吸收土壤中大量氮素。

④ 换土除盐。积盐太多或用上述方法效果不理想时，要及时更换耕层熟土，把肥沃的田土移入设施内，或采用基质无土栽培。

⑤ 改进灌溉技术和减少蒸发。温室内灌水时浇足灌透，将表土积聚的盐分下淋，减轻根系周围的盐害。另外在温室种植畦内覆盖地膜、稻草等，可减少土壤水分蒸发，降低盐分上升速度。加强中耕松土，切断土壤毛细管，避免盐分随水上移至土壤表面。

（3）防止土壤酸化

① 根据土壤 pH 需要选择合适的肥料。一般施用硝酸钙、硝酸钾等可增加土壤 pH，而施用硝酸铵、硫酸铵等酸性肥料可降低土壤 pH，容易造成土壤酸化。而用氯化钾等中性肥料不会引起土壤酸度的变化。

② 施用石灰增加 pH。当温室土壤已经酸化时，需用地面撒生石灰的方法提高土壤的 pH，如用熟石灰，可迅速提高 pH，但量为生石灰的 1/3～1/2，且不能对正在生长作物的土壤施用。

（4）消除土壤中病原菌　一是参照各种园艺作物的最低轮作年限，合理安排几种作物轮作换茬，并尽量考虑不同作物科属类型、根系深浅、吸肥特点及分泌物的酸碱性；二是采用药剂消毒和蒸汽消毒对土壤进行消毒。

第三节　适合庭院的日光温室

一、适合庭院的温室类型

适合庭院的日光温室类型有很多，主要区别在于结构材料不同。软墙体温室是采用聚苯乙烯泡沫板（EPS 苯板）、聚氨酯发泡等软性保温材料结合钢结构、采光膜、保温被组成的围护结构，其优点是施工速度快、成本低，缺点是防火性差，需要定期进行密封维护（图 3-6）。红砖墙体温室是北方常用的温室类型，墙体采用黏土烧结砖砂浆砌筑，外墙保温板处理，结合钢结构、采光膜、保温被组成围护结构，其优点是坚固耐用、维护成本低，缺点是建造成本稍高、工序多。土筑墙体温室也是北方常用的温室类型，墙体采用泥土碾压夯实或黄泥秸秆搭砌筑高，结合钢结构、采光膜、保温被组成围护结构，其优点是建造成本低、施工速度快、保温性好，缺点是泥土墙体需定期维护，否则不耐雨水冲刷，墙体占地面积大。全光玻璃墙体温室是华北以南常用的温室类型，墙体采用双层真空玻璃幕墙，结合钢结构、玻璃或聚碳酸酯板（PC阳光板）组成围护结构，其优点是空间宽敞明亮、施工速度快、采光好，缺点是成本高、保温性差，特别是东北地区使用能耗高。依托式日光温室是20世纪90年代庭院常用的温室类型，北侧依托房屋墙体，结合钢结构、采光膜、保温被组成围护结构，其优点是管理方便、保温节能，缺点是面积受房屋大小限制（图3-7）。

图3-6 软墙体温室

图3-7 家庭半地下依托式温室

二、庭院温室设计

1. 温室结构设计要点

以依托式温室为例，温室由前屋面、后屋面（也称后坡）和墙体合围组成。结构参数有脊高、跨度、前屋面采光角度、后屋面仰角，温室的使用效果取决于结构参数的合理组合，也就是说一个参数的变化就会影响其他参数的变化，同时还要考虑采光屋面形状（直线形、圆拱形、抛物线形）、后屋面投影大小（投影大保温好、投影小采光好）（图3-8），这些因素经过专业设计人员的合理搭配形成施工图纸，施工后才能呈现一个性能优越的温室。

2. 温室的采光

要想使温室采光好，必须注意两个问题，一是温室的方位，二是透明屋面的屋面角。

（1）温室的合理方位　温室方位与庭院的方位一样，为了充分利用下午的光照，均为坐北朝南略偏西5°～7°，最多不超过10°，也不要小于3°。

（2）合理的屋面角　屋面角是指透明屋面与地面的水平交角。在黑龙江省中部以南的地区，合理的屋面角为30°～34°，纬度较高的北部地区屋面角应大些，但也不要超过34°，因为合理的屋面角，除了考虑采光外，还必须兼顾温室的保温、成本和利用率等方面的因素。如果屋面角过大，则温室立柱增高，也就加大了成本；屋面角过小，直射光的反射率加大，采光不好，保温性能差，同时不便于作业，利用率低。

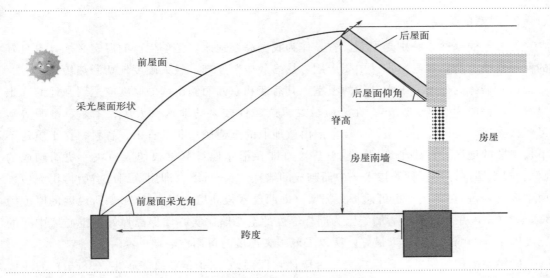

图 3-8 结构设计要点（依托式温室）

根据表 3-3 可以看到，如果在寒冷的季节，经常使阳光与屋面的交角保持在 $50°\sim90°$ 之间，太阳光的反射率低，则射入室内的热量就大。设计合理的屋面角是以冬至这天的太阳高度来计算的。例如，哈尔滨市冬至这天的太阳高度为 $20°33'$，那么合理的屋面角＝光与屋面所成角度－太阳高度＝$50°-20°33'=29°27'$。

太阳高度角的测定：冬至时太阳高度角最小，夏至时太阳高度角最大，一般是在冬至当天正午左右，直立一个木杆，木杆的高度（a）和木杆的阴影长（b）可测定，那么，太阳高度角（h）通过正切函数公式即可求出：$\tanh=a/b$。

✤ **表 3-3 直射光反射率与屋面角的关系**

光与屋面 所成角度/ (°)	90	80	70	50	45	40	30	20	10	5
太阳光反射率/%	0	2.5	2.6	3.5	4.5	5.7	11.2	22.1	41.2	53.3

一般一面坡温室屋面角只有一个，但这种温室的结构并不合理，因前屋面一直到地面，使得温室前沿空间太矮小，既不利作物生长，也不便于管理，造成温室利用率降低。为了解决这一问题，应将前屋面设计成天窗和地窗两部分。天窗是主要部分，一直延到距前沿 30cm 左右处；再改变角度直到前沿地面为地窗，地窗的垂直高度 60cm 左右。所以天窗屋面角应为 $30°\sim34°$，地窗屋面角为 $60°$ 左右。

另外，后屋面的仰角和垂直投影也很重要。仰角一般在 $30°\sim40°$，可使冬季阳光能照到后墙上，可保证后屋面和后墙里在冬至前后一个多月期间不会出现阴影。仰角过大，虽然采光好，后墙低矮省料，但揭盖覆盖物不方便；仰角过小，则采光不好，而影响了温室的保温性。为了冬季保温和最佳屋面角，一般后屋面的垂直投影（指后屋面与后墙里的距离）应为 150cm 左右。

3. 温室的保温

北方气候寒冷，特别是黑龙江省，作为我国高寒地区，冬季生产的温室必须具有良好的保温性能。所以在温室设计中要应用"热导效应"原理，最大限度地切断热传导。

（1）墙体的保温　土木结构的温室，其后墙和东西两侧山墙的厚度应达到当地的冻土层厚度，一般为 1.8～2.0m。在土质较黏重或碱性较大的地区（大庆、肇东、肇源等），可建板夹墙，也可建干打垒，土墙全部由就地取的土建成，非常省工、省料；在土质建不了板夹墙的地区，可建土坯墙，或草垡墙（即在沼泽地将草垡根切成一块一块而砌成的墙）、权土墙（即用麦秆等掺入土中而砌成的墙）、拉合辫墙（即用草编成辫后再用泥包裹而砌成的墙）；在林区，也可建板夹泥墙（即两层木板间填充泥土建成）。所说墙的厚度为 1.8～2.0m，并非都是实心墙。因为同样厚度的空心墙比实心墙保温性好，空心墙中间的宽度以 10～20cm 保温效果最好。所以采取板夹泥墙时可用空心墙。

砖钢架结构的温室，砖墙应为复合墙体，即两砖（50cm）或一砖半（38cm）的砖墙中间夹 12cm 厚的导热系数小、保温好的聚苯板（PS 板，并采用两层 6cm 厚的 PS 板做到相互压缝）。前墙（内部高出地面 20cm 左右，外部平）为一砖，即 24cm 的砖墙中间夹 PS 板（方法同上）。为了防止室外冻土对室内地温的影响，温室的三面墙体夹的保温板均向下延伸 80～100cm。土木结构的温室除了在墙外设防寒沟（但要注意防水问题，当填充物进水后则起不到保温作用），也可采用 PS 板向地下延伸的方法。

（2）后屋面的保温　土木结构温室的后屋面应在屋板上铺 30cm 厚的保温物（珍珠岩、木屑等），其上再压 10cm 厚的炉灰和土，并做好防水。砖钢架结构温室的后屋面应在屋板上铺 20cm 厚的 PS 板（两层 10cm 厚的 PS 板相互压缝）加强保温，其上再设防水层。

（3）前屋面的保温　晚间透明屋面不但不能利用太阳能增加室温，反而因保温性能差而散失室内热量，所以透明屋面在夜间还必须加盖棉被或草苫等覆盖物。如果是塑料薄膜温室，以盖棉被为好，若盖草苫，要注意防止草苫扎坏塑料薄膜，应先盖一层纸被，然后再盖草苫。为了进一步加强保温性能，还可在温室内设二层幕，以活动幕为好，这样白天可以打开，增加室内光照，晚间再拉上，加强保温。二层幕可用塑料薄膜或不织布。在最寒冷的期间（12 月中旬至 2 月上旬）若用塑料薄膜，对光照要求不严格的蒜苗、韭菜和芹菜，白天可不必打开二层幕。另外，使用二层幕还必须注意二层幕与上面透明屋面的间距必须合理，间距应保持在 15cm 左右，不得少于 10cm，不得大于 20cm，否则空间大了，空气流动速度过快，保温性能不佳，而空间过小，则保温层不够，也不利保温。

（4）温室下卧并加设 PS 板外护或建防寒沟　为了防止温室对住宅遮阴，将温室下卧50～100cm。为了保持室内土壤肥力和良好的结构，在施工中应注意先将地表 20cm 厚的耕作层土壤起到一边，将以下的生土起出后，再将表土回到原处。除此之外，前沿及山墙基础可加设 PS 板外护进行保温；或者在温室前沿外面设 50cm 宽，50～80cm 深的防寒沟，用马粪、树叶、格荛（即零碎的柴禾）等做保温填料。为了保证防寒效果，每年在上冻前应当更换新的保温填料。

4. 温室的取暖和通风

目前黑龙江省温室取暖，一般采取两种方式。第一种方式是烟道加温，这种方式设备简单，便于施工，成本也很低，但不足之处是温度分布不均匀，在炉子附近形成局部高温区，呈点状分布，另外，不能充分利用能源，大部分热能从烟囱散失了；第二种方式是水暖管道加温，这是一种比较合理的方式，温室内哪个部位温度低就在哪里设散热片，使温度分布比较均匀，水的比热较大，热得慢，冷得也慢，所以采取水暖温度比较稳定，这对作物的生长发育也是有利的，但成本较高。

温室内的温湿度以及气体交换主要靠通风窗来加以调节。通风窗可以设置在后墙处、采光屋面上部以及采光屋面中下部。对于 $40\sim50m^2$ 的依托式温室，一般可设有长 80cm、宽 40cm 的天窗 3 个，腰窗 2 个，使天窗和腰窗相互错开，以达到通风均匀。

5. 设计图纸

针对建设现场和使用者需求制定科学、详细的施工图纸是温室建造的重要环节，也是温室使用性能优越的重要保证。设计图中包含平面图、立面图、剖面图、节点图等，适合庭院的温室类型很多，以两种类型为例，介绍温室设计图纸。两位一体依托式日光温室设计图纸中（只给出剖面图），有温室跨度 6m，脊高 3m，前屋面采用折线形、室内地面下卧 1m 等信息，主要保证房屋的采光和温室的保温（图 3-9）。砖砌墙体日光温室设计图纸中（给出了剖面图、立面图、平面图、节点图），有温室跨度 9.5m、脊高 5.2m、前屋面采用抛物线形、内外地面持平、顶部配有人行作业平台、内有二层保温结构、基础结构、北墙体设置通风窗等相关信息（图 3-10）。

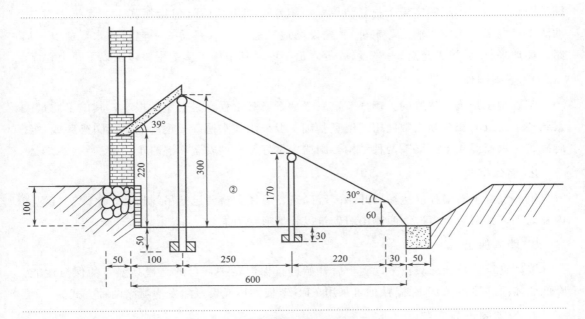

图 3-9　依托型温室设计图纸（单位：cm）

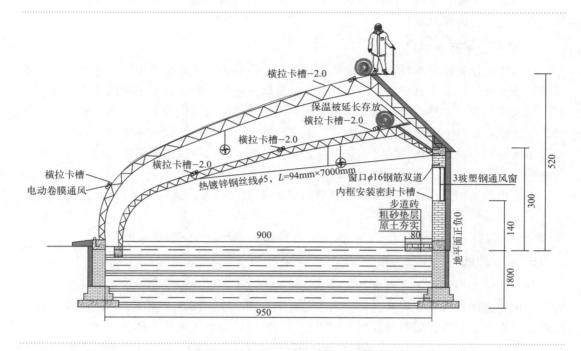

横拉卡槽-2.0

保温被延长存放
横拉卡槽-2.0

横拉卡槽-2.0

横拉卡槽-2.0

横拉卡槽
电动卷膜通风

热镀锌钢丝线φ5，L=94mm×7000mm

窗口φ16钢筋双道
内框安装密封卡槽

3玻塑钢通风窗

步道砖
粗砂垫层
原土夯实

地平面正负0

520

300

140

1800

80

900

950

图 3-10　砖砌墙体日光温室设计图纸（单位：cm）

三、庭院温室的施工建造

一栋温室的施工建设需要多种工序，在动土开工前首先应了解施工工序，依次是设计施工图纸、根据图纸制定施工材料清单、组织专业施工队伍（包括泥瓦工、焊工、力工、油漆工、电工、机械车辆工等工种）、建设场地三通一平（三通一平包括通水、通电、通路、场地平整）、施工建造、竣工验收等六道工序。其中施工建造主要包括以下几个程序。

1. 基础制作

基础制作是施工建造的关键环节，属于地下隐蔽工程，是温室的根本，其施工质量关系到整个建筑的安全和正常使用。温室基础一般采用"水撼砂＋钢筋混凝土圈梁"或"红砖砌筑＋钢筋混凝土圈梁"两种结构，圈梁中做好预埋件安装和混凝土养护。

2. 墙体砌筑

钢筋混凝土圈梁强度达标后开始砖墙砌筑，墙体砌筑要定期吊线超平，水泥灰口饱满内外勾平，预留通风窗口，两侧山墙砌筑以骨架形状为准。

3. 墙体保温

墙体砌筑后外侧抹灰找平，晾干后开始进行保温贴护（目的是提高温室的保温性能，降低墙体向外热传导），保温贴护可采用 EPS 苯板外挂或聚氨酯发泡喷涂两种方式。

4. 骨架制作与安装

温室骨架制作指前屋面采光骨架和后屋面支撑骨架的制作，制作质量影响着温室的荷载（额外承受力），制作方式一般采用现场焊接安装和工厂加工现场安装两种方式，因东北冬季积雪重，所以经常采用现场焊接安装方式以提高温室的抗风雪能力。骨架焊接要求焊口饱满、打磨防腐。骨架安装不可高低不平，要使所有骨架水平一致，以保证所有骨架受力均匀，横拉筋安装科学稳固。

5. 后屋面制作

温室后屋面也称后坡，制作质量影响夏季的防水和冬季的保温，为了提高人工作业的安全性，最好安装作业平台。

6. 采光材料安装

采光材料一般常用农用透明塑料膜，其中 PO 材质的塑料膜因其透光性能好，非常适合温室使用。塑料膜安装前注意正反面（也称内外面），一般内面有消雾流滴剂，外面有抗老化剂，棚膜如果扣反就不会起到应有的作用，反而寿命降低。同时，将塑料膜展开拉伸，不能出现褶皱，否则容易被风吹坏。棚膜安装完成后还需检查，对于破损处及时补漏。

7. 保温被安装

保温被安装是温室冬季运行的关键环节，一方面应选择多层复合材料组成的保温被，一般复合材料的要求是外层光滑易于雨雪滚落、里层柔软透气不伤膜、夹心层蓬松保暖，另一方面是卷轴壁厚、卷帘机械平稳强劲，安装平整无缝隙。

第四节　适合庭院的塑料棚

一、塑料棚性能

塑料棚俗称塑料冷棚，由于其建造容易、使用方便、投资较少，被普遍采用。塑料棚是我国现有农业设施结构中规模最大数量最多的设施类型，具有建造成本低、地域适应广、种植产量高的三大特点，不论南方北方还是干旱沿海地区都有大量使用。利用竹木、钢材作为骨架材料，并覆盖塑料薄膜，搭成拱形棚，供栽培蔬菜，能够提早或延迟供应市场，提高单位面积产量，有利于防御自然灾害，特别是北方地区，能在早春和晚秋淡季供应鲜嫩蔬菜。根据塑料棚大小可分为塑料大棚、塑料中棚和塑料小棚。庭院塑料棚类型的选择应根据庭院整体规划布局的需要来确定。塑料小中棚是在庭院设施中衍生的一种设施类型，一般跨度 4～5m，脊高 2.5～3m，长度 8～12m，顶部弧度平缓骨架必须采用桁架式焊接，肩部直立可安装直立式卷膜装置。塑料小中棚占地面积小、可随意摆放、坚固耐用、直立外观，非常适合小型庭院或别墅区使用。

塑料棚的保温原理主要依靠温室效应和自身的密闭性。温室效应是在没有加温的条件下，设施获得并积累了太阳辐射能，而使棚内的温度高于外界环境气温的作用，实际就是吸热保温，一方面塑料棚的覆盖材料可以采光吸热，另一方面塑料膜也有保持温度的作用，可以防止热量散失。一般外界气温高，棚内温度高；外界气温低，棚内温度也低；季节温差明显，昼夜温差较大；晴天温差大于阴天温差，阴天棚内增温效果不如晴天明显；阴天时气温上午上升慢，但下午下降也慢，日温变化比较平稳；春季的增温效果比秋季要高。

塑料棚内光照状况受季节、时间、天气条件、覆盖方式、薄膜种类及栽培作物的种类影响。棚内垂直的光照强度是高处较强，向下逐渐减弱，近地面最弱。南北延长大棚上午东侧强西侧弱，下午反之，南北两头差异不大，不同部位的水平光照比较均匀；东西延长的大棚光照条件要比南北延长的好，但不同部位差异较大。

不通风条件下，棚内相对湿度可达到70%以上。一般棚温升高，相对湿度降低；棚温降低，相对湿度升高。白天、晴天相对湿度低，阴雪雨天相对湿度增高。薄膜的气密性较强，因此在覆盖后棚内土壤水分蒸发和作物蒸腾造成棚内空气高温，如不进行通风，棚内相对湿度将会很高。

二、塑料大棚的设计

塑料大棚设计应根据生产需要和场地条件为出发点，以肩部圆滑不可过低、顶部拱形不可过平为结构设计原则，大棚肩部指底部和顶部中间附近，肩部圆滑是要保证肩部受力和对覆盖棚膜的保护，肩部过低则会影响人工作业，顶部拱形是保证积雪自然滑落减轻荷载影响。以三圆复合骨架为例，肩部采用两个圆弧优化相切既提高了骨架的支撑强度又提高了底部空间，人工作业不弯腰，增加了底部高大作物种植面积（图3-11）。

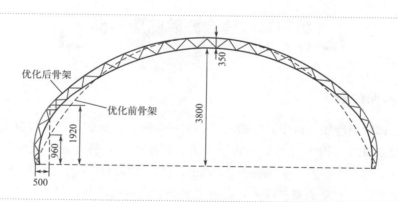

图 3-11 三圆复合大棚结构优化对比（单位：cm）

三、塑料大棚的建造

塑料大棚建造工序简单，主要包括材料选择、场地平整、施工建造。

1. 材料选择

因选择施工材料不同，建造的标准也分高、中、低档。骨架采用热镀锌圆管桁架式焊接、塑料膜采用PO材质属于高档质量建造，使用年限长、增温效果好。近几年随着加工技术升级，一些厂家也可以按照客户需要使用弯管机制作椭圆形骨架以节约人工成本。也有采用竹片和凌美玻璃钢材质用于冷棚骨架的，其成本低廉，但抗风雪差，需要定期维护。PO膜和PEP利得膜是塑料大棚常用的采光材料。其中PO指聚烯烃，通常指乙烯、丙烯或高级烯烃的聚合物，PO膜最初是由日本采用高级烯烃的原材料及其他助剂通过外喷涂烘干工艺而产出的一种新型农膜，其最大特点是卓越的透光性、快速的升温性和超强的持续消雾及流滴能力；PEP利得膜是外层聚乙烯、采用两种抗紫外线安定剂处理三层共挤而成的专用农用塑料膜，其最大特点是保温好、使用寿命长、强韧性。

2. 场地平整

场地平整是塑料冷棚建造的关键步骤，保证冷棚骨架受力均匀不受雨涝影响。场地平整还需要保留种植区的黑土层厚度，增施肥料，冷棚尽可能建在地势较高位置。

3. 施工建造

开工建设分为基础定位、骨架制作、骨架安装、覆盖棚膜、通风窗制作。

基础定位是根据建设塑料冷棚的类型，布置桩基或地砸铁管，并用角铁焊接成框，不管采取哪种方式都要保证基础水平一致，因为基础的好坏影响骨架安装和承载大小。

骨架制作主要采用热镀锌圆管桁架式现场焊接组装，设置立面棚头和推拉门以提高美观度和使用效果。立面棚头可以降低塑料膜的磨损烫伤，推拉门可以杜绝风吹以提高棚室的保温性和使用寿命。

塑料膜覆盖则选择温暖无风天气进行，这样扣棚质量高，棚膜使用年限长。首先分清棚膜内外面，固定一侧棚头膜后向另一侧拉伸，使棚膜无褶皱覆盖在骨架上，最后用专用压膜绳均匀固定棚膜。选择高透光率PO膜或PEP利得膜，使用年限可达5年以上。

塑料冷棚在春季使用早晚温度低需要保温，中午温度高需要通风降温，通风设置是必不可少的，一般在骨架肩部安装卷膜器通风，通风面积大、操作方便。

第五节　适合庭院的防虫网室

夏季是农业害虫的多发季节，由于缺乏有效的调控措施，农户在栽培蔬菜等园艺作物时，过量、超标甚至违禁使用农药的情况时有发生，严重危害了蔬菜等园艺产品的质量安全。采用防虫网覆盖栽培可以有效阻断虫害的传播途径，大幅度降低虫口密度，从而有效降低农药的使用量。因此，防虫网覆盖栽培已经成为蔬菜等园艺作物实现安全生产的重要技术手段。

一、防虫网的性能及分类

防虫网是以高密度聚乙烯为主要原料，并添加抗紫外线、防老化等助剂，经拉丝制造而成的网状织物，具有拉力强度大、抗热、耐水、耐腐蚀、耐老化、无毒无味、废弃物易处理等优点。它的网目之间允许空气通过，且能将昆虫阻隔于网室外界。利用防虫网能够有效预防常见的害虫，常规使用收藏轻便，如果采用全新料并且正确保管，寿命可达3～

5年。

防虫网的颜色有白色、银灰色、黑色等。网室上常用的防虫网以白色为主，透光率较好，但夏季温度略高于网室外露地；如果需要遮光效果，可选用黑色防虫网；而银灰色防虫网避蚜虫的效果较好。

防虫网网孔的密度大小用目来描述，目即1平方英寸（2.54cm×2.54cm）上的网眼格数。蔬菜等园艺作物栽培生产中常用防虫网的目数范围是17～50目。网目与昆虫大小有关系。所以，在选取防虫网时，首先要确定防治什么害虫，目数过小，网眼太大，起不到应有的防虫效果；目数过大，网眼过小，虽然防虫，但同时会增加防虫网的成本，增大通风口的通风阻力，同时遮光效果也会受到影响。

二、防虫网覆盖方式

蔬菜栽培中防虫网的覆盖方式有全棚覆盖和部分覆盖两种方式。全棚覆盖是指在塑料大棚的薄膜拆除后，将防虫网全部覆盖在大棚骨架材料上的方式，采用防虫网进行全棚覆盖时必须使设施的表面全部覆盖一层防虫网，否则达不到防虫效果。部分覆盖是将防虫网与塑料薄膜配套使用，防虫网设置在大棚的两侧通风口和两端的门上，这样可兼顾防虫和防雨。

三、防虫网室结构特点

防虫网室四周是高度300mm左右的砖砌矮墙，砖墙厚度一般为240mm，墙下基础为砖砌条形基础；中间为高度300mm左右混凝土柱，柱下为钢筋混凝土独立基础；柱子和矮墙上面是钢柱、钢梁、柱间支撑及屋面支撑系统组成的承重体系。整个结构为轻型钢结构，屋面常用的有拱形梁、桁架、三角形屋架等结构形式。在基础上预留螺栓，工厂化焊接加工，热镀锌处理，现场组装。常见的网室开间3～4m，跨度6～12m。为了更好地防止害虫进入网室，也可在网室两侧山墙设置缓冲间，一般缓冲间3m×3m大小，外覆盖防虫网。

网室主要承受的荷载为结构自重、植物吊重和风荷载。网室屋面活荷载若考虑植物吊重，一般按照$0.15kN/m^2$考虑。防虫网具较好的抗风作用，据实验测定，25目防虫网，网室的风速比露地降低15%～20%；30目防虫网，风速降低20%～25%。因此，防虫网室和塑料膜温室、玻璃温室、PC板温室比起来，需要抵御的风荷载小很多。在计算网室时，风荷载可折减，考虑乘以0.75～0.85的系数。

四、防虫网室建造

1. 地基建造

建造防虫网室选用地势平坦、周围无高大树木或者建筑物遮挡的空旷地为宜。大棚覆盖与小拱棚覆盖形式的防护网室地面与地基同大棚和小拱棚建造方法。平棚覆盖形式用砖砌或水泥浇筑30～60cm的地基（根据地下水位、土层硬度等因素确定），用56mm×35mm镀锌钢管外面浇筑20cm×20cm混凝土，一段露出10mm的钢管，其端部打孔，用于与立柱连接时紧固螺钉。或者用砖砌高出地面 20～50cm 的墙体作为基础，按设计的柱间距预埋立柱固定螺杆。建造时先定点，后放线，再挖槽，要保证四个角成直角，地基凝固干燥后，即可在其上搭建平棚骨架。

2. 骨架建造

大棚覆盖和小拱棚覆盖形式的骨架建造方法同塑料大棚和小拱棚，以防虫网大棚覆盖形式的大棚两肩处各增加一道卡槽，用于固定防虫网。另外，在大棚外侧边缘需设置拉线桩，间距 1～1.2cm，拉线桩入土深度在 50cm 左右，以能承受网线拉力为宜。

连栋平棚形防虫网地上部高度 2.4m，单开间跨度 6m，立柱间距 3m；四周立柱固定于砖墙或混凝土地基上，室内立柱柱脚采用现浇水泥柱体，长、宽、高分别为 25cm、25cm、60cm，内镶 ϕ12mm 螺杆 2 根；横向主架采用内径 ϕ32mm、壁厚 1.8mm、长度 6m 的热镀锌钢管，纵向主架采用 ϕ5mm 热镀锌钢丝绳，用紧线器固定于横向主架上；整个框架四周为 60°斜支撑热镀锌钢丝绳。墙顶部及端部用镀锌卡槽将防虫网连为一体。

3. 防虫网安装

防虫网安装要求绷紧。有两种安装方法：①将棚体部分按总体尺寸将防虫网缝制成一整张安装；②按幅宽算好距离安装卡槽，在两卡槽间安装一幅防虫网，两幅在卡槽处相接。棚体防虫网的宽度每边应多出 20～40cm，以便绷紧固定。

4. 安装防虫网注意事宜

注意事项如下：

① 绷紧防虫网时，要注意各个方向都要拉紧，放入卡槽内用弹簧压紧时注意让防虫网适当松一些，否则弹簧容易撕破防虫网。

② 为使防虫网经久耐用，可在装网时在卡簧与网间垫一层旧薄膜或防潮纸。

③ 卡入弹簧时，应将弹簧由卡槽门部上方一节节地左右扭动卡入，不要使弹簧与卡槽口部摩擦造成网破损。

④ 棚体防虫网与棚头防虫网在棚头拱杆正上方的卡槽内重叠。弹簧在使用中不要重叠，可按需剪断使用，剪断处应用钳子圈圆。

第六节　适合庭院的电热温床

温床是结构较完整的设施育苗或栽培设施类型，它除了具有阳畦的防寒保温设备外，又增加了人工加温设备来补充日光加温的不足，以提高栽培床内的气温和地温，满足低温季节或低温地区进行蔬菜栽培或提早育苗的需要，是设施蔬菜生产的重要设施之一。

一、温床构造

温床由床框（包括底框和侧框）、隔热层、加温层、栽培基质层和覆盖物构成（图 3-12）。

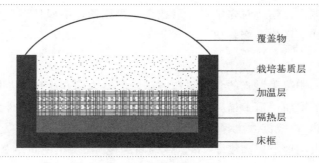

图 3-12 温床的基本构造

二、温床类型

1. 根据床框使用材料分类

温床根据床框使用材料不同，可分为土框温床、砖框温床、木框温床和草框温床等。

2. 根据床框位置分类

温床根据床框位置不同（南框），可分为地下式温床、地上式温床和半地下式温床。地下式温床保温性能好，但修建费工、通风和光照效果差，适合于寒冷地区作为早春播种床；地上式温床修建省工，床内清洁、通风和光照效果好，但保温性较差；半地下式温床因建造省工，床内通风、光照与保温效果相对较好而应用较多。

3. 根据加温设备分类

温床根据人工加温设备的热源不同可以分为酿热、电热、火热、水热和废气热等。近年来随着蔬菜生产的发展，春夏蔬菜育苗面积不断增加，酿热物来源日趋减少，电热加温面积不断增加，而且电热加温效果好，容易调节。

三、电热温床

电热温床通常是在小棚、大棚、温室内栽培床上做成畦子布线，也可在阳畦内直接布线，是将电能转变成热能，使床土温度升高并保持在一定范围内的育苗设施，具有能长时间持续加温、使用方便、调节灵敏、自动控温、发热迅速、温度均匀等优点。

1. 电热温床结构

电热温床由育苗畦、隔热层、散热层、床土（或营养钵、育苗盘）、保温覆盖物（薄膜和草苫）和电热加温设备等几部分组成（图 3-13）。

（1）育苗畦　结构与普通阳畦相同，面积根据电热线功率大小确定。

（2）隔热层　在电热线下铺一层稻糠或稻草、麦秆、木屑、马粪等隔热材料，把苗床和大地隔开，减少床内热量向床底扩散损失，起到节省用电的目的。在寒冷的北方，一般在床下面都要铺隔热层。在比较温暖的地区，基础地温相对较高，一般达到 10℃ 以上时，也可不设隔热层。

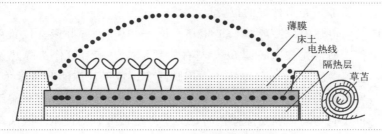

图3-13　电热温床结构示意图

（3）散热层　为了使电热线产生的热量快速而均匀地传递给床土，在隔热层上面铺2～3cm厚的细沙，作为散热层，将电热线埋在其中。

（4）床土　育苗用的营养土、营养钵或育苗盘，覆盖或放置在电热线上面，用来播种或栽植幼苗，播种床土厚8～10cm，放置营养钵或育苗盘的床土厚1～2cm。

（5）保温覆盖物　电热温床地上要有保温设施，一般阳畦都可通过装电热加温设施改为电热温床，在电热温床床框上面加盖塑料小拱棚用来保温。为了加强夜间保温，还应覆盖草苫、保温被等。

（6）电热加温设备　电热加温设备主要包括电热线、控温仪、电源、交流接触器等。

① 电热线。电热线（表3-4）由电热丝、引出线和接头3部分组成。电热丝为发热元件，外面包有耐热性强的乙烯树脂作为绝缘层防止漏电，引出线为普通的铜芯电线，基本不发热，接头套塑料管密封防水。

✤ **表3-4　DV系列电热线的主要参数表**

型号	功率/W	长度/m	色标
DV20408	400	60	棕
DV20410	400	100	黑
DV20608	600	80	蓝
DV20810	800	100	黄

② 控温仪。即温度控制仪，生产中主要采用农用控温仪，控温范围在10～40℃，灵敏度±0.2℃。控温仪热敏电阻作测温触头，以续电器的触电做输出，仪器本身工作电压220V，最大荷载2000W。使用时，将测温触头插入苗床中，当温床温度低于设定值时，续电器接通，进行加温；当苗床温度达到或超过设定值时，续电器断开，停止加温。

③ 交流接触器。交流接触器的作用是扩大控温仪的容量，当电热线总功率大于2000W时，将电热线连接到交流接触器上，交流接触器的工作电压有220V和380V两种，根据供电情况灵活选用。目前，生产中主要采用CJ10系列的交流接触器。

2. 建造电热温床

（1）选址　电热温床的场地选择对电能的利用影响很大，为节约电能，电热温床的床基设在有日光温室、阳畦等保护设施的场地内。在日光温室中制作电热温床,床基通常设置在日光温室的中后部采光条件好的位置。

(2) 制作床基 电热温床一般宽 $1.5\sim2m$,长 $5\sim10m$。选好床基位置后,根据苗床面积,床面要平整,通常先在床底铺 5cm 左右的稻草或炉灰渣等作为隔热层,然后盖上一层塑料薄膜,塑料薄膜上压 3cm 厚床土,用脚踩实,耧平,待铺电加温线。

(3) 铺设电加温线 首先根据电热温床的设计长度和宽度,计算电加温线在苗床上往返道数。理论上布线应均匀,在实际操作时,为了方便接线,要使两个线头落在苗床的一侧,即布线往返道数应该取偶数。然后,根据电热温床的设计宽度和电加温线往返道数,计算布线间距。

$$一根电热线的铺设面积(m^2)=电热线的额定功率/功率密度$$
$$一根电热线的铺线宽度=一根电热线的铺设面积/温床宽度$$
$$一根电热线铺线的往返次数=(电热线长度-铺线宽度)/温床长度(取偶数)$$
$$布线间距=铺线宽度/(电热线铺线的往返次数+1)$$

根据计算好的布线间距,用短棒固定电加温线。可通过调节布线间距以调节温床的温度。苗床的边缘散热快,为使苗床温度一致,两边线距应根据计算得到的理论布线间距适当偏小些,中间线距适当拉大。

(4) 布线 布线前,先在温床两头按计算好的布线行距钉上小木棍,布线由 $3\sim4$ 人共同操作。中间 $1\sim2$ 人往返放线,其余两人各自在温床的一端将电热线挂在小木棍上。布线时要逐步拉紧,以免松动绞住,做到平、直、匀,紧贴地面,不让电热线松动和交叉,防止短路。经通电试用后,轻轻覆 $2\sim3cm$ 厚的沙子或细土,盖住电热线,注意接头埋入土壤中,引出线留在空气中,小木棍需要拔出。

(5) 电加温线在铺设时应注意事项 土壤加温线只能用于土壤加温,不能在空气中使用;电加温线的功率是额定的,不能截短也不能接长使用;使用多条电热线时只能并联,不能串联;埋线时要布线均匀,不得交叉、打结、重叠,以免烧断线;土壤电加温线与控温仪连接可实现温度的自动控制。电加温线铺设好后应先通电检查。

① 总功率(W)=温床总面积×功率密度(功率密度指每平方米所需要的功率,即 W/m^2;蔬菜育苗的功率密度一般是 $90\sim120W/m^2$)。

② 所需电热线根数=总功率/额定功率(额定功率指所用电热线的额定功率,有 400W、600W、800W 和 1000W 等)。

(6) 覆盖床土 在电热线上面覆盖 $8\sim10cm$ 厚的床土,即覆盖床土量为 $100\sim125kg/m^2$。盖土时应注意先用部分床土将电热线分段压住,以免填土时移位,同时床土应顺着电热线延伸的方向铺放。床土覆好后,将床土表面用木板刮平,以便使用。

(7) 安装控温装置 苗床面积在 $20m^2$ 以下,总功率不超过 2000W,只安装一个控温仪即可;如果苗床面积大,就应配备相应的交流接触器。

3. 电热温床应用

电热温床主要用于早春育苗或为露地育子苗,尤其是采用电热加温进行大棚番茄、黄瓜育苗效果很好。电热温床也适于多种花木的播种和扦插育苗,特别是在高寒地区可作为日光温室、改良阳畦等保护设施的主要配套设备，每年冬季可育苗 2～3 次，并连续使用数年，降低了育苗成本。另外，若采取床室结合或棚床室结合育苗，温床可用木板床框，便于拆卸，建成活动式电热温床，以提高土地利用率。

4. 电热温床的结构特点

隔热层，即在电热线下铺一层稻草等，有利于提高床温，但也易造成床土干旱。布线层，为使电热线发出的热量快速而均匀地传递给床土，在隔热层上铺约 5cm 的细沙，将电热线埋在其中。床土层的厚度与一般育苗床土相同。此外，还有控温仪等电热设备。

5. 电热温床加温原理

利用电流通过电阻较大的导体时将电能转变成热能进行温床加温，即通过电热线使温床发热。电热线由电热丝、塑料绝缘层和两段的导线接头组成，有土壤加温线和空气加温线之分，不能混用；控温仪能自动控制电源的通断来控制温床的温度高低。

6. 电热温床优点

利用电热加温可补充酿热材料的不足，大大节省劳动力。此外，电热温床升温快、温度高而均匀、调节灵敏、使用时间不受季节限制，可根据不同的作物种类和不同的天气条件通过控温仪来调节温床的温度，并且可以早揭晚盖草苫以改善床内光照条件，促进蔬菜作物的生长发育，使根系发达、苗龄缩短，有利于培育壮苗，移植后容易发根。

第七节　北方典型庭院设施规划布局案例

淡泊宁静、劳逸结合、有张有弛，不仅是慢生活的真谛，也是园林园艺的精髓和灵魂。让香花异卉为生活盛情绽放，营造回归自然、轻松优雅的意境，丰富生活情趣和质量，我们的生活才能更加接近幸福的彼岸。随着国民经济的不断提高，家庭园艺促进了社会精神文明和物质文明的共同进步，在繁华的城市给人们带来了精神修养的境地，在乡村给人们带来了物质致富的喜悦。

一、城市内休闲型庭院设施布局

当前社会高楼林立，道路纵横，地面空间逐渐减少，利用城镇居民房前屋后以及屋顶、室内、窗台、阳台、围墙等零星空间或区域，配合城市建设，美化庭院，加速绿化，净化城市空气，越来越受到城镇人们的重视，这种家庭园艺不仅能够美化家园更能净化心灵，在大城市居民区能够拥有属于自己的一块田园是一种非常奢侈的享受，正是这种需求的增加广义花园洋房的推出满足了人们对田园生活的向往，这种庭院可以种菜，可以种花草，也可以娱乐休闲，既要满足自己的需求又要方便打理，应该如何设计？因城市内屋顶、室内空间狭小、布局简单，这里就不做案例介绍了，我们只以多层洋房花园为例，给大家介绍城市内的庭院规划布局。

市区内庭院布局的优势是交通、生活、排水等配套完善，唯一不足就是场地稍小而且周边高楼遮挡光线，布局定位既要考虑优缺点的存在还要兼顾小区整体环境的协调一致。图 3-14 中给出的是 3 户居民的庭院，从面积上分析 1 号和 3 号住户庭院面积较大，2 号住户较小，从位置上分析 1 号庭院场地朝向是南、西、北三面，3 号是东、南、北三面，2 号住户只有南面。

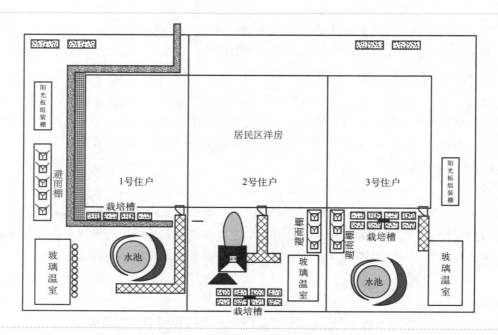

图 3-14　城市内居民区的庭院设施布局

　　选择适合的温室类型，综合考虑欧式风格的玻璃钢结构温室，既不凸显又能与洋房外观风格一致，只需在结构参数上进行调整，地面高度 2.5m，地下下卧 0.8m，平面规格长方形，配套通风、降温遮阴设备，同时增设燃气或电加温设备，既满足种菜又满足花房的需要。1 号和 3 号住户可以利用东西两侧狭长位置增加春夏秋使用的阳光板组装棚，丰富果菜类种植的需要，2 号住户庭院面积较小，可以选择避雨棚或者架式栽培槽进行果菜类种植。庭院处在楼梯下方，考虑道路不沾泥土和避免内涝，我们选择栽培槽种植蔬菜及低矮花卉。栽培槽不宜过长，相互间距 0.6m，方便作业。葡萄是庭院中不可缺少的果树，是在北方既能抵御严寒且口感又好的首选果树品种，但由于葡萄成熟期害怕雨淋，栽植葡萄避雨棚是最佳的设施，避雨棚的遮雨材质建议选用高透光耐力板。采用木质或防腐木制作廊架给人以其自然逼真的表现，提高庭院的人文气息。1 号和 3 号住户选用"L"形廊架，2 号选用"一"字形廊架，廊架围绕水池搭建。

　　水富有动感和生气，点景力强，同时还可增加庭院的湿度，有利于周围植物的生长。尤其在酷热的炎夏，可给人带来清凉。纵览中西庭园，几乎每种庭园都有水池的存在。尽管在大小、形式和风格上有着很大的差别，但人们对水池的喜爱却是如出一辙。我们可以选择规则或不规则形状作水池，种上莲花、菖蒲，放入锦鲤，特别是坐在廊架或凉亭中休憩，欣赏池中的游鱼和莲花着实是一种享受。

总结来讲，城市内庭院规划思路是：出户花架节节高，伴着花香采葡萄。假山鱼池半环绕，净化仓上睡午觉。四季花草墙边靠，悠闲趣乐无烦恼。

二、乡村田园康养型庭院布局

随着社会发展、人们收入增加以及人口老龄化增长，康养旅游、康养小镇等以康养为主题的文旅项目如雨后春笋般出现。康养是健康和养生的集合，康养依托的资源有高山、森林、大海、温泉、乡村，其中以乡村田园为生活空间，回归自然、劳逸结合、享受生命、修身养性、度假休闲、颐养天年的康养度假方式更是得到了越来越多中老年人的青睐。这种以田园养生为主题的庭院在布局上需要注重田园、自然和乡村的结合，以及现代审美的加持，并非简单的"劳作娱乐"模式。

以多层房屋独门独院的庭院为例介绍。在布局上我们坚持以南北方融合、生产休闲兼顾，房屋搭配依托温室，景观造型、果蔬生产的布局思路。根据房屋特点可以在房屋南侧建设依托式温室，温室的出入口可以与房屋直接相通，寒冷的冬季人们可以随意进出温室享受温暖。建设中棚可以体验在春夏秋季节种植绿色蔬菜的乐趣，露地搭设阳畦作为抢阳蔬菜栽培使用，避雨棚种植鲜食葡萄，角落增设动物舍，房屋东侧靠近围栏处增设廊架种植攀援花卉和观赏葡萄。景观造型设计凉亭、水池、假山等搭配绿植（图 3-15）。

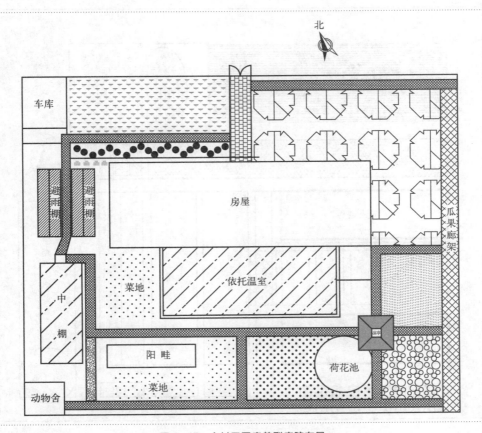

图 3-15 乡村田园康养型庭院布局

三、乡村经济生产型庭院布局

庭院经济是农民以自己的住宅院落及其周围为基地，以家庭为生产和经营单位，为自己和社会提供农业土特产品和有关服务的经济。其特点主要有：生产经营项目繁多，模式多种多样；投资少，见效快，商品率高，经营灵活，适应市场变化；集约化程度高等。近几年乡村庭院产出的绿色果蔬"小园菜"品牌深受大城市消费者的欢迎和喜爱。

以经济效益为目的的庭院规划布局坚持合理布局、生态循环、交替生产、全季供应的原则，也就是种植与养殖生态结合、多种农业设施搭配使用。因北方暖季相对较短，露地蔬菜种植又受雨季影响减产，在种植上多依靠设施来保障蔬菜产量和品质，日光温室、大棚、中棚、地拱棚、阳畦、温床，这些实用的设施都可以建设。多种设施类型建设在布局上要考虑遮光、散热、排水的问题，前后温室间距应大于温室脊高的 2.5 倍，大棚间距大于 1.5m 既是通风散热的需要又能利于冬季积雪还能便于拖拉机除草作业。由于前后温室的存在，温室间露地不能等同于普通露地使用，可以建设中棚种植葡萄，可以与温室生产错季还可以获得一定种植效益，当然前提是做好设施周边排水。生态养殖舍建造下风口处，舍下建造沼气池。水池可做垂钓池，冬季搭设垂钓冷棚，可增加垂钓收入（图 3-16）。

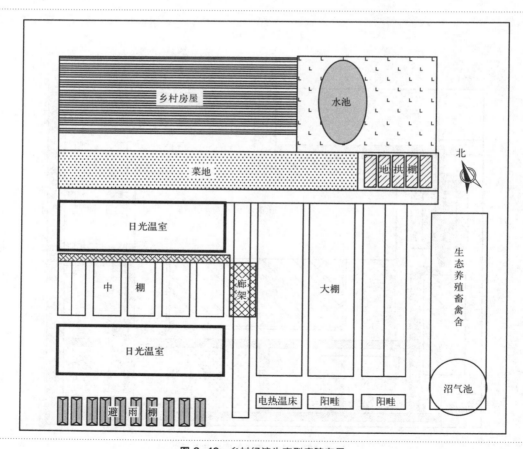

图 3-16　乡村经济生产型庭院布局

第四章

适合庭院的集约化栽培技术

第一节　床室结合及棚床室结合育苗技术

一、床室结合育苗及棚床室结合育苗的含义

利用温室播种育子苗，并采用营养钵分苗，在温室的架上、地面或已栽培蔬菜的行间缓苗，待缓苗后温床也可用时，再移入温床培育壮苗。温室倒出地方，又可分第二批苗，以至第三、第四批苗依次进行，这种温室与温床紧密结合的育苗方法简称为床室结合育苗，其优点是利用温室解决一个"早"字，利用温床来扩大育苗面积和加强秧苗中后期的锻炼，以培育更多更好成本低廉的壮苗。棚床室结合育苗是在床室结合育苗的基础上发展起来的一项新技术，其育苗原理和方法与床室结合育苗相同，即是把温床建在大棚或中棚内，采取温室播种育子苗，利用温床来扩大育苗面积和加强秧苗中后期的锻炼，将棚内温床与温室结合的育苗方法。为了不影响大棚或中棚的正常生产，温床应采用活动式温床，最好是活动式电热温床。由于增加了大棚或中棚设备，投资和生产成本高于床室结合育苗；若利用生产棚，并采用活动式电热温床，在育苗后及时拆除温床就不存在以上问题了。棚床室结合育苗的优点是保温条件好，有利于育早苗，耗电量减少；不受风、雨、雪的影响，管理方便；覆盖温床的草苫和棉被不受雨雪淋，保温好，使用寿命长。

通过床室结合或棚床室结合育苗可提高温室的利用率，增加育苗数量（可增加5～6倍），降低育苗成本30％以上；解决多种蔬菜秧苗及不同栽培方式的秧苗在同一温室中管理上的矛盾；可以更好地加强对秧苗中后期的锻炼，并可扩大秧苗的营养面积，使培育出的秧苗更健壮，有利于早熟增产；完成育苗后，温室生产的蔬菜较常规方法大大提前上市（约提前40d）。

二、床室结合或棚床室结合育苗的关键技术

1. 温室的立体利用

冬季和早春的太阳高度角较小，阳光斜射入温室，在立柱前和后墙前可以各设一排

架，每排架均为两层，层与层之间距离为 1m，前排较后排高 10cm，前排架宽 1m，后排架宽 0.6m（后墙与立柱距离为 1m 时）或 0.8m（后墙与立柱距离为 1.5m 时），留出 0.4m 或 0.7m 走道，使每层架及栽培床均能照到阳光（图 4-1）。无立柱的温室也可按上述方法设架。采取这种立体育苗，不仅可使温室利用面积增加 50%，并且解决了地温低对育苗不利的问题，此外架面上的光照也好于地面，以利于分苗后的缓苗。

2. "见缝插针"

当外界气温回升到与床室结合育苗的温床或棚中温床可以使用时，把在温室中培育的第一批秧苗（放置在架上和地面上分于营养钵中已经缓苗）及时进入温床或棚中温床。温室地面倒出后，随即施肥、整地、定植，进行蔬菜早熟栽培。由于刚定植的蔬菜秧苗小，在其行间和架上又可放置第二批分于营养钵中的秧苗，待缓苗后再进入温床或棚中温床，这时抓紧对早熟栽培的蔬菜进行铲地、松土、中耕，然后在行间和架上再放置第三批，乃至第四批苗。所以，"见缝插针"实际就是把间套复种栽培技术应用于育苗技术之中。为了便于管理作业，在栽培蔬菜的中后部采取放 2 行、空 1 行不放苗，前沿不留空的措施（图 4-2）。

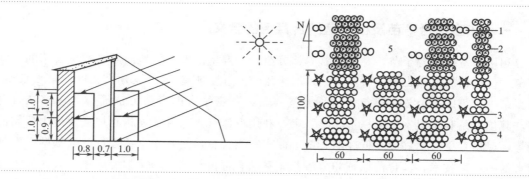

图 4-1 温室的立体利用（单位：m）   图 4-2 "见缝插针"的育苗方法（单位：cm）

1—黄瓜定植苗；2—营养钵装番茄苗；3—菜花定植苗；

4—营养钵装菜花苗；5—空地

3. 育苗方式与育苗程序

首先要根据市场与生产需要，以及生产条件制定出所要育的各种秧苗及数量。下面各举一个床室结合育苗和棚床室结合育苗的实例：

（1）床室结合育苗　生产条件为 1 栋 42m² 的温室（使用面积）与 5 个 10m² 的温床结合，培育出 2200 株温室用苗（含 42m² 温室早熟生产用苗），10000 株大棚用苗和 12000 株小棚苗，而基本上不影响温室和五个活动式温床所占用的 60 多平方米地面上的蔬菜生产的育苗方式。其具体做法简述如下（表 4-1）。

第一批育 2040 株菜花苗（大棚生产用和温室早熟栽培用），其中 2000 株于 3 月 5 日进温床（1 床），40 株随后于温室前沿定植，进行早熟栽培，其行间放满菜花苗（小棚采种用）。

✤ 表 4-1 床室结合育苗程序

前后茬苗		秧苗种类及数量/株	播种期（月/日）	分苗期（月/日）	进床期（月/日）	定植期（月/日）	备注
温室早熟栽培用苗及大棚生产用苗		菜花 40（荷兰阿尔法菜花）2000	11/10	1/10	不进温床；3/5	3/5 3/25	温室前沿放的大棚生产用菜花苗进温床后随即整地定植；采取大棚加小棚，接小棚采种用菜花苗
温室早熟栽培用苗		黄瓜 2160	12/31	1/10	不进温床，160 株于 2 月 15 日换入直径 10cm 的营养钵	160 株于 3 月 5 日定植；2000 株于 2 月 15 日出售	温室中后部放的大棚生产用菜花苗进温床后，随即整地定植；3 月 15 日拆除立柱前排的下层架，4 月 1 日拆除立柱前排的上层架
大棚生产用苗		菜花 4000	1/10	2/10～2/11	3/5	4/1（加微棚）	接小棚生产用番茄苗
大棚生产用苗		番茄 4000	1/30	3/5～3/6	3/15	4/10（加小棚）	接小棚生产用黄瓜苗
温床再次利用	小棚采种用苗	菜花（荷兰早雪球）2000	2/20	3/10	3/25	4/5（加微棚）	接小棚生产茄子，辣椒苗（为第 3 次利用）
	小棚生产用苗	番茄 4000	3/1	3/16～3/17	4/1	5/1	苗定植后拆床、整地、进行蔬菜早熟栽培（扣小棚）
	小棚生产用苗	茄子 1000 辣椒 1000	3/1	3/26	4/6	5/5	同上。辣椒为 1000 双株
	小棚生产用苗	黄瓜 4000	3/25	4/2	4/10	5/5	同上

　　第二批育 2160 株黄瓜苗（温室早熟栽培用），其中 2000 株于 2 月 15 日作为商品苗出售，160 株换入直径为 10cm 的大营养钵，3 月 5 日待菜花苗进温床后随即定植于温室中后部，进行早熟栽培，其行间和架上放番茄苗（大棚生产用），放 2 空，隔 1 空不放，以便管理。

　　第三批育 4000 株菜花苗（大棚生产用），于 3 月 5 日进温床（2 床）。

　　第四批育 4000 株番茄苗（大棚生产用），于 3 月 5～6 日分苗，放在架上和已定植黄瓜的行间，3 月 15 日进温床（2 床）。

第五批育 2000 株菜花苗（小棚采种用），于 3 月 10 日分苗，放在已定植菜花的行间，3 月 25 日待第一批菜花苗定植后，随即进入倒出的温床（2 次利用）。

第六批育 4000 株番茄苗（小棚生产用），于 3 月 16～17 日分苗，放在第四批苗进床后所倒出的地方，4 月 1 日待第三批菜花苗定植后，随即进入所倒出的温床（2 次利用）。

第七批育 1000 株茄子苗和 1000 株辣椒苗（小棚生产用），于 3 月 26 日分苗，放于第五批苗进床后所倒出的地方，4 月 6 日待第五批菜花苗定植后，随即进入所倒出的温床（3 次利用）。

第八批育 4000 株黄瓜苗（小棚生产用），于 4 月 2 日分苗，放在第六批苗进床后倒出的地方，4 月 10 日待第四批番茄苗定植后，随即进入所倒出的温床（2 次利用）。

以上育苗方式，八批苗中各茬苗在时间上衔接得非常紧密。如果脱节，就会造成前批苗因不能进入温床，而影响后批苗及时分苗；或者是前批苗早就移入温床，而后批苗还没有达到分苗适期，使温室利用率降低。因此，各茬苗的播种期、分苗期、进床期、定植期必须科学安排，编制好育苗程序。

（2）棚床室结合育苗　生产条件为 1 栋 100m² 的温室（使用面积），4 栋大棚（667m²/栋），2668m² 露地。计划在 1 栋大棚中建 2 个 50m² 的活动式电热温床（共100m²），在保证本身蔬菜生产需要的前提下，多余的秧苗作为商品出售。

100m² 温室早熟生产用苗，温室前沿栽西蓝花，育 120 株苗；温室中后部栽番茄，育360 株苗。大棚生产用苗，油菜 30000 株、结球生菜 25000 株、香菜 5000 钵（均用 5cm×5cm 小营养钵）、芹菜 15 箱（0.5m²/箱）；番茄 8000 株、黄瓜 4000 株、苦瓜 1200 株、冬瓜 2000 株。露地生产用苗，结球生菜（扣小棚）10000 株、西蓝花（扣小棚）4000 株、苦瓜 1200 株、冬瓜 2000 株、番茄 4000 株、小辣椒 3000 双株、茄子 3000 株。育苗程序见表 4-2。

上述两种育苗程序只是根据蒋先华教授的具体情况所设计，并实践成功的程序。各地情况不同，育苗者的要求也不一样，所以床室结合与棚床室结合育苗程序应该是多种多样的。各地在应用该项技术时，可依据这两种程序为借鉴，结合当地具体情况另行设计。编制育苗程序时要根据市场与生产需要，以及生产条件制定出所要育的各种秧苗及数量。

4. 技术应用中需注意的问题

应采用塑料营养钵分苗，以便搬动。提前准备好温床或棚中的温床，并在温床内温度稳定不会冻苗的前提下，再将苗移入温床或棚中温床；温室温度应同播种期密切配合（温度高适当晚播，反之适当早播）。根据各种蔬菜秧苗对温度的要求，将其放在不同位置（前沿、中后部、地面、架面），并根据各育苗阶段对温度的要求，将其放在不同位置；播种至出苗以及分苗至缓苗要求温度较高，甚至将其放在电热线上再覆盖无纺布，扣小棚。温室总体温度管理，应按照室内所有秧苗中要求最低的温度进行管理，要求温度高的，可采取电热线和多层覆盖加以解决。育苗早，秧苗不能进入温床的情况下，或为了提高温室的利用率，多育成苗，可采取两次分苗，第一次于温室中密移，待温床能使用时，再分在适合营养面积的钵中。在育苗中后期，分在营养钵中的苗，其中特别是放在后架上和"见缝插针"的苗，一旦缓苗后要及时进入温床，以防徒长或老化。温室早熟栽培的黄瓜、苦瓜应使用电热线提高地温。

✤ 表 4-2　棚床室结合育苗程序

前后茬苗	秧苗种类及数量/（株或钵箱）	播种期（月/日）	分苗期（月/日）	进床期（月/日）	定植期（月/日）	备注
温室早熟栽培用苗	西蓝花 120	1/5	1/30	不进床	2/26	棚床室结合育苗的温室生产用苗
	番茄 360	12/5	1/5			
大棚生产用苗	油菜 30000	1/16	2/5	2/25	3/15	油菜、结球生菜用 5cm×5cm 营养钵分苗，香菜每钵播 15～20 粒，芹菜用育苗箱 0.5m²/箱。均采取大棚加二层幕加无纺布三层覆盖栽培
	结球生菜 25000	1/16	2/5	2/25	3/15	
	香菜 5000 钵	1/5	不分苗	2/25	3/15	
	芹菜 15 箱	1/5	不分苗	2/25	3/15	
	番茄 8000	1/15	2/10，2/25～2/26	3/15～3/16	3/25～3/31	番茄、黄瓜两次分苗，番茄第 1 次按 3cm×2cm 划沟分苗，黄瓜第 1 次用 5cm×5cm 营养钵分苗，苦瓜、冬瓜播于 5cm×5cm 营养钵中，定植于设温床的大棚。均采取大棚加二层幕加无纺布三层覆盖栽培
	黄瓜 4000	1/2	2/6～2/7，2/26～2/27	3/15～3/16	3/25～3/31	
	苦瓜 1200	2/23	3/11～3/12	3/15～3/16	4/5	
	冬瓜 2000	2/23	3/11～3/12	3/15～3/16	4/5	
露地生产用苗	结球生菜 10000	2/20	3/12	3/15	4/3～4/4	结球生菜与西蓝花采取扣小棚，结球生菜 5 月上中旬结束复种苦瓜、冬瓜
	西蓝花 4000	2/10	3/10	3/15	4/3～4/4	
	苦瓜 1200	4/10	4/30	4 月 5 日进入露地小棚加草苫（育苗箱进入小棚加草苫），在 4 月 10 日分苗于小棚加草苫中	5/20	番茄、小辣椒、茄子苗均于 4 月 5 日进入从大棚中拆除的温床拱架，农膜和草苫在露地扣的小棚加草苫中，除油菜、结球生菜、香菜用小营养钵外，其他蔬菜育成苗均采用 8cm×8cm 营养钵分苗
	冬瓜 2000	4/10	4/30		5/20	
	番茄 4000	3/20	4/10		5/20	
	小辣椒 3000 双株	3/20	4/10		5/20	
	茄子 3000	3/20	4/10		5/20	

第二节　多层覆盖栽培技术

一、多层覆盖栽培的含义

覆盖 2 层或 2 层以上的覆盖物，以保温为主，来实现园艺作物早熟、延后栽培，以提高经济效益的技术措施，称之为多层覆盖栽培。多层覆盖栽培是一种节能有效的栽培措施，对气候严寒、昼夜温差大、气温变化骤烈的北方地区，更有其实用价值。

二、多层覆盖的方式

1. 内覆盖

内覆盖是指在设施内增加覆盖物。内覆盖设备简单，成本较低，使用方便、省工，适合大面积生产，但保温较差，主要用于春季早熟栽培或秋季延后栽培。其方式有：

（1）两层覆盖　有大棚加小棚、大棚加二层幕、大棚加无纺布（或加微棚）、中棚加小棚、中棚加无纺布（或加微棚）、小棚加无纺布（或加微棚）（图 4-3）、温室加二层幕、温室加中棚、温室加小棚、温室加无纺布（或加微棚）等。

（2）三层覆盖　有大棚加二层幕加小棚、大棚加二层幕加无纺布（或加微棚）、大棚加小棚加无纺布（或加微棚）、中棚加小棚加无纺布（或加微棚）、温室加二层幕加中棚、温室加二层幕加小棚、温室加二层幕加无纺布（或加微棚）、温室加中棚加小棚、温室加中棚加无纺布（或加微棚）、温室加小棚加无纺布（或加微棚）等。

（3）四层覆盖　大棚加二层幕加小棚加无纺布（或加微棚）、温室加二层幕加中棚加小棚、温室加二层幕加中棚加无纺布（或加微棚）、温室加中棚加小棚加无纺布（或加微棚）等。

2. 外覆盖

外覆盖是指在设施外增加覆盖物。外覆盖设备成本较高，使用费时、费工，但保温较好。所以常在外界气温很低，而设施内的作物要求温度较高时采用。例如，冬季温室生产或育苗，以及早春温床或冷床或中、小棚育苗。另外，在生产条件好、集约化程度高的地方，也可在春季早熟栽培中采用。例如，大棚四周围草苫，小棚盖草苫进行春季早熟栽培。其方式有：

① 温室盖棉被、温室盖草苫、温室盖纸被再盖草苫（图 4-4）。

② 温床或冷床盖草苫、温床或冷床盖棉被。

③ 中棚盖草苫或四周围草苫。

④ 大棚四周围草苫等。

3. 内覆盖与外覆盖结合

温室外覆盖保温被，温室内增加二层幕，下面是覆盖小棚或地膜这种四层覆盖

（图 4-5）就是内覆盖与外覆盖结合的一种方式。在 20 世纪 90 年代初，春季大棚早熟栽培采取的大棚加二层幕加小棚加无纺布或微棚，大棚四周围草苫的五层覆盖栽培可以说是当时比较先进的高效栽培技术。目前，也有一种外保温大棚，即大棚外部顶端增设保温被，晚上将保温被放下，白天将保温被揭开，在大棚内可根据生产需求再进行适当的内覆盖，如内部增设二层幕或进行地膜覆盖等。这种内外覆盖结合方式可以大大提高设施的保温性能。

图 4-3　小棚内覆盖　　　　图 4-4　温室外覆盖　　　　图 4-5　温室内外覆盖结合　　　　彩图

三、多层覆盖的保温效果以及与蔬菜生产的关系

生产中常见的设施有大棚、中棚、小棚、微棚以及具有北方特色的日光节能温室等。对于塑料棚而言，棚体大小不同、所覆盖棚膜的厚度不同则其保温性能也有所差异。而通过多层覆盖可以实现园艺作物的早熟或延后栽培。

1. 大棚保温效果

在北方寒冷地区，往往大棚膜的厚度为 0.12mm（即 12 道棚膜），这样厚度的棚膜覆盖大棚后，大棚的保温效果约 5℃，这就意味着采取大棚栽培时，和露地相比相差 30d 左右，所以大棚蔬菜的定植期可比露地提前 30d 左右。例如，黑龙江省中部以南地区，终霜期一般是在 5 月 20～25 日前后，黄瓜、番茄等喜温蔬菜露地栽培应在终霜期后（5 月20～25 日前后）定植，大棚栽培就可以在 4 月 20～25 日前后定植。

2. 小棚保温效果

小棚棚体小，小棚膜厚度往往在 0.05～0.06mm（即 5～6 道棚膜），因此小棚的保温效果约 3.5℃，这就意味着在春季小棚覆盖和露地相比，相差 15～20d，所以小棚蔬菜的定植期可比露地提前 15～20d。如黑龙江省南部地区，喜温蔬菜采取小棚栽培可以提前在5 月上旬定植。

3. 无纺布或微棚覆盖保温效果

微棚一般指利用地膜进行覆盖的棚，无纺布覆盖蔬菜通常采用的是 $20g/m^2$ 或 $30g/m^2$ 规格的无纺布，无论是无纺布还是微棚，其保温效果为 1.5～2℃，这就意味着采取无纺布或微棚覆盖时，和露地相比，春天相差 7～10d，因此黑龙江省南部地区喜温蔬菜采取无纺布或微棚覆盖栽培时可在 5 月 15 日前后定植。

4. 大棚加小棚保温效果

保温效果约 8℃，与露地相比，春天大约相差 45d，即黑龙江省南部地区如果喜温蔬菜采取大棚加小棚栽培方式则可提前到 4 月上旬定植。

5. 大棚加小棚加无纺布（或加微棚）保温效果

保温效果约 10℃，与露地相比，春天大约相差 50d，黑龙江省南部地区喜温蔬菜如果采取大棚加小棚加无纺布（或加微棚）三层覆盖栽培方式则可在 3 月 25～31 日定植。

6. 小棚加无纺布（或加微棚）保温效果

保温效果为 4.5～5℃，与露地相比，春天相差 25～30d，黑龙江省南部地区如果喜温蔬菜小棚加无纺布（或加微棚）这种二层覆盖栽培方式则可在 4 月 25～30 日定植。

7. 大棚加二层幕加小棚加无纺布（或加微棚）四周围草苫保温效果

这种方式曾是黑龙江省 20 世纪 90 年代初较为先进的栽培方式，其保温效果约 17℃，与露地相比，春天相差 65d 左右，因此黑龙江省南部地区如果采取这种五层覆盖栽培，喜温蔬菜可提前到 3 月 17～18 日前后定植。

四、多层覆盖栽培的关键技术

1. 定植期提前，播种育苗期也必须相应提前

一般是从定植时间按某种蔬菜的日历苗龄向前推算，即为播种期。播种期往往根据栽培方式、蔬菜种类和品种、当地气候条件、育苗设备和育苗技术等确定。

育苗所需天数＝日历苗龄天数＋秧苗锻炼天数＋机动天数，其中锻炼时间取 5～7d；机动时间取 3～5d。

如黑龙江省南部地区，早春大棚番茄可在 4 月下旬定植，早春番茄育苗的日历苗龄一般 60d，如果炼苗天数按照 5d、机动天数按照 5d 计算的话，则早春大棚番茄育苗所需天数为 70d，根据其定植天数回推 70d，因此早春大棚番茄可以在 2 月中旬播种育苗。如果大棚内采取二层幕或覆盖小棚这种两层覆盖方式种植番茄，则可比大棚单层覆盖提前 15～20d，则可在 1 月下旬到 2 月初播种、4 月上中旬定植。

黑龙江省南部地区，一般大棚（单层覆盖）黄瓜播种育苗是在 2 月下旬至 3 月初，如果采取大棚加小棚这种双层覆盖方式，则黄瓜播种育苗的时间就应提前为 2 月中旬。

2. 培育壮苗，采取营养钵或穴盘育苗，保护好根系

早春育苗，地温低是主要矛盾，如果再提前育苗，地温低的矛盾就更为突出。要想培育出壮苗，首先必须采取措施提高地温。最好采取铺设电热线育苗，或用架式育苗等（图 4-6）。

3. 因定植期提前，必须解决栽培地土温低的问题

即使秧苗地上部不受冻害，但因土温偏低则会造成秧苗"寒根"，甚至"沤根"。解决土温低最好进行秋施肥、秋翻地，并采取提前扣棚，早整地晒土。早整地晒土的方法是：定植前 7d 先深开定植沟，晒 4～5d 后施沟粪（最好用马粪等热性肥），再晒 2～3d，用耙

子将垄面晒热的土回一部分于沟中，使原来的深沟成为浅沟，然后用片镐刨一遍，把粪土拌匀，以待定植。

4. 掌握好天气变化的规律，适时定植

早春的天气变化是气温上升几天后再降温，然后再回升，再降温，反反复复，但总体趋势为上升。因此定植应抓紧在寒流后天气回暖的前期（即寒流尾暖峰头），并在晴天上午进行，以利发根缓苗。定植水以浇透土坨为宜，不可大水漫灌，以免造成土温偏低，最好采用埯水（即浇穴水），然后浅覆土，缓苗后于晴天上午浇缓苗水，并及时铲地松土，提高土温，促进发根。如果在气温下降阶段进行定植时则不利于定植后根系恢复，也会出现"沤根"现象。根一旦有问题，则影响定植后植株的成活率，以及植株的正常生长。

5. 合理揭盖覆盖物

中棚或大棚或温室内的二层幕或扣的小棚或覆盖的无纺布，一定要傍晚盖，早上打开，以增强光照，降低湿度，以利防病（图4-7）。

图 4-6　电热线育苗　　　　　　　图 4-7　内覆盖合理揭盖　　　　　彩图

6. 防止特殊天气冻苗

温室设备较好且保温，个别温室还有取暖设备，只要注意防范，基本不会冻苗，但是大棚保温远不如温室，又无取暖设备，所以在寒流期间就应特别注意冻苗问题，加强防范措施。在寒流期间大棚内的小棚或二层幕或无纺布要适当早盖（下午2~3点钟盖），并且一定要盖好，不要有缝隙。为了避免出现极端低温天气发生冻苗，应在晚间8~9点钟于大棚内小棚外面或大棚膜与二层幕之间点火熏烟。如果寒流来势猛，还应于凌晨前2~3点钟再点一次火熏烟。因为有小棚或二层幕覆盖，秧苗不会直接受烟危害，但上午当太阳升起，大棚内气温升高时，应及时打开棚门，将烟排出后再打开小棚或二层幕。另外，还可以采取于小棚内两端各点一支蜡的办法；大棚加二层幕两层覆盖栽培，可在二层幕内大棚的四周，每隔60~70cm点一支蜡。目前市场上销售的温室大棚增温块效果也不错，但是一定要注意防止一氧化碳中毒。另外，遇到阴雪天气，要及时清除棚室外的积雪，增加棚膜的透光率，使棚室内温度提高。

第三节　一膜多用栽培技术

一、一膜多用栽培的含义

把同一块薄膜（包括支撑膜的拱架）先后使用于 2 种或 2 种以上蔬菜生产的低耗高效栽培技术，简称为一膜多用栽培。

二、一膜多用栽培的方式

1. 一膜四用栽培（以小棚为例）

大棚韭菜 ——→ 大棚黄瓜 ——→ 露地菜花 ——→ 露地青椒
（或芹菜、　　　（或番茄、　　　（或西蓝花、　　　（或茄子、番茄、
菜花、西蓝花）　油豆角、香瓜）　甘蓝、芹菜）　　西葫芦、黄瓜）

上冻前或2月上中旬 ---→ 4月上旬 ——→ 4月20~25日前后 ---→ 5月上旬 ——→（6月上旬拆小棚）
（或3月下旬）　　　　（同上）　　　　（同上）　　　　　　（同上）

以黑龙江省南部地区为例：韭菜属于耐寒性强的宿根蔬菜，大棚头刀韭菜一般是 4 月中旬上市。如果大棚扣棚过冬，并在上冻前扣上小棚，或大棚加小棚于 2 月上中旬扣，就可将头刀韭菜提前一刀上市，即于 4 月初收割。小棚第一用也可以覆盖大棚种植的半耐寒蔬菜如芹菜或菜花等，由于芹菜、菜花等半耐寒蔬菜的耐寒性远不如韭菜，所以应推迟到 3 月下旬使用，即 3 月下旬定植后随即覆盖小棚。4 月上旬当第一用的韭菜或芹菜或菜花已进入安全期时，将小棚再扣另一大棚的喜温蔬菜黄瓜或番茄等，这是小棚的第二用。当 4 月 20~25 日前后喜温蔬菜黄瓜、番茄等在单层大棚内保险时，将小棚拆除用于露地半耐寒蔬菜，如菜花、甘蓝、芹菜等，这是第三用。5 月上旬当菜花、芹菜等蔬菜在露地不会受冻时，再将小棚拆除用于露地喜温蔬菜，如青椒、茄子、番茄等，这是第四用。直到 6 月上旬拆除小棚，再将棚膜洗净、晾干、保存待来年再用。

2. 一膜三用栽培（以小棚为例）

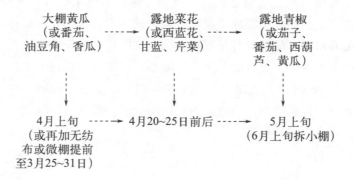

　　上述一膜四用中去掉第一用大棚韭菜，即成为一膜三用。为了抢早，还可在第一用大棚加小棚方式基础上进行无纺布或微棚覆盖，这种三层覆盖方式，黄瓜可提前在3月25～31日定植，使产品比大棚加小棚方式要提前7～10d上市，经济效益又可提高5%～10%。第二用和第三用的露地栽培与上述的一膜四用栽培相同，但第二用单用小棚即可。

3. 一膜两用栽培（以小棚为例）

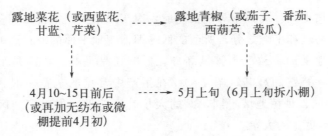

　　因为小棚只用于露地栽培，不受大棚栽培拆除小棚的时间限制，可按露地小棚栽培的最佳时间定植，即露地菜花、甘蓝或芹菜等半耐寒蔬菜可以在4月10～15日前后定植后随即扣小棚。若在第一用中采取小棚加无纺布或微棚方式，定植期可提前在4月初进行，微棚可于4月中旬拆除，小棚于5月上旬拆除后用于第二用的露地喜温蔬菜青椒等，6月上旬拆小棚即可。

三、一膜多用栽培的关键技术

　　① 前后茬蔬菜要搭配好，扣棚与拆棚时间要衔接好。先大棚后露地，先耐寒后喜温，扣与拆以不受冻害为前提。

　　② 播种期相应提前15～20d。

　　③ 培育壮苗。提高地温，人工补光，保护根系。

　　④ 提高栽培场所的地温。早扣大棚，秋翻地秋整地，早整地早晒土。

　　⑤ 掌握好天气变化的规律，适时定植。在适合定植的时期范围内，于"冷峰尾暖峰头"即寒流后天气回暖的前期，并在上午进行，定植水要小以浇透土坨为准，暗水、浅覆土、缓苗后于晴天上午浇缓苗水，并及时中耕松土，提高地温。

　　⑥ 大棚扣小棚，傍晚扣，早上打开，以增光、降湿、防病；露地扣小棚，注意防风和通风。

　　⑦ 栽苗和封垵时应将苗往小棚中央倾斜，插拱架时应与苗保持10cm距离，并注意直插或略外鼓，避免秧苗茎叶贴在膜上遭受冻害。可采用熏烟、点蜡等措施防止特殊天气冻苗。

　　⑧ 大棚内的小棚长度，可以大棚跨度为准，露地小棚长度也可以大棚跨度为准。

第四节　小垄密植栽培技术

一、小垄密植的含义与优点

南北方种植习惯不同，北方相对气候冷凉，对于果菜生产常常采用垄作，而南方多以畦作。畦有低畦、高畦和平畦之分，所谓的低畦即低于地平面的畦；高畦指高于地平面的畦；而平畦则是与地平面一致。不管是高畦、低畦还是平畦，畦面是平的，而垄则有凸起，可以说垄是一种特殊的高畦（图 4-8）。在生产中常见的垄宽一般为 60cm、65cm 或 70cm。种植种类不同、种植地域不同，垄的大小有所差异，如山东地区种植大葱时也常常采用 90cm 宽甚至更宽的大垄。

小垄密植则是合理密植的一种方法，一般采取 45～50cm 小垄。小垄密植的优点：一是对早期增产效果更为突出，适合于多种蔬菜；二是在高温期来临之前，可早封垄，改善田间小气候，使病害大大减轻，特别是可使辣椒的"三落"病和茄子的黄萎病大大减轻；三是省水，在水量小的情况下易浇透。

二、小垄密植栽培的关键技术

一般早春由于地温低，起垄后垄台的温度比垄沟要高一些，因此春季蔬菜定植提倡垄上穴栽的方式，而夏季定植时不存在地温低的问题，常常采取在垄沟内摆放苗的种植方式。如果早春采用小垄方式，而且还定植在垄上，随着植株生长，几次铲地、备垄，很容易伤根，因此小垄密植技术的关键体现在以下几方面：

① 采取深沟栽。为解决深沟栽地温低对发根不利的问题，必须在定植前提早 5～6d 开深沟，晒 2～3d 后沟施粪肥，再晒 2～3d，回土并使粪土掺匀，然后定植。此时地面基本处于平整状态，为了有利于根系生长，定植后要经过几次铲地、备垄等中耕作业，因此经过几次中耕后，原来定植在垄沟的位置则变成了垄台，原来垄台的位置变成了垄沟（图 4-9）。

② 早春定植时间应选在回暖的前期，上午坐水栽，下午覆土。覆土要浅，以利提高地温，同时也起到了保墒的作用。早春提倡穴栽、浇穴水。如果大水漫灌，则不利于地温的提升、定植后缓苗慢，甚至出现地温低造成的沤根现象。

③ 除要求搭架的蔬菜外，均可采取"插花"栽，形成拐子苗方式。比如生产中种植的毛葱或者大蒜，其播种的是鳞茎，虽然也有垄上种植单行的，但以垄上双行方式为常见的播种方式，双行种植时是交错开种植，即垄上第二行种植的位置是在第一行两株之间种植。

④ 小垄密植可结合进行高矮间作，更有利于合理密植。比如早春高秧的黏玉米和矮秧的甘蓝或马铃薯间作；番茄和生菜的 50cm 与 90cm 大小垄的间作；黄瓜或番茄和辣椒之间的间作。

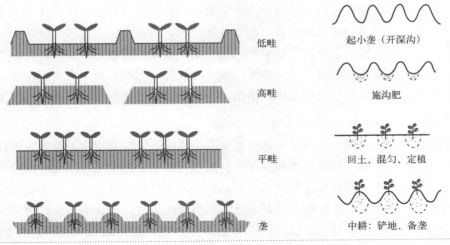

图 4-8 低畦、高畦、平畦和垄

图 4-9 深沟栽主要环节

第五节 间、套、混、复栽培技术

一、间套混复栽培的含义

1. 间作

两种或两种以上的作物，隔畦、隔行或隔株并有规则地栽培在同一块土地上的种植方式称间作。如高秧番茄与矮的早菜花或早甘蓝隔行或隔畦间作；苜蓿与菜花间作（图 4-10）或苜蓿与甘蓝间作（图 4-11），即种植两垄苜蓿后再种植两垄菜花或甘蓝，通过豆科的苜蓿种植，利用苜蓿根瘤菌的生物固氮作用可以为菜花或甘蓝提供氮营养，而苜蓿除了可以作为牧草外，也可以作为绿肥来改良土壤、提高地力；玉米与马铃薯进行间作也是一种很好的方式，由于马铃薯为矮秧作物，可以使玉米更有效利用光能。

2. 套作

在前一作物生育后期，于行间或株间种植后一作物，前后茬作物有一个共生阶段，且共生的时间较短的种植方式称为套作，也称套种。如早春番茄将拉秧时在番茄垄上外侧或两株之间播种秋白菜或秋萝卜，待番茄拉秧后去除番茄，为了防止番茄拔根引起对秋白菜或秋萝卜的伤根，可直接用剪刀剪除茎基部并清理番茄植株，然后再加强对秋菜的管理。或者搭架番茄即将采收时，株间播种架豆角（如黑龙江省南部地区可于 7 月 5～10 日套种早熟菜豆），待菜豆苗出齐，番茄打底叶，随着番茄由下往上收获，豆角逐渐爬满架，代替番茄（图 4-12）。

3. 混作

两种或两种以上作物在同一块地内不规则地混合种植的方式称混作。如小白菜和芹菜混合播种，就是一种很好的混作方式。由于芹菜籽小，不易出苗，并且幼苗细弱，既不耐旱，又怕烈日。正常的芹菜育苗是在播种后，在播种箱或播种畦上盖草苫，并经常喷水以保证土壤潮湿，利于芹菜的出苗。而芹菜与小白菜混播，就可借助小白菜出苗快，生长快为其创造的遮阴保湿条件，使芹菜正常出苗、生长。待芹菜长出真叶，再将小白菜收获。

4. 复种

复种是在同一块土地上，一年内连续栽培多种作物，可收获多次的制度，即前一茬作物采收后种植后茬作物的制度，也称多次作。如春茬露地大蒜或毛葱结束后复种秋白菜这种一年两熟栽培模式；或者温室早黄瓜复种延后黄瓜再复种蒜苗的一年三熟栽培模式。

可见，一年内种植的茬次越多，对土地的利用率就越高，通常用复种指数表示。复种指数就是指平均一年所种植的茬数。如 1 年 1 茬，则复种指数为 1；2 年 3 茬，则复种指数为 1.5。复种与间作套种关系又极为密切，间作套种同样是提高复种指数的重要措施。

5. 间、套、混、复的意义

合理的间作套种就是把两种或两种以上的作物，根据其不同的生态特征，发挥其种间互利的因素，组成一个复合群体，通过合理的群体结构，使单位面积内植株总数增加，并能有效地利用光能、地力、时间与空间，营造相互有利的环境，甚至能减轻病虫及杂草危害。

例如，早春大棚无限型的高秧番茄与矮秧的菜花间作，由于菜花属于半耐寒蔬菜，可以比番茄适当早定植，当菜花陆续收获后再陆续套种小辣椒，就是比较合理的群体结构。番茄高、菜花矮，这样就使番茄要求强光、通风良好的条件得到满足，菜花生长速度比番茄快，尽管占去了一部分番茄的营养面积；但菜花生育期比番茄短，一旦菜花影响番茄时，很快就开始采收菜花，又为番茄让出较大的营养面积，所以在保持行距不变的前提下，番茄和菜花的株距均可适当缩小，由 33cm 缩至 28cm，使单位面积内植株总数增加，菜花收获后又可陆续套种矮秧的小辣椒，小辣椒比较耐阴，当辣椒缓苗后番茄开始打底叶，使通风透光条件得到改善；另外，番茄根深，菜花和小辣椒根浅，三者间作套种又能有效地利用地力。如黑龙江省南部地区的露地早菜花套种辣椒的栽培模式，即早菜花可采取小棚加微棚的方式进行栽培，于 4 月上旬定植，5 月下旬～6 月上旬采收；后茬的辣椒提前育大龄壮苗，并在菜花陆续采收时陆续进行套种。

二、间套作配置的原则

间套作配置的原则有以下几点。

① 合理搭配作物的种类和品种。如植株的高与矮之间的搭配、根系深与浅的搭配、熟性早与晚的搭配、作物喜阴与喜阳的搭配等。如早熟矮秧马铃薯与高秧玉米的间作，可使高秧玉米获得充足阳光，马铃薯采收后可以复种速生叶菜，而高大的玉米为速生叶菜创造了良好的生长环境。黄瓜间作辣椒后，可以有效降低辣椒疫病的发生。温室内在多年生的火龙果行间种植草莓，可以有效提高土地利用率。

图 4-10　苣荬与菜花间作　　　　图 4-11　苣荬与甘蓝间作　　　　图 4-12　番茄套作菜豆　　　彩图

② 安排合理的田间群体结构。如掌握好主副作物合理的配置比例，加宽行距，缩小株距；前茬利用后茬的苗期，而后茬利用前茬早收获后倒出的空间和土地等。

③ 采取相应的栽培技术措施。如要求较高的劳力，做到管理及时；要求较高的肥水条件和技术条件等。

④ 注意两种作物在肥水、通风等管理中不能相互矛盾太大。例如，黄瓜就不宜与菜花间作，黄瓜在肥水管理上属于大肥大水，一般肥水常常是按照两清一混的方式，土壤则保持湿润状态管理，而菜花则属于见干见湿管理，一般底肥施足后在现球期追施一次肥即可，两者在肥水管理上有矛盾。而黄瓜和菜花的根系又均较浅，两者会同时竞争浅层土壤中的肥力。

第六节　多茬次栽培技术

一、多茬次栽培技术的含义

在同一块地上，一年内连续栽培多种或多茬蔬菜，可收获多次的制度就称作蔬菜多茬次栽培，简称复种。复种指数越高，说明对土地的利用率越高，这不仅提高了单位面积产量，也增加了蔬菜的花色品种，使产品合理地排开上市时间，经济效益大大提高。

二、多茬次栽培的技术关键

多茬次栽培的关键技术如下。

① 合理安排生育期短的、耐寒性较强的速生叶菜。如油菜、生菜、香菜等。在春季早熟栽培中，这些耐寒速生叶菜可比主作喜温果菜如黄瓜、番茄、油豆角等在同样条件下早栽 15～20d。

② 提前育苗保根。如果采用生育期很短的油菜，提前 40d 播种育苗，播后 20d 幼苗长出 2 片真叶，用 5cm×5cm 营养钵或 72 孔穴盘分苗，保护根系，就可在定植后 15～20d 收获，收后再复种主作喜温蔬菜，对主作不会造成影响。

③ 采取间作套种。如果采用生育期略长的生菜（美国速生）或香菜，这些速生叶菜虽在定植后 15～20d 可以收获，但产量较低，若在定植后 30～40d 收获，产量即可大大提高。所以除了采取上述提前育苗保根措施外，还需采取间作套种才能获得更好的生产效果。生菜提前育苗保根方法与上述油菜相同；香菜略有区别，因香菜出苗晚，幼苗生长慢，需提前 50d 播种育苗，另外不用分苗，直接将种子播于 5cm×5cm 营养钵中，每钵约 20 粒，每钵约育成 10 多株秧苗。间作套种的具体做法是：采取畦作，畦宽 120～140cm，每畦按 5 行定植，畦两侧按 15cm 株距定植，中间 3 行按 20～30cm 株距定植。分 3 次收获，为了不影响主作喜温蔬菜适时定植，第一次是在定植后 15～20d 先将畦两侧的生菜或香菜采收，随即将主作秧苗套种进去；第二次是在定植后约 30d 再将紧靠着主作的 2 行生菜或香菜采收；第 3 次是在定植后约 40d 再将最后中间 1 行生菜或香菜采收。

④ 采取保护地栽培。保护地栽培可以提前和延后一段生长期，使整个生长期加长，生长期越长，复种指数就越高。另外，保护地设施条件越好，生长期也越长，越有利于复种指数的增加。例如，温室好于大棚，大棚好于小棚，多层覆盖大棚好于单层覆盖大棚（在五层覆盖以内，覆盖层数越多效果越好）。

⑤ 采取立体栽培。立体栽培是一种分层利用空间来提高土地单位面积利用率的技术措施。很多间作、套种也包含立体栽培的意思。例如，高矮作物进行间作；在搭架作物尚未结束以前，将后一种作物套种进去，也属于立体栽培的一种方式，但只是短时期的。另外，在大棚或温室搭架作物（如黄瓜）爬至半架以上时，将提前 30d 在菌袋中培养好菌丝的食用菌（如平菇）放于架下（架中可放两行），这时天气转暖，黄瓜已进入肥水管理，棚室内的温湿度非常适合产菇，架上的黄瓜茎叶又满足平菇对遮阴的要求。这种立体栽培不仅多收一茬平菇，同时还促进黄瓜增产（因为平菇是有氧呼吸，呼出的二氧化碳正好为黄瓜进行气体追肥）。在温室中采取架式育苗也是一种比较典型的立体栽培技术。同样的道理，在黑龙江省冬季温室生产中，还可进行蒜苗、韭菜、蒲公英、豌豆苗、食用菌等的立体栽培，不仅可在地面种植，还可在地面上设架分层种植，充分利用温室这一人工创造出的特殊小气候的有限空间。另外，早春在温室的三面墙上抹些泥土，便可分层种植一些速生绿叶菜，如香菜、生菜、小白菜、油菜、茼蒿等；在温室的闲空处还可采用"吊盆"种植作物。

三、温室多茬次栽培的主要方式

从温室内部空间来看，包括低矮的温室前沿部分和温室中后部。以黑龙江省南部地区周年生产的温室为例，介绍温室前沿以及中后部的多茬次栽培模式。

1. 温室前沿多茬次栽培

对于温室前沿，冬春温度低，而且可利用的空间较小，高度往往在 1m 之内。因此温室前沿应选耐寒、矮秧的蔬菜。下面是温室前沿 5 茬次生产模式：育苗后复种菜花，结束后复种小辣椒，之后再复种油菜，最后一茬复种香菜。

育苗 ----→ 菜花 ----→ 小辣椒 ----→ 油菜 ----→ 香菜
　　　复种　　　　　复种　　　　　复种　　　　　复种

播种 喜冷凉蔬菜	12（下）~1（初）	2（下）~3（初）	8（初）	10（初）
定植 2（下）进棚内温床或2（底）~3（初）	2（下）~3（初）	5/10		
采收	4（下）~5月10日	6（初）~8（初）	9（上中）~10月1日	12（上）~2（初）

为了实现上述 5 茬栽培，育苗应采取棚床室结合或床室结合进行。温室前沿因为温度较低，可以育半耐寒的蔬菜，如菜花、甘蓝、油菜、生菜等，这些秧苗可于 2 月下旬进入大棚或中棚中的温床，或者于 2 月底~3 月初进入露地的温床；倒出的地方定植提前培育好的菜花苗。菜花一般在 12 月底~1 月初播种育苗，2 月底~3 月初定植，4 月下旬开始采收，直到 5 月 10 日结束；再及时定植小辣椒苗。小辣椒一般在 2 月下旬~3 月初播种育苗，5 月 10 日前茬菜花采收结束后定植，小辣椒 6 月初开始采收直到 8 月初结束，除了小辣椒外还可以种大辣椒，即平时所说的青椒或圆椒。第三茬结束后可以复种一茬油菜，油菜采取直播方式即可，于 9 月上中旬开始间收，10 月 1 日前一次收完；10 月初再复种一茬香菜，为了省工省时，香菜直播即可，香菜也是采取多次间收，从 12 月上旬开始收获，第二年的 1 月底~2 月初结束。

2. 温室中后部多茬次栽培

温室中后部是利用效率最高的地方，由于温度好，举架高，可以栽植高秧的喜温果菜。

（1）第一类模式　春夏茬为早春果菜，接秋冬茬的秋冬果菜，再接隆冬茬的宿根类叶菜或速生叶菜。

早春果菜 ----→ 秋冬果菜 ----→ 宿根类叶菜（或速生叶菜）
（春夏茬）　　　　（秋冬茬）　　　　　（隆冬茬）

① 第一种方式：油豆角复种黄瓜后再复种宿根类叶菜如青葱、蒲公英、蒜苗，也可以复种速生叶菜，如生菜、油菜、香菜等。

油豆角 ----→ 黄瓜 ----→ 青葱、蒲公英、蒜苗
　　　复种　　　　　　复种　　　（或生菜、油菜、香菜等）

播种	1（上中）	7（中下）~8（上）（1~2叶；5~7叶）	9下（小棚，香菜5cm×5cm营养钵）10（下）分苗；11（中）进室
定植	2（上中）	（200~250mg/kg乙烯利）	11（下）（生菜、香菜15cm×15cm；油菜10cm×10cm）
采收	3（中下）~6（上中）	8（底）~11（中下）	12（末）~2（上中）

注：青葱—2片绿叶采收；蒲公英—夏季育苗（6月下旬），秋季养根，冬季生产；蒜苗—1茬2刀。

第一茬：油豆角于 1 月上中旬播种育苗，2 月上中旬定植，3 月中下旬采收，6 月上中旬结束。

第二茬的黄瓜于 7 月中下旬~8 月上旬均可播种，如果种植的不是雌性系类型的黄瓜，需要在 1~2 片真叶期以及 5~7 片真叶期时各叶面喷施一次浓度为 $200\sim250\mathrm{mg/kg}$

的乙烯利以便促进雌花分化，提高产量，播种早的黄瓜于 8 月底开始采收，播种晚的于 9 月中旬开始采收，11 月中下旬黄瓜采收结束。

第三茬如果种植的是青葱，可以在 2 片绿叶时采收；如果第三茬种植蒲公英时，可以采取夏季如 6 月下旬室外播种育苗，1～2 片真叶期分苗于营养钵或穴盘中，室外进行养根、休眠及简易贮存，前茬黄瓜结束后，将带营养钵或穴盘的蒲公英挪到温室的地面或温室后墙处的架子上使其恢复生长；如果第三茬种植蒜苗时，一般收割 2 刀即可。

第三茬如果种植速生叶菜时，可于 9 月下旬露地播种，由于此时气温较低，因此采取扣小棚方式提高温度，其中香菜可以采取 5cm×5cm 的营养钵或 50 孔或 72 孔穴盘进行育苗，每孔 15 粒左右，如果育的是生菜或油菜，则可在 10 月下旬分苗，11 月中旬挪入温室，11 月下旬定植，其中香菜和生菜定植株行距为 15cm×15cm，油菜株行距为 10cm×10cm，12 月末开始采收，采收时可以隔穴采收，1 月中下旬可以隔行采收，2 月上中旬全部采收完毕，准备下一轮的种植。

② 第二种方式：黄瓜复种番茄后再复种宿根类叶菜如青葱、蒲公英或蒜苗，也可以种植速生叶菜如油菜、生菜、香菜等。

	黄瓜	复种 →	番茄	复种 →	青葱、蒲公英、蒜苗 同前
播种	12（上中）		5（下）~7（中） 早育5（下）~6月5日； 晚育7（上）		9（下）
定植	2（上中）		6（下）~8（上中） (3+3)（2~3穗果） (30mg/kg番茄灵或10~15mg/kg 2,4-D)		11（下）
采收	3（初）~6（上中）		9（上）~12（上）		12（末）~2（上中）

其中黄瓜于 12 月上中旬播种育苗，2 月上中旬定植，3 月初开始采收，6 月上中旬结束；第二茬的番茄于 5 月下旬～7 月中旬之间均可播种育苗，苗龄期 30d。如果早育苗的话，则在 5 月下旬～6 月 5 日播种，6 月下旬～7 月 5 日定植，因为番茄生育期长，每株可以保留 6 穗果采取两段整枝，下、上两段各保留 3 穗果，一般 9 月上旬开始采收；对于晚播种育苗的，如 7 月上中旬播种育苗的，则 8 月上中旬定植，每株保留 2～3 穗果，10 月上旬开始采收。第二茬番茄一般在 11 月中下旬采收结束，最晚不超过 12 月上旬。第二茬番茄结束后可复种宿根类叶菜的青葱或蒲公英或蒜苗。第三茬种植同前面的第一种方式。

③ 第三种方式：番茄复种油豆角后再复种宿根类叶菜的青葱或蒲公英或蒜苗，也可以种植速生的叶菜。

	番茄	复种 →	油豆角	复种 →	青葱、蒲公英、蒜苗 同前
播种	11（下）		7（中）		9（下）
定植	2（上中） (3+3；蘸花)				11（下）
采收	4（中下）~7（中） (第一穗果1000~2000mg/kg乙烯利催熟)		9（中下）~12（上）		12（末）~2（上中）

其中番茄于 11 月下旬播种育苗，2 月上中旬定植，采取两段整枝，保留 6 穗果摘心，为了保花保果，可以用 2,4-D 进行蘸花或用番茄灵进行喷花，番茄一般从定植到采收约 60d，因此可在 4 月中下旬开始采收，7 月中旬结束，第一穗果成熟时温室内温度不适，也可采用 $1000 \sim 2000 mg/kg$ 的乙烯利进行催熟，催熟时一般只处理第一穗果的第一个果实即可；第二茬的油豆角于 7 月中旬干籽直播，9 月中下旬开始陆续采收，11 月中下旬采收结束，最晚不超过 12 月上旬。第二茬油豆角结束后可复种宿根类叶菜的青葱、蒲公英或蒜苗，第三茬种植同前面的第一种方式。

（2）第二类模式　是在前面介绍的第一类三茬栽培模式基础上在春夏茬前通过复种或套种方式种植早春茬的速生叶菜，即温室四茬栽培模式。具体如下：

	复种或套种		复种		复种	
	速生叶菜 （早春茬）	----→	早春果菜 （春夏茬）	----→	秋冬果菜 （秋冬茬）	----→ 宿根类叶菜或速生叶菜 （隆冬茬）
	油菜、香菜、生菜	----→	黄瓜	----→	番茄	----→ 宿根类叶菜或速生叶菜 同前
播种	12（中下） （40~50d）		12(下)~1（上） （60d）		5(下)~6月5日 （30d）	9（下）
定植	2（上中）		前油菜：2（下）~3（上）（复种） 前生菜、香菜：3（上中）（复种） 2（下）~3（上）（套种）		6（下）~7月5日	11（下）
采收	2（下）~3（上） 3（上中）		3（下）~6（中）		9（上）~11（下）	12（末）~2（上中）

第一茬即早春茬的油菜、香菜或生菜，于 2 月上中旬定植，则需要提前 40~50d，即 12 月中下旬播种育苗，其中油菜采收较早，采收期为 2 月下旬~3 月上旬，采收结束后可复种第二茬即春夏茬的黄瓜；如果第一茬种植的是香菜或生菜，相对采收结束较晚，约在 3 月上中旬结束采收，因此后茬的黄瓜可以采取复种方式，也可以在香菜和生菜生长后期于 2 月下旬~3 月上旬套种黄瓜。黄瓜需提前 60d 左右进行育苗即 12 月下旬~1 月上旬播种育苗，黄瓜从定植到采收约 30d，可陆续采收至 6 月中旬结束。黄瓜结束后复种提前育好的番茄苗，第三茬即秋冬茬的番茄苗龄期 30d 左右即 5 月下旬~6 月 5 日播种育苗，6 月下旬~7 月 5 日定植，9 月上旬开始采收，至 11 月下旬结束。番茄结束后复种的隆冬茬的宿根类叶菜如青葱、蒲公英、蒜苗等或速生叶菜，种植同第一类模式中的第一种方式。

（3）第三类模式　早春果菜复种秋冬芹菜。

	早春果菜 （春夏茬）		复种	------→	秋冬芹菜 （秋冬茬与冬茬）
	黄瓜	番茄	菜豆		芹菜
播种	12（上中）	11（下）	1（上中）		6（中）~7（上）（西芹比本芹提前20d） 西芹最后分一次苗5cm×5cm
定植	2（上中）	2（上中）	2（上中）		8（上中）[本芹：5cm×（20~30）cm] [西芹：（10~15）cm×（20~30）cm]
采收	3（上中）~ 7（下）	4（上中）~ 7（下）	3（中下）~ 7（下）		11（中下）~2（上中）（掰叶多次采收）

早春果菜可以种植黄瓜、番茄或者菜豆等，早春果菜定植一般在 2 月上中旬定植，如果是黄瓜的话，则在 12 月上中旬播种育苗，采收期为 3 月上中旬～7 月下旬；如果是番茄的话，则在 11 月下旬播种育苗，采收期为 4 月上中旬～7 月下旬；如果是菜豆（即平时所说的豆角）的话，则在 1 月上中旬播种育苗，采收期为 3 月中下旬～7 月下旬。第一茬果菜结束后进行整地，于 8 月上中旬复种育好的芹菜苗，如果芹菜选用的是幼苗生长较慢且品质佳的西芹类型，则提前 60d 育苗，如果选用的是幼苗相对生长较快但纤维比西芹多且粗壮度不如西芹的本芹类型时，作为秋冬茬的本芹常常种植实心芹类型，本芹可提前 40d 育苗；芹菜定植时采用畦作方式，畦上行距 20～30cm，本芹株距为 5cm，由于西芹较为粗壮，株距为 10～15cm；芹菜从 11 月中下旬即可陆续采收，采取掰叶多次采收方式，为了不影响下茬果菜的育苗，可在 2 月上中旬结束。

四、大棚多茬次栽培的主要方式

以黑龙江省南部地区的"大棚＋二层幕或小棚＋无纺布或地膜"三层覆盖栽培为例介绍几种大棚多茬次栽培方式。

	油菜	----→ 复种	黄瓜	----→ 复种	黄瓜	----→ 套种	油菜
播种	2（初）(20d+20d)		2（初）		7（中）		9（上中）（行间）
定植	3/11~3/15（畦作，120~140cm）(10~15) cm×(10~15) cm		4/1				出苗后打底叶
采收	3/26~3/31		4（下）~7（上中）		8（下）~10（中）		11月中旬~11月下旬

油菜复种春黄瓜后复种秋黄瓜再套种油菜的 4 茬次栽培模式。具体操作如下：

第一茬早春油菜应选用冬性强、不易抽薹的油菜品种，于 2 月初播种育苗，20d 后可采用 5cm×5cm 营养钵分苗或 72 孔穴盘，保护根系；分苗后 20d 左右，即 3 月 11～15 日定植，畦作，畦宽 120～140cm，株行距（10～15）cm×（10～15）cm，3 月 26～31 日采收。随即复种已育好的春茬黄瓜苗，春茬黄瓜需提前 60d 左右育苗，即在 2 月初播种育苗，可催芽后播种也可不催芽直接播种育苗，可播种在 50 孔穴盘中，也可播种于播种箱内，当子叶展平后分苗于 50 孔穴盘或 8cm×8cm 的营养钵中。黄瓜 4 月下旬开始采收，直至 7 月上中旬结束。结束后再直播一茬秋黄瓜，8 月下旬开始采收，10 月中旬结束。这里要注意：秋茬非雌性系的黄瓜在幼苗期往往需要进行乙烯利处理以促进雌花分化，对于雌性系类型的黄瓜则不需要采取促雌处理。9 月上中旬于黄瓜行间直播一茬油菜，即套种油菜，当油菜出苗后及时打掉黄瓜底叶，黄瓜拔秧后及时清理残株，加强油菜后期管理，三层覆盖可延续采收到 11 月下旬结束。

	生菜 ----→	番茄 ----→	番茄 ----→	生菜
	套种	老株更新	套种	
播种	2（初） （20d+20d）	1（上）	单干4穗果	8（上）
定植	3/11~3/15 （畦作，120~140cm） 5行，株距15cm，行距20cm	3/26~3/31	7/5~7/10停止摘心 单干3~4穗果 8/10前摘心	9（上中）行间 株距20~30cm 2行生菜/行
采收	3/26~3/31, 4（中），4（下）		5（末）~7（中下）， 9月10日~10（中）	10（上中）~11（下）

　　生菜套种番茄，番茄采取老株更新方式进行长季节种植，后期番茄再套种生菜的种植模式。具体操作如下：

　　第一茬，生菜可选用结球生菜，生菜育苗时间和方法，畦作和定植时间均与上述油菜相同。生菜按5行定植，行距20cm，株距15cm；分3次收获，即第1次于3月26~31日采收第2行和第4行，随即将提前育苗的番茄苗套种进去，这批苗于1月上旬播种育苗，其他行的生菜采取隔株采收；第2次于4月中旬将中间的第3行采收；第3次于4月下旬将最外层的两行采收。前茬番茄于5月末开始采收，7月中下旬结束。对于番茄植株健壮特别是种子昂贵的品种，同时也为了躲开中间蔬菜旺季，可采取老株更新的整枝方式，即早春生产的番茄采取单干整枝并保留4穗果摘心，摘心时在第4穗花序上方保留1~2片叶摘心，当保留的1~2片叶长出侧枝时选留一个好的侧枝再保留1~2个叶片再摘心，连续留侧枝连续摘心直至7月5~10日停止摘心，让植株继续生长；对于秋季生产的番茄依然按照单干整枝方式，再保留3~4穗果，并于8月10日前停止摘心。采取老株更新方式整枝时，要对番茄植株进行落蔓管理。另外，为了番茄的保花保果，可采用2，4-D进行蘸花或用番茄灵进行喷花处理。秋季的番茄于9月10日左右开始采收，直到10月中旬结束。最后一茬生菜于8月上旬播种育苗，并采取保护根系的措施，于9月上中旬套种在番茄行间，每行定植2行生菜，株距20~30cm，缓苗后及时打掉番茄底叶。番茄拔秧后及时清理残株，加强生菜后期管理，10月上中旬采收，三层覆盖可延续采收到11月下旬结束。

	育苗移栽香菜 ----→	黄瓜 ----→	番茄 ----→	油菜
	套种	复种	套种	
播种	2（初） （15~20）粒/钵	1（下）	5（下）~6月5日	9（上中）行间
定植	3/11~3/15 （畦作，15cm×15cm）	3/26~3/31	6（下）~7月5日	出苗后打底叶
采收	3/26~3/31, 4（中），4（下）	4（底）~7（初）	9（上）~10（中）	11（中下）

　　春茬果菜为黄瓜，黄瓜结束后复种秋茬果菜番茄，在喜温的春黄瓜前种植速生的叶菜香菜，喜温的秋番茄后套种速生叶菜油菜。具体操作如下：

　　第一茬于2月初播种育苗香菜，香菜进行机械破损后播种于营养钵或穴盘中，每孔

15～20 粒，于 3 月 11～15 日进行定植，定植方式以及套种后茬的黄瓜方式同第二种方式中生菜套种番茄。香菜最后一次采收于 4 月下旬完成。第二茬次的黄瓜于 1 月下旬播种育苗，3 月 26～31 日套种收获的香菜中，4 月底陆续采收，至 7 月初结束。黄瓜结束后复种已育好的番茄苗，秋季番茄育苗由于幼苗生长速度快且适当小苗龄定植，因此秋番茄日历苗龄为 30d 左右，即于 5 月下旬至 6 月 5 日播种育苗，6 月下旬至 7 月 5 日定植，9 月上旬开始采收，10 月中旬番茄采收结束。第四茬次的油菜于 9 月上中旬直播于番茄行间，油菜缓苗后及时打掉番茄底叶。番茄拔秧后及时清理残株，加强油菜后期管理，11 月中下旬采收结束。

	生菜	·····➤ 套种	番茄	·····➤ 复种	架豆角	·····➤ 套种	油菜
播种	2（初）		1（上）		7（中）		9（上中）行间
定植	3/11~3/15		3/26~3/31				出苗后打底叶
采收	3/26~3/31，4（中），4（下）		5（末）~7（中）		9（中）~10（中）		11（中下）

生菜套种番茄，番茄再复种架豆角，最后架豆角套种油菜的 4 茬次种植模式。具体操作如下：

这里的早春生菜套种番茄同前面介绍的第二种模式，早春番茄于 7 月中旬采收结束后复种架豆角，架豆角采取直播方式，这里强调一下，豆角根据其分枝能力强弱每穴保苗株数不同，如种植'将军豆'或'一点红'或'超宽油豆王'这一类分枝能力强的豆角，则每穴保苗 1 株，播种时可以按照每穴 2 粒播种，出苗后进行定苗。对于分枝能力弱的如'紫花油'豆角类型的则每穴播种 3 粒，出苗后保苗每穴 2 株。豆角如果通风不良很容易产生捂花现象，即只开花而荚坐不住。豆角于 9 月中旬采收，10 月中旬采收结束。最后一茬的油菜于 9 月上中旬套种于豆角行间，直播方式，当油菜出苗后及时打掉豆角底叶，豆角拔秧后及时清理残株，加强油菜后期管理，三层覆盖可延续采收到 11 月下旬结束。

	芹菜	·····➤ 套种	苦瓜	·····➤ 套种	生菜
	本芹　西芹		4（中下）		8（上）
播种	1（下）1（上） （40~60d）		（子母苗）		
定植	3（上）		6（上）		9（上中）行间 株距20~30cm 2行生菜/行
采收	6（上）~6（下）		7（中）~9（下）		10（上中）~11（下）

春茬芹菜套种苦瓜、苦瓜再套种生菜的 3 茬次种植模式。具体操作如下：

这里涉及的本芹是指国内的芹菜品种，一般幼苗生长较快，苗龄期一般 40d 左右，如果 3 月上旬定植，则需要提前 40d 播种育苗即 1 月下旬播种；西芹是指从国外引进的品种，如美国西芹、荷兰西芹等，一般幼苗生长较慢，苗龄期一般 60d 左右，如果 3 月上旬定植，则需要提前 60d 播种育苗即 1 月上旬播种。早春芹菜于 6 月上旬采收，6 月下旬结束。下茬苦瓜于4月中下旬育苗，可采取育子母苗方式，即直接将发芽的苦瓜种子播种于营养钵或穴盘中，每孔1粒。为了利于苦瓜发芽整齐，最好进行浸种催芽，这里需要强调的是，苦瓜种皮厚，需对苦瓜进行嗑种，然后浸种16h左右，浸种结束后放于30～35℃条件下进行催芽，当胚根长至种子一半时即可播种。苦瓜于6月上旬当芹菜开始采收后随即套种进去。苦瓜后期套种的生菜同第二种模式，即生菜于8月上旬播种育苗，于9月上中旬套种在苦瓜行间，每行定植2行生菜，株距20～30cm，缓苗后及时打掉苦瓜底叶。苦瓜拔秧后及时清理残株，加强生菜后期管理，10月上中旬采收，三层覆盖可延续采收到11月下旬结束。

五、中棚多茬次栽培的主要方式

以黑龙江省南部地区为例介绍中棚四刀韭菜套种两茬油菜的多茬次栽培模式：

为了使韭菜和油菜均取得较好的经济效益，中棚不宜过高过宽（以高1.5m，宽2.2m为宜），以便覆盖草苫或保温被保温，并在中棚内扣小棚覆地膜。韭菜采取沟栽（行距40cm，大撮栽培，撮距15～20cm），以便铺设电热线，提高地温。2月上旬沟韭开始生产，3月上旬韭菜返青时，拆除地膜，滤沟粪定植第一茬油菜。3月中旬当韭菜影响到油菜生长时，及时拆除小棚，收割第一刀韭菜；3月下旬当油菜影响韭菜时，再将油菜采收，并及时定植第二茬油菜；4月初当韭菜影响油菜时，及时收割第二刀韭菜；4月中旬同时采收油菜和韭菜；4月底割完第四刀韭菜后，拆除中棚，韭菜进入养根阶段。

另外，中棚也可以在育完两茬蔬菜秧苗后（采取棚床室结合育苗方式育第一茬的大棚黄瓜苗，第一茬育苗结束后育第二茬的露地苦瓜或黄瓜或蕹菜或木耳菜苗），再种植两茬蔬菜（第一茬可种植黄瓜，黄瓜结束后可种植番茄）。

六、小棚多茬次栽培的主要方式

以黑龙江省南部地区为例，介绍3种小棚两茬果菜栽培技术。

```
                     加无纺布或微棚
        菜花 ----------------→ 青椒 [小垄密植50cm×（35~40）cm]
                     套种

播种        2（上）              3（上中）
定植        4（上）              5（底）（1/3），6月5日，6月10日
采收    5（下）～6月10日          7（上中）～9（下）
```

为了不影响下茬青椒的种植，前茬菜花采取小棚加不织布或微棚方式，种植的菜花可以种植花球为白色的白菜花，也可以种植花球为绿色的绿菜花，即西蓝花、青花菜。菜花于4月上旬定植后随即覆盖微棚或不织布，覆盖不织布时需要白天打开傍晚覆盖保温；对于微棚，采用地膜作微棚，一周左右时，撤掉微棚进行铲地、背垄，然后也可将其作为地膜使用，促进菜花的早熟。菜花5月下旬开始陆续采收，5月底当菜花采收1/3时，将残株拔出，随即刨埯施肥，定植提前培育的大龄青椒壮苗；6月5日再将收后的菜花残株拔

出再定植青椒苗；6 月 10 日当菜花全部收完后，再把青椒栽齐。青椒 7 月上中旬开始采收，直到 9 月下旬结束。第二茬的青椒也可以是各种颜色的彩椒或者是小辣椒。

```
          黄瓜  ----→  菜花或西蓝花
               套种
播种       3（中）        6（上中）
定植       5（上）        7（中）（行间，缓苗后打底叶，结束后拔架）
采收  6（上）~8（上中）   9（中）~10（上）
```

5 月上旬定植提前育好的黄瓜苗，随即扣上小棚，5 月下旬气温可以满足露地黄瓜生长所需的条件时，可以将小棚撤除，并及时将黄瓜上架，黄瓜于 6 月上旬开始采收，8 月上中旬结束。后茬的菜花可选定植后 60d 左右采收的品种，于 7 月中旬将提前育好的苗套种在黄瓜的行间，缓苗后及时将黄瓜底叶打掉。黄瓜结束后，及时拔架，加强菜花的中耕和肥水管理，菜花于 9 月中旬开始陆续采收，直到 10 月上中旬结束。

```
          番茄  ----→  架豆角
               套种
播种       3（上中）      7/5~7/10（株间）
定植       5（上）        （出苗后打底叶，结束时满架）
采收   7（上）~9（上）    9(中)~10月1日前后
```

番茄选用无限生长类型，进行搭架栽培，3 月上中旬播种育苗，5 月上旬定植，定植后覆盖小棚，5 月下旬气温可以满足露地番茄生长时即可将小棚撤除，并及时将番茄上架，7 月上旬开始采收，直到 9 月上旬结束。后茬的架豆角选用耐热、抗病、早熟的优良品种，于 7 月 5~10 日套种在两株番茄之间的偏垄上，根据豆角分枝能力强弱进行播种，对于分枝能力强的'将军豆'类型的豆角每埯播 2 粒种子，出苗后每穴保苗 1 株，对于分枝能力较弱的'紫花油'豆类型的豆角每埯播 3 粒种子，出苗后每穴保苗 2 株。当菜豆出苗后，及时打掉番茄底叶，架豆便可正常生长、上架。当番茄结束时，架豆已爬满架，豆角一般在 9 月中旬开始采收，直到 10 月 1 日前后结束。

第七节　立体栽培技术

一、立体栽培的含义

立体栽培是一种分层利用空间来提高土地单位面积利用率的技术措施。如多层架式种植的芽苗菜，或者利用温室后墙过道处建成活动式的立架，在立架上面以及立架下面进行立体式育苗。

二、立体栽培在园艺生产中的应用

立体栽培在园艺生产中的应用如下。

① 果树高中矮搭配。如高大的乔木果树之间种植灌木类果树如醋栗、树莓等，也可以种植药食同源类的木本如枸杞或刺五加等。在树下可以种植低矮的草莓。这样形成的果树高中矮立体种植，大大提高了土地利用率。

② 高矮蔬菜间套作。如大棚或温室内矮秧的茄子或辣椒植株，隔一定株数在株与株之间播种蔓生菜豆，或矮生的叶菜间隔一定距离种植苦瓜。不管是茄子、辣椒还是叶菜，均是在种植密度未减少的前提下，通过合理种植高秧蔬菜，大大提高了单位面积产量。另外，生产中前茬无限生长类型番茄后期在植株附近播种蔓生豆角，最后由豆角替代番茄的这种套种方式也是一种常见的立体栽培模式。

③ 黄瓜或番茄架下、葡萄架下、草莓架下生产食用菌。食用菌具有喜阴特性，架下正好创造出适合食用菌生长的阴凉环境，食用菌在生长发育过程中，吸进氧气释放二氧化碳；二氧化碳正好可供黄瓜、番茄、葡萄、草莓生长过程中光合作用所需，光合作用过程中释放的氧气反过来供食用菌生长发育过程所需。

④ 温室架式育苗（图4-13）或生产蒜苗、青葱、韭菜、芽苗菜、食用菌等耐阴蔬菜。对于这些耐阴蔬菜，可以适当增加架子的层数。可以购买现成的立式柱状组装式花盆种植矮秧蔬菜如紫背天葵、生菜等，或者立体管状的水培叶菜种植。

⑤ 温室后墙立体利用——温室土墙或立柱抹泥生产速生叶菜。对于土温室，一般后墙结构为下部宽上部窄，可在土温室后墙建成菱形块状，以便撒播或定植速生叶菜。也可以在温室后墙处种植蔓生番茄或豆角或黄瓜等；或温室后墙安装种植槽种植矮秧蔬菜或草莓等（图4-14）。

⑥ 室内或室外吊挂植物。家庭园艺的场所不仅仅是住房外的大棚、温室、露地，住房内也可以进行园艺生产，特别是室内吊挂活体植物越来越受到城市居民的喜爱。种植具有观赏价值的植物或者是具有保健功能的蔬菜，可以缓解紧张的情绪，使心情愉悦。

图4-13　温室立体育苗　　　　**图4-14　温室后墙立体利用**　　　　彩图

三、采用立体栽培应注意的问题

要求光照足的作物，不同层次间不能相互遮阴，否则需要人工补充光照。不需较多光照的作物，可增加层次，以提高空间利用率，但应以便于操作管理为前提。育苗架或芽菜发芽架可以多到 11 层（间隔 15cm），但苗出齐后要及时见光绿化，防止幼苗黄化徒长。套种时，如果可以将前茬高秧作物的叶子往上逐渐打掉，能满足后茬对光照的要求，前后作物共生的时间可以适当长些，但也不宜过长，应以不影响后茬中耕为前提。

第八节　新型生态栽培模式

一、伴生栽培模式

伴生栽培由东北农业大学吴凤芝教授提出，伴生栽培就是选用对主栽作物具有控病促生作用的作物，种植在主栽作物一侧，不单独占用土地，与主栽作物伴生，其伴生作物不以收获为目的的一种栽培方式，伴生栽培解决了棚室蔬菜轮作难的问题，该模式已获得发明专利授权。如分蘖洋葱（也称毛葱）伴生番茄或黄瓜或菜豆等（图 4-15）。具体操作：如早春温室或大棚正常栽培番茄或黄瓜，由于毛葱对土壤需水量较少，需要采用高垄或高畦栽培。在番茄或黄瓜定植时，在搭架外侧的垄、距番茄或黄瓜植株 8cm 左右处播种毛葱葱头 3 个，每个葱头距离 5cm 左右。用土盖上毛葱即可，土不宜盖厚。按照番茄或黄瓜正常田间管理，当毛葱长到 15cm 左右时，可采收叶片用作蘸酱菜，番茄或黄瓜拉秧后，采收毛葱葱头。

（a）分蘖洋葱伴生番茄

（b）分蘖洋葱伴生黄瓜

彩图

图 4-15　分蘖洋葱伴生番茄和黄瓜

伴生栽培模式通过根际生态环境的调控，使土壤微生物多样性显著增加，可修复连作土壤，保持土壤健康，提高产量 10% 以上，瓜类霜霉病、角斑病、枯萎病发病率降低10% 以上，延迟衰老，也可减少番茄生理性卷叶。从田间表现上，未进行毛葱伴生的番茄植株容易早衰，下部叶片比进行毛葱伴生的番茄植株的下部叶片更容易老化、发黄；同时未进行毛葱伴生的番茄植株根系出现根结线虫现象较多，而进行毛葱伴生的番茄植株根系生长健壮。同样，毛葱伴生黄瓜或菜豆后，可使主栽的黄瓜或菜豆植株生长势强，叶片肥大，植株高大，产量提高。

二、间作共生栽培模式

间作共生栽培是在间作和伴生模式基础上由东北农业大学蒋欣梅等人自主研发的一种栽培模式，即间隔一定株数或一定行数种植可促进主栽作物生长的作物，不单独占用土地，可同期种植或错期种植，整个生育期与主栽作物几乎同期，共同生长，且以收获为目的的一种栽培方式。而常规的间作方式虽然也是两种或两种以上的作物，隔畦、隔行或隔株并有规则地栽培在同一块土地上，是单独占用土地的，因此主栽作物的种植密度少于其常规单作的种植密度。例如，矮秧的特色保健蔬菜（如食用穿心莲或养心菜或紫背天葵或蕹菜等）与菜豆的间作共生栽培（图4-16），则是利用菜豆根瘤菌的生物固氮，为喜氮肥的叶菜提供了氮营养，达到减肥增效的目的；老山芹作为东北一种特色山野菜，耐寒性强，大棚进行反季节生产时，夏季棚内高温常常引起白粉病而影响了产量及品质，因此可利用菜豆或苦瓜攀援特性为夏季老山芹创造其适宜的生长环境（图4-17）。由于同时也收获了菜豆或苦瓜，因此大大提高了土地的利用率、提高了单位面积效益。

图4-16　大棚矮秧保健蔬菜与菜豆间作共生　　　　**图4-17**　大棚老山芹与菜豆间作共生

三、交替间作栽培模式

交替间作栽培就是一年种植两茬，春季采用作物1与作物2间作，秋季在种植作物1的地方种植作物2，种植作物2的地方种植作物1，进行交替种植；或者一年种植一茬，作物1与作物2进行间作，第二年在种植作物2的地方种植作物1，进行交替种植。比如露地豆科植物苜蓿或菜豆与菜花或甘蓝或白菜之间的交替间作，利用豆科植物具有根瘤菌进行生物固氮，达到减肥增效作用，同时苜蓿地上部是一种饲料，拔园时将苜蓿地下部甚至整株直接旋到地里，是一种很好的绿肥；苜蓿嫩苗也可以作为菜用，可以多次采收嫩苗食用。大棚芹菜与菜豆交替间作也是一种非常好的生态栽培模式，利用芹菜不喜欢强光、菜豆要求通风透光的特性，种植蔓生菜豆为芹菜生长创造良好遮阴条件，矮秧的芹菜同时为高秧菜豆创造良好的通风透光条件。

四、填闲栽培模式

填闲栽培就是在设施的休闲期，种植具有特殊性状的作物，用于土壤修复、阻控养分流失等为目的的一种栽培模式。例如，在设施休闲期，可采用条播或撒播方式播种小麦（或苏丹草），当幼苗生长到一定时期，一般 10cm 以上、主茬作物定植前进行收割或翻耕，然后正常定植主茬作物；或者在设施休闲期，填闲青葱或者甜玉米或者茼蒿等，均有控制病害和修复土壤的作用。研究表明，棚室黄瓜采收结束后的休闲期分别填闲小麦、大豆、毛苕子、三叶草、苜蓿、毛葱以及大蒜，与未进行填闲的对照相比，填闲后均有效提高了后茬黄瓜的产量，其中小麦填闲效果最好，产量最高，其次为大豆填闲。填闲的小麦、大豆、毛苕子、三叶草、苜蓿采取干种直播方式即可，毛葱和大蒜播种的是鳞茎，毛葱鳞茎就是小葱头，当葱头大时，也可以纵向切开种植，大蒜的鳞茎是蒜瓣。由于新采收的毛葱和大蒜有休眠现象，因此选用的毛葱和大蒜注意应用季节，或者选用休眠解除的毛葱或大蒜。填闲的毛葱和大蒜的地上叶片可以采收食用。

第五章

庭院主要大宗蔬菜栽培技术

第一节　番茄

　　番茄也叫西红柿，原产于南美洲的秘鲁、厄瓜多尔、玻利维亚，在我国栽培有 70～80 年的历史，既可作蔬菜，也可作水果食用，含有丰富的维生素、矿物质、碳水化合物、脂肪和有机酸，若每人每天食用 100～200g 新鲜番茄，即能保证人体所需要的维生素 C、维生素 B、维生素 A 等以及主要矿物质。番茄深受广大栽培者和人民群众的欢迎，栽培面积较大，已成为主要的蔬菜种类之一。

一、生物学特性

　　番茄的根系比较发达，不仅在主根上易生侧根，在根颈或茎上，特别是茎节上很容易发生不定根。番茄属合轴分枝（假轴分枝），茎端形成花芽，从生长点形态来看，可以明显地观察到生长发育各阶段的差异。无限生长的番茄在茎端分化第一个花穗后，这穗花芽下的一个侧芽生长成强盛的侧枝，与主茎连接而成为合轴（假轴），第二穗及以后各穗下的一个侧芽也都如此，故假轴无限生长。有限生长的植株则在发生 3～5 个花穗后，花穗下的侧芽变为花芽，不再长成侧枝，故假轴不再伸长。番茄为完全花，自花授粉，也可异花授粉，自然杂交率为 4%～10%。番茄幼苗长到 2～3 片真叶时，开始进入花芽分化期。

　　番茄是喜温性蔬菜，在正常条件下，同化作用最适宜的温度为 20～25℃，温度低于15℃，不能开花或授粉受精不良，导致落花等生殖生长障碍。温度降至 10℃ 时，植株停止生长，长时间 5℃ 以下的低温能引起低温危害。致死的最低温度为 -2～-1℃。温度上升至 30℃ 时，同化作用显著降低，升高至 35℃ 以上时，生殖生长受到干扰与破坏，即使是短时间 45℃ 以上的高温，也会产生生理性干扰，导致落花落果或果实不发育。番茄根系生长最适土温为 20～22℃。在 5℃ 条件下根系吸收养分及水分受阻，9～10℃ 时根毛停止生长。

　　番茄是喜光作物，光饱和点为 70000lx。在栽培中一般应保证 30000～35000lx 以上的光照强度，才能维持其正常的生长发育。番茄对水分的要求属于半耐旱的特点。一般以45%～50%的空气相对湿度为宜。结果期土壤湿度以维持土壤最大持水量的60%～80%为宜。番茄对土壤条件要求不太严格，为获得丰产，应选用土层深厚、排水良好、富有有机质的肥沃壤土。土壤酸碱度以pH 6～7为宜。

二、温室番茄早春栽培技术

1. 选择适宜的品种

选用耐低温、耐弱光、早熟、丰产、抗病、优质、商品性状好、成熟期集中的优良品种，同时也要根据市场的需要来选，在温室、大棚以品质好、大果型为主。对于外销，以耐贮运的大红果为主，对于内销，以口感好的粉红色果实为主。

2. 培育壮苗

（1）营养土配制　40%田土＋40%腐熟马粪或草炭土或牛粪＋10%优质肥料（猪、鸡、羊、大粪）＋10%炉灰＋0.3%磷酸氢二铵＋0.3%硫酸钾。

营养土的含水量在60%左右，即用手能攥成团，松手后自然散落。

（2）种子处理　用50℃水进行温汤浸种30min后，结合微量元素浸种12～24h，微量元素用0.2‰的$CuSO_4$和$ZnSO_4$混合液进行浸种。在25℃下催芽。当种芽长至种子长度一半时进行播种。

（3）播种以及播种后的管理　播种量30～40g/m²，生产用种量为20～25g/667m²，播种采用营养土，1～2片真叶时分苗，营养面积为（8～10）cm×（8～10）cm。播种后的管理与温室黄瓜早春栽培基本相同，只是温度略低点，水分少一点。

3. 适时定植

适时定植是以抢早为目的，尽可能抢早，黑龙江省南部地区一般于1月底～2月下旬定植。采用垄作穴栽，提前几天起垄，以提高地温。定植时对土温的要求：地表下10cm不低于8℃（是指垄上穴栽时垄面下10cm不低于8℃，若营养土块为8cm，则刨穴深不超10cm，使土坨表面与垄表面相平）。底肥施入腐熟有机肥5000kg/667m²，同时混施磷酸氢二铵20kg，硫酸钾20kg。保苗3000株/667m²。行距根据拱架间距来确定，当拱架间距为120cm时，行距为60cm；当拱架间距为100cm时，行距为50cm。定植时注意将来的垄沟为压膜线（当拱架间距为100cm时，则行距为50cm，此时最好采取40cm、60cm间距的大小垄，以利田间管理和通风透光）。

选择回暖期前期的晴天上午进行定植。一般缓苗期为3～5d，缓苗期实际是根系恢复生长的时期，从开始进入回暖期到下次寒流来临一般为4～5d，选回暖期刚开始定植，等下次寒流来时，苗已缓过来，根系恢复了生长，则可以经受住寒流的袭击。对于冷棚一定选在回暖期前期定植。对于温室则无须考虑。

对番茄苗龄的要求：当植株长至8～9片真叶、现蕾（第一穗花蕾可见）时定植。若苗龄过大，第一穗已开花才定植，则第一穗果不易坐果，或造成果坠秧降低产量，甚至出现畸形果；如果苗龄过小，则影响早熟性。

4. 植株调整与防止落花落果

（1）植株调整　为了提高通风透光性，采用吊绳的方式，用尼龙细绳进行引蔓、搭架。即当植株长至 30cm 时，开始及时上架。当茎蔓每长 30cm，及时往上盘。采取单干整枝保留 4 穗果摘心，摘心时，保留果穗上的 2 片叶，以防日灼病的发生。为了防止后期植株早衰，最顶部果穗上的 2 片叶上的侧枝可以适当地放一放，采取连续摘心的方式，即侧枝 1 叶摘心，其上的侧枝再保留 1 片叶摘心。

为了防止植株下滑，在每穗果下部可用撕裂绳进行捆绑。当植株的底叶老化黄化时要及时打底叶，以改善通风透光条件，有利防病和减少养分消耗。

（2）防止落花落果　因为番茄授粉受精温度为 20～23℃，当第一穗果开花时，白天的温度一般达 30℃，而夜间温度甚至达不到 10℃，并且棚室内湿度大，均不利于授粉受精。为了保花保果，利用 10～20mg/L 的 2,4-D 进行蘸花或抹花，或者用 30～40mg/L 的番茄灵（防落素）进行喷花，喷花时注意用手遮挡叶片，当叶上蘸少量药液时不会产生药害，若量大时，则有药害，叶皱缩。为了省工，采用一次性处理，即在每个花序中有 3～4 朵花开时进行，每隔 5d 处理一次。一周后进行疏果，每穗保留 3～4 个果实即可。

对于有机蔬菜生产，不适宜用激素处理防止落花落果，可用蜜蜂进行授粉；对于绿色食品 A 级和无公害蔬菜生产则可以使用激素处理防止落花落果。

5. 中耕蹲苗与肥水管理

定植水（以浇透土坨为准，地温低不易大水漫灌）——→3～5d 浇缓苗水（晴天上午浇）——→地皮一干及时铲地、松土备垄（镐可深刨，但不要上土过多，以提高地温）——→蹲苗至第一穗果达到核桃大小时结束（此时生长中心已由营养生长转到生殖生长）。在蹲苗期间若真正缺水，即下午 3 点植株仍萎蔫，可再浇水——→地皮一干铲地、备垄——→再蹲苗。

中耕蹲苗采取促控结合，因番茄需肥量较大，为了防止果坠秧现象，除重施基肥外，还应根据需要追施速效性肥料。一般蹲苗结束后，就进入肥水管理。即第一穗果核桃大小时（此时第二穗果基本坐住，而第三穗果现蕾），结合浇水要追施一次催秧、催果肥。因为上午植株对肥效利用最佳，因此采用上午进行追肥。此次肥料以磷肥为主（不施尿素），一般用磷酸二铵 15～20kg/667m² ，因为磷肥不易移动，施用时尽量靠根部施用以利于植株的吸收。以后浇水以"见干见湿"为原则，注意地表不能干裂，否则影响植株对钙的吸收，果实缺钙，易造成脐腐病，甚至会发生裂果现象（这是由于缺水时果皮老化，一旦给水，造成果皮破裂）。当第一穗果采收，而第二穗果有核桃大小、第三穗果坐住时，再施一次肥，这次施氮肥（15～20kg/667m² 尿素）和钾肥（硫酸钾 15～20kg/667m² 或稻壳灰 25～50kg/667m² ），之后可不再施肥。为了防止果实缺钙造成的脐腐病发生，可用 0.5% CaCl₂ 进行叶面施肥。对于植株长势弱的留 4 穗果，长势强的留 5 穗果。注意每次施肥必须与浇水结合，否则易出现烧苗现象。

6. 合理通风

合理通风要看湿度、温度来进行，最好有干湿球温度计，最终要根据植株的生长状态来管理。

早上揭开棉被前温度最低，揭开棉被后温度上升，当温度达到 28℃ 时，开始通风。用温度计测室内温度时，温度计应放在距地面 1m 处，并在温度计的南侧将水银球或酒精球遮挡一下。一般下午 1 点时，温度继续升高，则加大通风量，使温度保持在 20～25℃。

开始时千万不要通底风，若通底风，则需加一道围裙。当外界最低温度稳定在 10℃ 以上时，才通底风，且昼夜通风。

7. 催熟与适时采收上市

一般 20℃ 左右果实红得快，高温、低温均不佳。温室早春生产时，第一穗果红时，往往是白天高温、晚上低温，则不易红。常用 1000～2000mg/kg（即 500～1000 倍液）乙烯利处理进行催熟。市场上销售的乙烯利一般有效成分为 40%（即 200～400 倍液）。催熟有以下三种方法。

（1）浸果　果实采摘下来处理（当果实进入白熟期时处理）后浸泡一下即可，然后装筐。

优缺点：①处理时不会伤害植株，但影响品质。②摘下果后进行处理，不影响植株上其他的果实发育。③浸果时应放于 20～22℃ 条件下进行催熟，有利于果实的转红，该方法促进红熟的效果较好。一般从外地运来的番茄均采取该方法。

（2）抹果　在植株上处理，一般用毛巾蘸药后抹果，或戴线手套抹果（药液对人无影响）。每隔 2～3d 一处理，直到采收，最多处理 3～4 次（因为番茄在红熟过程中本身释放乙烯）。抹果一般只抹第一穗中的头 2 个果即可，直到果实采收时，停止处理。该方法操作简单，而且品质不下降。

（3）植株喷洒　使用浓度要低些，为正常浓度的 1/4，即 250～500mg/kg，该方法虽然增加前期产量，效果好，但由于所有的果实包括白熟期和绿熟期的果实均被催红，使得品质差，同时植株易早衰。

8. 病虫害防治

（1）虫害　主要是蚜虫、红蜘蛛，一旦发现及时防治。混合打药，即乐果 800 倍液＋高效氯氟氰菊酯乳油 1500 倍液（或溴氰菊酯乳油 2000 倍液），防治蚜虫和红蜘蛛。单打，对于蚜虫，用吡虫啉可湿性粉剂 1500～2000 倍液；对于红蜘蛛，用阿维菌素乳油 2000～3000 倍液。

（2）病害

①早疫病（也称纶纹病），晚疫病：百菌清可湿性粉剂 500～800 倍液，或二氯异氰尿酸钠可溶性粉剂 400 倍液，或霜脲·锰锌可湿性粉剂 700 倍液，或噁霜灵可湿性粉剂 400 倍液，或霜霉威盐酸盐 700 倍液。

②叶霉病：万霉灵可湿性粉剂 700 倍液，或硫菌·霉威可湿性粉剂 700 倍液，或百菌清可湿性粉剂 700 倍液。

③灰霉病：造成烂果，病斑上有灰毛，可用腐霉利可湿性粉剂 1000～1500 倍液，或异菌脲可湿性粉剂 800 倍液，或农利灵水分散剂 1500 倍液。

④病毒病：目前无特效药，只能控制、钝化。可用植病一号或病毒 A 500 倍液。

所有的病害最好以防为主，采用波尔多液进行预防。即：

$CuSO_4$（兰矾）：生石灰（即石灰块）：水 = 1：1：(100～200)

石灰块粉后为石灰面即熟石灰，最好用生石灰，其附着力和杀菌力强，若无生石灰，也可用石灰面，但用量加倍。一般用三遍药即可将所有病害基本控制，第一遍在定植前的苗床中，浓度为 1：1：200；第二遍在定植后 15～20d，浓度为 1：1：150；第三遍在封垄前，浓度为 1：1：100。配制波尔多液时要注意，$CuSO_4$ 与生石灰分别用各一半的水单独化开，因 $CuSO_4$ 与铁器发生化学反应，因此不能用铁桶配药，可用缸，化好的 $CuSO_4$ 与生石灰混合时也不可用铁器，可用缸，一般是将化好的 $CuSO_4$ 液倒入化好的生石灰液中，或二者同时倒入一个大缸中，边倒边搅拌。

三、大棚番茄"抓两头、躲中间"老株更新栽培技术

科学整枝是老株更新的技术关键。以黑龙江省南部地区为例，先按单干整枝，保留 4 穗果摘心（顶部多保留 1～2 片叶），然后保留顶部 1 个侧枝，当侧枝长到 7～8cm 时再留 1 片叶摘心，如此连续多次摘心，直到 7 月 5～10 日停止摘心，让侧枝延伸，并按单干整枝进行管理。当侧枝长出 3～4 穗花后再于 8 月 10 日之前摘心（顶部多保留 1～2 片叶）。采用以上整枝方法，既促进了前期 4 穗果早熟丰产，又保证延后 4 穗果优质高产，同时躲开了 8 月份蔬菜旺季上市。所以，采用这种整枝方法来进行大棚番茄早熟延后两茬栽培，就叫做"抓两头，躲中间，老株更新法"。除此之外，还必须抓好以下技术措施与其相配合。

① 选用抗病、耐热、抗衰老、高产的优良品种，最好是用生长势旺盛的无限生长类型品种。

② 增施基肥加强肥水管理。施优质粪肥 7500～10000kg/667m^2，追肥 2 次，每次施磷酸氢二铵和硫酸钾各 15～20kg/667m^2。

③ 早育苗育壮苗，采用多层覆盖早定植；适当减小密度防止植株早衰，保苗 2800～3000 株/667m^2 为宜。

④ 早熟、延后均需用番茄灵及时蘸花，加强通风管理，及时防治病虫害。

第二节　辣椒

辣椒喜强光，也耐弱光，虽然适合大棚栽培，但其效益比黄瓜和番茄要低些，目前采用大棚栽培辣椒的还为数不多。可是，利用小棚或小棚加微棚栽培小辣椒，其效益是非常可观的。因为在同一措施和管理条件下，小辣椒比大辣椒早熟；从价格规律看，前期小辣椒的价格高于大辣椒。所以，小辣椒更适合早熟栽培。

一、生物学特性

辣椒根系分布较浅，主要根群分布在 10～20cm 土层中。根系发育弱，再生能力差，根量少，茎基部不能发生不定根，栽培中最好护根育苗。根系对氧要求严格，不耐旱，又怕涝，喜疏松肥沃、透气性良好的土壤。辣椒茎直立生长，腋芽萌发力较弱，株冠较小，

适于密植。主茎长到一定节数顶芽变成花芽，与顶芽相邻的 2～3 个侧芽萌发形成二杈或三杈分枝，分杈处都着生一朵花。主茎基部各节叶腋均可抽生侧枝，但开花结果较晚，应及时摘除，减少养分消耗。在夜温低、生育缓慢、幼苗营养状况良好时分化成三杈的居多，反之二杈较多。辣椒的分枝结果习性很有规律，可分为无限分枝与有限分枝两种类型。无限分枝型植株高大，生长健壮，主茎长到 7～15 片叶时，顶端现蕾，开始分枝，果实着生在分杈处，每个侧枝上又形成花芽和杈状分枝，生长到上层后，由于果实生长发育的影响，分枝规律有所改变，或枝条强弱不等，绝大多数品种属此类型。有限分枝型植株矮小，主茎长到一定节位后，顶部发生花簇封顶，植株顶部结出多数果实。花簇下抽生分枝，分枝的叶腋处还可发生副侧枝，在侧枝和副侧枝的顶部仍然形成花簇封顶，但多不结果，以后植株不再分枝生长，各种簇生椒属有限型，多作观赏用。

辣椒属于喜温作物，种子发芽的适宜温度为 25～30℃；辣椒生长发育的适宜温度为 20～30℃，适宜的昼夜温差为 6～10℃。辣椒是好光作物，除了种子发芽阶段不需阳光外，其他生育阶段都要求充足的光照；光照充足，幼苗节间短，茎粗壮，叶片肥厚，颜色浓绿，根系发达，抗逆性强，不易感病；光照不足，往往造成植株徒长，茎秆瘦长、叶片薄、花蕾果实发育不良，容易出现落花、落果、落叶现象。一般空气湿度在 60%～80% 时辣椒生长良好，坐果率高，湿度过高有碍授粉，土壤水分过多，空气湿度高，易发生沤根，叶片花蕾、果实黄化脱落。辣椒对土壤的适应性较强，地势高燥、排水良好、土层深厚、肥沃、富含有机质的壤土或沙壤土较为适宜，适宜的土壤 pH 为 6.2～8.5。

二、地膜辣椒栽培技术

1. 培育壮苗

播种前 4～5d 进行种子处理，用 55～60℃ 温水浸种 10～15min，然后放在 20～25℃ 条件下浸种 8h；在 28～30℃ 的条件下催芽，4d 左右有 50%～60% 出芽时开始播种，播种量为 30～50g/m²，生产用种量为 100～150g/667m²。为防治苗期病害，需配制药土，每平方米床土可用 50% 多菌灵粉剂 8～12g 与 12～15kg 过筛细土混匀，下垫上盖。浇足底水，撒药土，撒播种子，盖药土覆膜。

出苗阶段白天保持 30～35℃，夜间 16～20℃，幼苗基本出齐后揭掉地膜，并逐渐放风，苗床白天温度在 23～25℃，夜间 16～18℃。分苗前 3～4d，进一步加大放风，降低床温，白天 20～25℃，夜间 13～15℃，以利提高幼苗抗逆性。分苗后一周内白天 30～38℃，夜间 18～20℃，缓苗后放风降温，白天 25～27℃，夜间 16～18℃。定植前 7～10d 进行炼苗，白天 15～25℃，夜间 5～15℃。

分苗前通过多次覆土保墒。播种后 2～3d，表土见干时覆一层 0.5cm 厚的细湿土，以后分别在幼苗拱土、齐苗后、子叶展开及破心时各覆一次细湿土。若苗期过分缺水，可适当喷水。分苗后为防止徒长，以控水为主，尽量不浇。

幼苗 2 叶 1 心时及时分苗，穴距 8cm×8cm，每穴双株。壮苗标准为：株高 20cm，茎粗 0.5cm，叶色浓绿，叶片肥厚。70% 以上秧苗现蕾，日历苗龄 80～90d 即可定植。

2. 选地与整地

辣椒根系较弱，需选择地势高燥的肥沃壤土或沙壤土栽培，为防止土壤带病菌，要与非茄科作物进行 3～5 年的轮作。定植前 7～10d 进行整地起垄，垄宽 60～70cm。结合整地施入基肥，充分腐熟的有机肥 5000kg/667m²，过磷酸钙 15～20kg/667m²。定植前 3～4d 进行，垄面整平无大土块，选晴朗无风天进行覆膜，四周压严。

3. 定植

辣椒在晚霜过后定植。分枝性强的品种可一墩双株，分枝性弱的品种可一墩三株，密度为（60～70）cm×（25～30）cm。栽后立即灌水，水渗后封墩。

4. 定植后管理

定植后 8～10d 浇缓苗水，然后蹲苗，直到门椒长至横径 2cm 时，结束蹲苗，开始浇水，以后 5～6d 浇一水，保持土壤湿润。进入高温季节气温升高蒸发量加大，要小水勤浇，3～4d 一次。雨后及时排水。蹲苗结束时进行第一次追肥，20～25kg/667m² 磷酸氢二铵或较浓的粪稀；以后每隔一水都要追一肥，进入生长后期可用 0.3% 的尿素和 0.2% 的磷酸二氢钾进行叶面喷肥。为防止地温过高伤根和果实坠秧倒伏，要在封垄前结合除草，向根颈处培土 6cm 以上。生产上一般不掐尖，任其自然生长。门椒以下主干上发出的侧枝及时掰掉，生长后期将老叶、黄叶、病叶及时摘除。

辣椒生长过程中的虫害主要有蚜虫和红蜘蛛，可用 800 倍液乐果或 2000 倍液溴氰菊酯可湿性粉剂喷雾防治。其次还有烟草夜蛾，斜纹夜蛾的幼虫，应在 3 龄前及时打药防治，可与防治蚜虫同时进行。病害主要有炭疽病和疮痂病，可喷 1:1:200 波尔多液提前预防；也可用 500 倍液的百菌清可湿性粉剂或二氯异氰尿酸钠可溶性粉剂、代森锌可湿性粉剂进行防治。为了提高防治效果，可按每桶药液（约 15kg）加入两小瓶 80 万单位的新植霉素进行防治。

5. 采收

一般花后 25～30d 即可采收嫩果，对长势弱的植株适当早收，长势强的植株适当晚收，以协调秧果关系。

三、小棚辣椒栽培技术

1. 选用优良品种

目前生产中辣椒品种退化较为严重，这是大量发生"三落"病（即落花、落果、落叶）的重要原因之一。早熟丰产栽培，应选用株形紧凑适合密植，早熟性强，特别要选用分枝性强、坐果率高、前期产量集中，并且耐热、抗病的品种。

2. 培育壮苗

辣椒要求温度较高，为促进早熟，应培育大龄苗（约 70d 苗龄），可在 2 月下旬至 3 月上旬于温室播种育苗。播种前种子处理，床土配制及播种等方法基本与番茄相同，但还需注意以下两点：辣椒种子发芽较番茄困难，应浸种 24h，在此期间要搓洗 2～3 次，将辣味去掉（实际是洗去抑制发芽的物质），再进行催芽，温度略高于番茄，最适合温度为 28℃；辣椒定植一般采取一墩双株，所以分苗时就将 2 株大小一致的苗移在一起，由于辣椒发根能力差，根系破坏后不易恢复，所以分苗时，应当采用营养钵等保护根系的措施。

3. 适时定植，及时扣棚

辣椒要求温度较黄瓜、番茄高，白天应达到 20℃ 左右，夜间 10～15℃，最低不得低于 0℃，地温稳定在 10℃ 以上才能定植。黑龙江省南部地区一般可在 5 月 5～10 日定植。为了提前定植，需要提早扣棚增温，但较费工费事。所以，目前一般都是采用定植后及时扣棚的方式。为了提高前期产量，并力争在高温期前早封垄，以减轻病害，采取小垄密植是非常有效的方法。小面积生产可采用 45～50cm 行距，30cm 埯距，每埯双株；大面积生产，为了便于中耕、采收等作业，可采用 60cm 行距，25cm 埯距。

4. 前期保根催秧早封垄

辣椒虽然要求较高的温度和充分的光照，但是，夏季的烈日，特别是伴随着高温、干旱环境，对辣椒的生长发育常常造成危害。所以，除了采取大龄苗、育壮苗、用营养钵保护根系、小垄密植等措施外，还必须加强定植后的肥水管理与中耕松土，以促根催秧为重点，加快植株生长，在高温季节到来前，迅速封垄。

四、大棚辣椒春茬栽培技术

1. 育苗

利用温室进行育苗，苗龄 90～100d。育苗方法与地膜辣椒相同。为防治炭疽病和细菌性斑点病可结合浸种催芽进行种子消毒，具体做法是先将种子用清水预浸 10～12h，再放入 1% 硫酸铜溶液中浸泡 5min，然后用清水洗净种子，进行催芽。

2. 扣棚与整地施肥

于定植前 15～20d 扣棚烤地，提高地温。当土壤化冻 20cm 时，即可进行整地施肥。结合深翻施入优质农家肥 4000kg/667m²，磷酸氢二铵 10kg/667m²。根据各地栽培习惯，可起垄或做畦，然后覆膜。

3. 定植

当白天棚内最高气温达 20℃，夜间外界最低气温 -5℃ 以上，棚内地温稳定在 12℃ 以上时可定植。定植密度为（60～65）cm×（25～30）cm。

4. 定植后管理

定植后密闭大棚 1 周左右，提高棚温，促进缓苗。缓苗后开始放风管理，保持白天 25～30℃，夜间 15℃ 左右。当外界夜温稳定在 15℃ 以上时可昼夜通风排湿。缓苗后浇一次缓苗水，然后开始蹲苗，直至 70% 门椒坐果后结束蹲苗，开始浇水，以后 7d 左右浇一水，保持地面经常湿润，浇水后立即放风排湿。盛果期 4～5d 浇一水。阴天适当放风排湿，雨天关闭通风口，防止雨水淋入棚内诱发病害。门椒坐果后第一次追肥，20kg/667m² 磷酸氢二铵，或随水追施大粪稀肥。以后每二水追一肥，盛果期还可增加叶面追肥，用 0.2%～0.3% 磷酸二氢钾叶面喷施。四面都坐果后，保留上部一个长势强的侧枝，将另一副侧枝留 1～2 片叶摘心。中后期要及时去掉下部的病叶、老叶、黄叶。为防止落花落果，可用 25～30mg/kg 防落素喷花。

5. 采收

春大棚辣椒于开花后 25～30d 即可采收上市，门椒适当早收，对椒以后按商品成熟期采收。

五、温室辣椒春茬栽培技术

1. 品种选择

应选用早熟、耐弱光、抗病或耐病的品种。

2. 育苗

应培育壮龄苗，日历苗龄为 90～100d，各地可根据日光温室的性能及茬口安排确定适宜的播种期。种子处理及播种技术参照地膜栽培部分。苗期处于冬季，应以防寒保温为主。在水肥管理上，分苗前不浇水，通过多次覆土保墒，分苗时浇起苗水，用暗水稳苗。缓苗后用喷壶浇水，浇水后及时中耕，宜在定植前半个月，随浇水追一次复合肥。

3. 定植

定植前一周对温室进行消毒。定植时要求室内最低气温在 5℃ 以上，10cm 地温稳定在 12～15℃ 一周左右。定植密度为 （60～65）cm×（25～30）cm。

4. 定植后管理

（1）温光管理　定植初期以保温为主，保持室温 30～32℃ 一周左右。门椒坐果后保持白天 25～28℃，夜间缓慢降温，翌日揭苫前室内温度不低于 15℃（特殊天气可为 10℃），随外界气温增高可逐渐加大通风量，当顶缝通风不足时，可将前底脚膜向上揭开，加强空气对流，当外界气温在 15℃ 以上时，可昼夜放风。

初春光照弱，要及时清洁膜面，以增加光照，保证辣椒的正常生长。进入夏季光照增强可将膜上的灰尘保留，以防光照过强引起日烧。

（2）肥水管理　缓苗期间不灌水，可每天进行叶面喷雾，能促进缓苗。蹲苗结束后进行第一次灌水，结束蹲苗，要采取膜下暗灌，防止空气湿度增加，门椒膨大时灌一水，结合灌水追磷酸氢二铵 20～23kg/667m² 或追施粪稀。门椒采收时一水一肥，进入盛果期 7～10d 一水，二水一肥。灌水后及时放风，降低空气湿度。进入结果后期，由于根的吸收能力降低，可进行叶面追肥。每天在揭苫后半小时开始施用 800～1000ml/m³ 的 CO_2，增产效果显著，注意阴天时不能施用。

（3）防止落花落果　可用 20～25mg/kg 的 2,4-D 溶液蘸花。

（4）植株调整　温室光照弱，植株密度大，为防止植株倒伏宜用塑料绳吊蔓，同时应进行严格植株调整。当主要侧枝上的次级侧枝果实直径达 1cm 时留 4～6 叶摘心；门椒结果后，有向内生长的副侧枝尽早摘除；中后期长出的徒长枝及时摘掉，并及时摘除病叶、黄叶、老叶。

5. 采收

门椒、对椒应适当早收，以免坠秧，影响植株生长和上层花果实的发育，其他各层一般在果实充分膨大、果肉变硬时为采收适期。

第三节 茄子

茄子属茄科茄属植物，原产于东印度，在中国栽培已有 1000 多年的历史。茄子在中国各地普遍栽培，面积也较大，为中国北部各地区夏秋的主要蔬菜之一，尤其在解决秋淡季供应中有重要作用。在夏季炎热多雨条件下，茄子虽然也能适应，但病害往往较重，易导致烂果及死秧，这也成为当前生产中的主要问题之一。

一、生物学特性

茄子根系发达，主根入土可达 1.3～1.7m，横向伸长可达 1.0～1.3m，主要根群分布在 33cm 土层中；根系木质化较早，不定根发生能力较弱，与番茄比较，根系再生能力差，不宜多次移植；根系对氧要求严格，土壤板结影响根系发育，地面积水能使根系窒息，地上部叶片萎蔫枯死。茄子分枝习性为假二杈分枝：即主茎生长到一定节位后，顶芽变为花芽，花芽下的两个侧芽生成一对同样大小的分枝，为第一次分枝；分枝着生 2～3 片叶后，顶端又形成花芽和一对分枝，循环往复无限生长。早熟品种主茎长 5 片叶顶芽形成花芽，晚熟种 9 片叶形成花芽。茄子的分枝结果习性很有规律，分枝按 $N=2^x$（N 为分枝数，x 为分枝级数）的理论数值不断向上生长。每一次分枝结一次果实，按果实出现的先后顺序，习惯上称之为门茄、对茄、四门斗、八面风、满天星，实际上，一般只有 1～3 次分枝比较规律。由于果实及种子的发育，特别是下层果实采收不及时，上层分枝的生长势减弱，分枝数减少。茄子花一般单生，但也有 2～3 朵簇生的。茄子长出 3～4 片叶时进行花芽分化。

茄子种子发芽期的适宜温度为 28℃左右，昼温 30℃、夜温 20℃变温下发芽整齐；生长发育期间的适宜温度为 13～35℃，一般白天为 25～30℃，夜间 15～20℃，地温 18～20℃。茄子光照强度的饱和点为 40000lx，补偿点为 2000lx。茄子对水分的需求量大，但如果空气湿度长期超过 80%，容易引起病害的发生，田间适宜土壤相对含水量应保持在 70%～80%，一般不能低于 55%。茄子对土壤要求不太严格，一般以含有机质多、疏松肥沃、排水良好、土壤含氧量 5%～10% 的沙质壤土生长最好，尤以栽培在微酸性至微碱性（pH 6.8～7.3）土壤上产量较高。

二、地膜茄子栽培技术

1. 品种选择

选用早熟、高产、抗病、品质好的优良品种。

2. 培育壮苗

定植前 70～80d 播种，地膜茄子可在温床、温室或大棚中育苗。茄子种皮较厚，为促进发芽和消灭种皮所带病菌，用 75℃ 热水烫种。并不断搅拌，当温度降到 25℃ 时开始浸种 12～15h，并反复搓洗。然后变温催芽，在 25～30℃条件下 12h，20℃条件下 12h，经 4～5d，60%～70%出芽时便可播种。播前将育苗盘内营养土用开水浇透，温度下降至 30℃时，将催好芽的种子均匀地撒播盘中，覆上细土，厚度 1cm，再盖上地膜，置于 28～30℃下，70%出苗后撤膜降温。

出苗后的管理应根据幼苗各期生长特点，采取相应的温度管理（表 5-1）。播种后到分苗前不宜浇水，分苗前适当浇水以便起苗，分苗后要浇透水，到定植前要保持土壤见干见湿，土壤含水量在 60%～70%，定植前 7～10d 控制水分。缓苗后可用 0.1%～0.2%磷酸二氢钾溶液进行叶面喷肥。成苗 8～9 片真叶展开，株高 18～20cm，茎粗 0.5～0.7cm，叶片肥厚，叶背带紫，70%以上秧苗现蕾，根系发达。

✤ **表 5-1　茄子幼苗期温度管理表**　　　　　　　　　　　　　　　　　　　　单位：℃

项目	白天		夜间	
	土温（5cm）	气温	土温（5cm）	气温
播种至出苗	20～25	28～30	15～20	20
出苗至分苗	20～23	25～28	15～18	13～15
成苗期	20～23	25～30	15～20	18～20
定植前 7～10d	15～20	20～25	13～15	10～12

3. 选地与整地覆地膜

茄子易得黄萎病和枯萎病，需要 5 年以上的轮作，同时不能与辣椒、番茄等茄科作物连作。地块宜选择富含有机质，土层深厚，保肥保水力强，排水良好的地块。结合整地施入 3000～4000kg/667m² 优质农家肥，过磷酸钙 50～100kg/667m²，普遍撒施 2/3，留 1/3 于定植前沟施。起 60～70cm 的垄，在垄上开 10cm 深的定植沟。定植前 7d 左右，或定植同时覆盖黑色地膜或黑灰双色地膜。

4. 定植

茄子应在晚霜过后定植。定植应选在晴天进行。为方便管理，秧苗应分级分区定植。定植前一天应对秧苗浇一次透水，以减少起苗时伤根。若采用营养钵育成苗，定植前不要浇水以免定植时散坨伤根。定植深度以平子叶处为宜，定植过深则影响缓苗。地膜破孔要尽可能小，定植后用土将定植孔封严成馒头形。定植后及时浇透定植水。

5. 定植后管理

（1）植株调整　茄子的分枝结果习性很有规律，每一次分枝结一层果实，也就是说每结一层果分枝数增加一倍。地膜茄子一般不摘心任其生长，但在生长期较短或不进行延后栽培时，应适时摘心，使养分合理利用，促果膨大。地膜茄子可进行双杈整枝（二杈整枝），即：门茄以下的侧枝全部去掉，只保留门茄以上的两个侧枝，其顶部长出对茄（两个），临近对茄的两个侧枝再继续生长，形成四枝其顶部长出四门斗茄（四个），其他部位长出的侧枝一律打掉；临近四门斗茄的两个侧枝再继续生长，形成八枝其顶部长出八面风茄（八个），一般到八面风茄以后就任其自然生长了。生长后期将老叶、黄叶、病叶及时摘除。

（2）肥水管理　定植当天浇一次透水，过 5～6d 缓苗后浇一次缓苗水，并随水追施粪稀 300kg/667m^2 促进秧苗生长。以后若土壤缺水，在门茄开花前浇一催花水，水后继续蹲苗。门茄瞪眼时浇水并追肥催果，粪稀 1000kg/667m^2 或磷酸氢二铵 15kg/667m^2，以后保持地面湿润。在对茄和四门斗茄坐果后，分别随水追施尿素 10～15kg/667m^2。进入雨季注意排涝。

（3）病害防治　茄子生长中的病害主要有猝倒病和黄萎病。其中，猝倒病主要发生在子苗期，可用苗菌敌对床土严格消毒，播种时，用药土，采取下垫上覆的办法，并注意加强苗床管理，提高地温，增强光照，改善通风等。黄萎病在整个生长期均可发生，对茄子的产量和品质危害极大，应加强防治。黄萎病防治的办法：实行 5 年轮作，并避免与番茄，辣椒、马铃薯等茄科作物连作；选用抗病品种，切勿使用从病株所采的种子；合理密植，可采取 45～50cm 小垄密植，株距 30cm，或 60～70cm 大垄，按 43～50cm 一堆双株栽培，对减轻发病有一定的效果；在定植时，用 333mg/kg 双效灵水溶液做定植水，每堆 750g，防治效果达 90％以上。

6. 采收

早熟品种开花后 40～50d 即可采收商品嫩果。中熟品种需 50～60d，晚熟品种需 60～70d。要及时采收，收获过晚影响商品性。

三、小棚或小棚加微棚茄子早熟栽培技术

1. 品种选择与培育壮苗
同地膜茄子。

2. 选地与整地施底肥
同地膜茄子。

3. 定植与扣棚撤棚

小棚茄子定植时间可比地膜茄子提前 7～10d，小棚加微棚方式茄子定植时间可比地膜茄子提前 15～20d。定植后立即扣小棚，或者扣微棚（白色透明地膜作微棚）后随即扣上小棚。一周左右将小棚和微棚打开后进行铲地松土、起垄，然后将微棚作为地膜使用，之后将小棚继续扣上。当外界温度不会对植株造成冷害且植株生长受到小棚限制时及时撤掉小棚。

4. 植株调整

当定植缓苗后，植株开始生长，底部的老叶开始黄化，应及时摘除，可减少养分消耗，减轻病害侵染。但应防止打得过狠，没有黄化的叶片绝不可去掉。

整枝时，要保留紧靠门茄下面的一个侧枝，把以下的所有侧枝全部打掉，所保留的 2个杈上很快结出对茄；再保留紧靠对茄下面的各一个侧枝，将其下面的侧枝全部打掉，在所保留的 4 个杈上又各结 1 个果，即四门斗；再按以上方式保留紧靠四门斗下面的各 1 个侧枝，将其下面的侧枝全部打掉。因为再往上常常受各种因素的影响，分枝的生长势减

弱，分枝数量减少，分枝就不那么有规律。一般整枝到四门斗结束。在生长的中后期，将已经失去光合功能、衰退的老叶、黄叶、病叶摘除，可以改善田间通风状况；但要防止盲目摘叶、重摘叶，否则有损产量。

5. 其他

小棚覆盖过程中注意烤苗，高温时及时通风。肥水管理、病虫害防治、采收同地膜茄子。

四、大棚春茬茄子栽培技术

1. 品种选择

大棚茄子品种要选择果实生长速度快、长势中等、高产、抗逆性强的品种。

2. 培育壮苗

要获得早熟丰产，应育长龄壮苗。中熟品种苗龄 80～90d，晚熟品种苗龄 90～100d。利用温室育苗，根据当地定植时期和壮苗的日历苗龄确定播种时间，育苗方法与地膜茄子基本相同，要防止出现老化苗和徒长苗。

3. 扣棚与整地施肥

于定植前 15～20d 扣棚烤地，提高地温，并在大棚四周增设围裙防寒保温。头年入冬前结合耕地施入腐熟有机肥 3000～4000kg/667m²，并加入适量磷钾肥。定植前 7～10d 起垄，垄宽 60～70cm，随即覆地膜烤地。

4. 定植

当棚内 10cm 土温稳定通过 12～15℃时，便可以安全定植。选寒尾暖头晴天上午栽苗，定植水要浇足。中熟品种定植密度：行距 60～70cm，株距 30～40cm。

5. 定植后管理

定植后不通风或少通风，白天气温保持 28～30℃，夜间 15～18℃，以利提高地温，促进缓苗，缓苗后到开花结果期，白天气温以 25～28℃为宜，夜间 15℃以上，土温保持 15～20℃。当外界夜温稳定在 15～18℃时，可昼夜通风降湿。缓苗期不通风，保湿，缓苗后通风降低棚内湿度，定植后一周浇一次缓苗水，到门茄瞪眼前控制浇水追肥。门茄和对茄膨大时各灌一次透水，并各追一次肥，尿素、磷酸氢二铵和粪稀交替使用。以后根据土壤湿度平均 7d 左右灌一次水，后期随着生长量加大，气温增高灌水间隔时间可适当缩短。整枝方式可采用双杈整枝，方法与地膜茄子相同。及时摘除病叶、黄叶、老叶。用番茄灵等在花朵刚开放时蘸花可防止落花。

6. 采收

门茄适当早收，以免影响植株生长和后期结果，对茄及后期果实达到商品成熟即可收获。

五、温室春茬茄子栽培技术

1. 育苗设施

早春正值温室光照最弱、温度最低之时，要采用在温室内利用电热温床或酿热温床及架床进行育苗。

2. 定植后温度管理

定植后密闭保温促进缓苗，缓苗后保持白天 25℃ 左右，夜间 15～17℃，早晨揭苫前 10℃ 以上。随外界温度升高，要加大放风量，进入结果期后白天保持 25～28℃，夜间 17～20℃，地温 15℃ 以上。

3. 肥水管理

缓苗后浇一次缓苗水，进行蹲苗，促进根系生长。当门茄瞪眼时第一次追肥灌水，追 800kg/667m² 粪尿，或 20kg/667m² 磷酸氢二铵。以后每层果膨大时都要追肥灌水，前期暗灌，后期可沟灌或明灌。

4. 植株调整

可采用双干或三干整枝，为了早上市，双干只留 5 个茄子或 7 个茄子，三干留 6 个或 9 个，其余侧枝和腋芽及时摘掉。

第四节　黄瓜

黄瓜可以排开播种，周年供应；其生长期短、早熟性强、丰产潜力大并适合于各种设施栽培，是人们所喜爱的一种蔬菜，在蔬菜栽培中占有非常重要的地位，也是庭院栽培不可缺少的一种蔬菜。

一、生物学特性

黄瓜是浅根性蔬菜，根系主要分布在 20～30cm 土层内，抗旱能力较弱，所以要求土壤肥沃、浇水频繁。叶面积较大，有刺毛，叶薄弱，易受机械损伤。为雌雄同株异花，但也有两性花出现，黄瓜花的性型分化，不仅受遗传因素影响，也受环境因素的影响，花芽在叶腋处分化时是几个花芽原基簇生于一个叶腋内，根据不同条件发育成不同的性型，若在发育雌花的叶腋，在一丛花中，只有一个花芽发育，其他退化，雌花发育；若在一个叶腋中相继发育数朵雄花，则雌花退化，一般在同一叶腋内只生 1 个或 2 个雌花，或一簇雄花。黄瓜在第一片真叶展平时，整个生长点已经分化开展到 12 节（有叶和叶芽），9 节中花芽分化已经完成，但花的性型尚未确定；分化到第二片真叶展平时，已经达到 14～16 节，3～5 节的花性型已定。黄瓜为单性结实，即不经授粉受精子房能正常发育形成果实。

黄瓜的生育周期大致分为发芽期、幼苗期、初花期和结果期四个时期。其中，发芽期为种子萌动到第一片真叶出现，此时期需较高的温湿度和充分的光照，同时要及时分苗，以利成活，并防止徒长；幼苗期为第一片真叶出现到长出 4～5 片真叶定植时止，花芽分化主要在这一时期，此时期的管理要"促"、"控"结合，促进根系发育，地上部和地下部生育平衡，防止徒长，为以后的产量打下良好的基础；初花期为定植到第一雌花开放坐住果为止，此时花芽继续分化，营养生长和生殖生长同时进行，在栽培中，既要促进根的活力，又要使地上部叶面积扩大，确保花芽的数量和质量并使之坐稳，肥、水和温度要控制适当，保证坐果和花芽的继续分化；结果期为第一果坐住到植株衰老，黄瓜产量的高低主要表现在这一时期。

黄瓜生育适温为 10～35℃，光合作用适温为 25～32℃，温度低于 10～12℃，则生理活动受抑，生长缓慢或停止生长，35℃ 以上生育不良，40℃ 以上则引起落花、化瓜，若在 45℃ 经 3h 则导致畸形果；黄瓜要求昼夜有一定的温差，一般情况下昼温 25～30℃，夜温 13～15℃，最理想的昼夜温差为 10℃ 左右。黄瓜是喜湿不耐旱的作物，适宜空气湿度为 80%～95%，土壤湿度为 85%～95%；黄瓜虽然喜湿，但又怕涝，如果湿、冷结合，寒根、沤根和猝倒病将随之而来。黄瓜能耐弱光，光饱和点为 55～60klx，光合过程最适宜的光照条件为 40～60klx，光补偿点为 2000lx；黄瓜中的很多品种在短日照条件下，能促进雌花分化，苗期温度适宜时，8～10h 不超过 12h 的短日条件，雌花着生早，花数也多，若短于 8h，则幼苗生长不良，以致影响以后的产量。黄瓜要求肥沃、松软、透气性好、保水排水良好的土壤；要求土壤 pH 为 6.5 左右。黄瓜在不同生育阶段对氮、磷、钾等要素的要求不同，黄瓜定植后 30d 对氮的吸收量猛增，70d 后吸收量逐渐下降，而全生育期都不能缺磷和钾，特别是播种后的 20～40d，不能忽视磷的施用，在采收期吸钾素最多；氮素次之；铝、磷再次之；镁最少，因此结果期的追肥是必要的。

二、温室黄瓜早春栽培技术

1. 选择适宜的品种

选择抗低温、耐弱光、根瓜节位低、瓜码密，以主蔓结瓜为主的品种，一般多种水黄瓜，近几年旱黄瓜的效益也不错，但水黄瓜的增产潜力更大。

2. 培育壮苗

（1）营养土的配制　营养土配制的原则：一是要疏松、通气、保水、透水，具有良好的物理性；二是要肥力好，营养全，酸碱度适宜，具有良好的化学性；三是无病虫，无杂草种子，具有良好的生态性状。营养土配制中主要的原料是田土和有机肥，具体的配方视不同蔬菜和育苗时期灵活掌握。一般播种床要求肥力较高，土质更疏松；分苗床要求土壤具有一定的黏结性，以免定植时散坨伤根。下面介绍一种既适合播种床又适合分苗床的通用配方：40% 田土＋40% 腐熟马粪或草炭土或牛粪＋10% 优质肥料（猪、鸡、羊、大粪）＋10% 炉灰＋0.3% 磷酸氢二铵＋0.3% 硫酸钾。对于田土：用过药效期长的除草剂的土壤、重茬的土壤不可取土；向日葵田土中含有菌核病菌，不可用。豆茬土中易有根结线虫（冬季温室可越冬），瓜类的根结线虫比茄果类要严重，因此瓜类不可取豆茬土，番茄可取豆茬土。最理想的田土是葱蒜地取土，葱蒜类具有杀菌作用。未打过封闭药（13～18 个月药残留期）的玉米茬土也可取。对于牛粪：缺点是发凉，若无马粪或草炭土的前提下，则用牛粪代替。对于番茄、黄瓜等果菜类，要求一定量的磷、钾肥，而鸡粪中含磷、钾含量较多，因此使用鸡粪的效果更好些。对于炉灰：疏松，同时含有矿物质。如果仅仅是"40% 田土＋40% 腐熟马粪或草炭土或牛粪＋10% 优质肥料（猪、鸡、羊、大粪）＋10% 炉灰"，则肥效较慢，因此还应加入肥效快的化肥。如磷酸氢二铵和硫酸钾。注意配方中除化肥外的各成分均需过筛，拌均匀，而有机肥在配制前必须经过充分堆制腐熟，才可使用。

（2）播种前种子的处理　为了促进种子萌发，防止种苗病害，保证出苗整齐健壮，增强种胚和幼苗抗性等，常进行种子播前处理。

① 浸种。浸种就是在适宜水温和充足水量条件下，促进种子在短时间吸涨的一种措施。根据浸种水温把浸种分为一般浸种、温汤浸种、热水烫种等。其中一般浸种就是用常温的水（25～30℃）进行浸种，只起到使种子吸涨的作用，一般对于种皮薄、种传病害少的常用一般浸种；而温汤浸种和热水烫种则具有消毒、增加种皮透性和加速种子吸涨的作用，一般对于种皮厚而透气性差、种传病害多的可用温汤浸种或热水烫种。对于热水烫种就是先用70～75℃或更热的水如80～90℃热水边倒边搅拌，为了防止热水烫坏种胚，热水量不可超过种子量的5倍，然后维持1～2min，水温降至55℃时，进行温汤浸种7～8min，而后进行一般浸种8～12h。进行热水浸种时，尽管可以缩短浸种时间，但如果掌握不好水温，常常会烫伤种子而影响发芽。因此，对于番茄和黄瓜，最常用、最简便有效的方法就是温汤浸种。

温汤浸种的具体做法：由于种子表面的菌以菌丝或孢子形态附着，处于休眠状态，只有在高温高压下才能灭掉，如果菌丝不经萌动直接放于50～55℃的水中，不仅不能杀死种子表面的菌，对于干燥的种子还会使种子炸裂，使种胚受损。因此在温汤浸种前应先使种子表面的菌活化，即30℃温水浸种30min，沥干种子，此时细菌已萌动，50～55℃热水维持15～30min（即50℃热水需消毒30min，55℃热水需消毒15min）。如50℃维持30min的操作：用65℃水不断搅拌，防止种子局部烫坏，温度降至48℃时加热水温度上升至52℃，然后不断搅拌再次降至48℃，再加热水温度上升至52℃，反复几次，持续30min后再浸种8～12h。

早春温室生产，为了早熟高产，在温汤浸种进行消毒后的一般浸种的同时，可以结合雪水或是微量元素进行浸种。

雪水中含有氮化合物，对所有的生物都有很强的促进生长的作用，在进行雪水浸种时，必须先在密闭的桶里让雪慢慢融化（须防止蒸发，更不能用火加热）。雪化后立即浸种，不能存放过久。

微量元素是组成植物体内酶的重要物质，还有很强的催化作用，对于植物吸收无机盐类并使这些养分在植物各器官有所分布都有很大影响。用一定浓度的微量元素溶液浸泡种子，长出的幼苗健壮，生活力强，有利于蔬菜的早熟和增产。微量元素包括硼酸、硫酸铜、硫酸锰、硫酸锌、钼酸铵、磷酸二氢钾等，使用浓度为0.1‰～0.2‰。可单独使用也可两种混合使用。

注意因在采种时，种子表面常带一些果肉，在果肉中有很多抑制发芽物质，如氢氰酸、乙烯、芥子油、有机酸等，因此在浸种的时候要对种子进行搓洗，通过搓洗能去掉这些物质，加快种子发芽过程。

② 催芽。种子的发芽需要一定的温度，因此浸种后黄瓜催芽温度为28℃。催芽时，种子可用透气良好的纱布袋包好，控出多余的水分。催芽过程中，每天用清水投洗，投洗不仅能使种子吸水均匀，去掉呼吸时放出的有毒气体，而且能使种子吸收氧气充足，防止

种子在催芽过程霉烂。当有 30%～40% 出芽时，放于室温，当 60%～70% 出齐时，进行播种。

（3）适时播种　播种期的确定主要根据栽培方式、蔬菜种类和品种、当地气候条件、育苗设备和育苗技术等具体情况决定。一般是从定植时间按某种蔬菜的日历苗龄向前推算，即为播种期。早春温室生产，黄瓜的日历苗龄为 60d，因此可于 12 月上中旬播种育苗。

当芽长到种子的一半长时，即可播种。为了防止黄瓜伤根，最好播种于沙箱中，一般采用沙子或 1/2 沙＋1/2 炉灰渣。首先底水一定用开水浇透，以起到杀菌和解决地温不够的作用。黄瓜覆沙厚度为 1～1.5cm。为了保温、保湿，播种后盖农膜或不织布，对于用农膜覆盖的，应注意避免薄膜紧贴在沙面上，造成氧气不足，幼芽窒息的后果。并且每天要将农膜抖一抖，以保证氧气的供给。

育苗用种量为 80～100g/m^2；生产用种量为 100～150g/667m^2。

（4）苗期管理

① 播种床管理。a. 播种—出苗　对于温度的调控最好采用农用控温仪和电热线来控制，黄瓜等喜温蔬菜白天温度为 25～28℃，夜间温度为 18～20℃。底水一定要浇透，并注意保湿，要避免浇"蒙头水"（即苗未出又浇的水），否则对出苗有很大影响，苗出齐后再浇水，在不缺水的情况下应尽量晚浇。

b. 出苗—移苗前　此阶段是幼苗最易徒长（"拔脖"）的时期，因此温、光调控要适宜，以防止徒长。当有 30% 幼苗出土时，及时揭去覆盖物，并用少量药土将表面的缝隙盖严，进行保墒。适当降低温度是控制徒长的有效措施，黄瓜等喜温蔬菜白天温度为 25℃，夜间温度为 15℃。

此期因为光照弱，要进行人工补光，如果采用日光灯补光，按 150W/m^2 补光，即若 40W，每平方米需 4 根，灯距苗 0.5～1.0m，不能太近，否则烤苗，而且光照不均。一般每天补光 4～5h（晴天 4h，阴天 5h），连续补光。分苗时根据植物的光合作用，光形态建成反应，光周期调节对光波的选择性吸收，补光灯所发射光谱与植物选择吸收的光谱相匹配，可以满足作物的正常生长发育。

另外，也可利用反光膜挂于育苗场地的北边，或是在回暖期早揭晚盖棉被，以增加光照；对于水分管理，此时期要做到能不浇水则不浇，要浇水不可在阴天浇，应在晴天上午 10 点钟浇水，上午浇，中午热，地温不低，晚上湿度不大；若下午浇，则晚上地温降低，湿度增加，病害加重。浇水时，不可用凉水，要浇温水。

② 适时分苗（移苗）。分苗的时期以不影响果菜类花芽分化和不明显阻碍幼苗的营养生长为原则。因此黄瓜在子叶一展开即可分苗，在吐心前完成。

为了抢早，提高产量，要保护好根系，最好用 10cm×10cm 的营养钵，也可用 8cm×8cm 的营养钵。

③ 分苗后的管理。a. 缓苗期管理　分苗后缓苗期一般 3～5d，管理原则是高温、高湿和弱光照。因为分苗后根系恢复生长要求较高的地温，为减少叶片蒸腾失水，维持幼苗体内水分平衡，应保持较高的空气湿度，并避免强光。对于黄瓜等喜温蔬菜地温（是指营养钵中的温度）不能低于 18～20℃，气温白天 25～28℃，夜温 20℃，不应低于 15℃。为

了保湿，缓苗期间不通风。光照过强时，应适当遮阴，防止日晒后秧苗萎蔫。分苗后，由于幼苗生长暂时停滞或减缓，心叶色泽由鲜绿转为暗绿。当幼苗心叶再次由暗绿转为鲜绿时表示根系和幼叶已恢复生长，幼苗已缓苗。

b. 半成苗期管理　缓苗后幼苗生长加快，生长量大。果菜类开始花芽分化，是决定秧苗质量的重要时期，应加强温度和光照管理。缓苗后，及时降低夜温，以防徒长，降低瓜类花芽分化节位，增加瓜类雌花分化。黄瓜等喜温果菜类白天 25℃ 左右，夜间 12～14℃。水分管理按照"见干见湿"管理。

④ 定植前的锻炼。为了使定植后缓苗快，增强抗逆性，一般定植前一周秧苗已进入成苗期要进行秧苗锻炼。锻炼的主要措施是降温控水，加强通风和光照。锻炼期间，应逐渐加大育苗设施的通风量，在锻炼期间，最低温度可达 7～8℃，但定植前锻炼也不能过度，否则易导致形成黄瓜"花打顶苗"。温室栽培与冷棚栽培不同，温室栽培炼苗程度可低些。

另外，苗期管理主要是通过水分来控制地上部和地下部——旱长根、涝长苗。夜温不可过高也不可过低，当幼苗生长缓慢可适当提高夜温，幼苗生长偏快可适当降低夜温。

苗期易出现"高脚苗"（下胚轴徒长），即子叶与根部的距离过大，防止"高脚苗"的措施：一是及时揭掉不织布或塑料膜等覆盖物，尽量早揭（无光或光弱则徒长），尽管 70％时揭膜，出苗整齐，但高脚苗严重；50％出土虽然出苗不够整齐，但高脚苗率降低，一般采用 30％～50％出土揭膜。二是要适当降低夜温，黄瓜可在 13～15℃。三是育苗箱要经常调整位置，保证苗生长一致。

（5）苗期病害的防治　苗期常见的病害有猝倒病和立枯病以及生理病害沤根等，其中猝倒病大于立枯病。

① 猝倒病。病症：一般多发生在幼苗子叶期和吐心时，发病初期，靠近地表处的茎基部，首先出现像开水烫过似的淡绿色病斑，病斑很快扩大并绕茎一周，使茎变软成为黄褐色线状病症，病情发展很快，以致子叶还没有萎蔫（仍保持绿色）时，幼苗便已倒伏而死亡。猝倒病的病菌为真菌性病菌，主要在土壤中，对于老苗区更为严重。在子苗期易发此病。

防治：一是土壤消毒，多菌灵按 1m² 育苗土壤算，需 30g 多菌灵；或用福尔马林（40％的甲醛溶液），土壤消毒一般在育苗前 1 周进行。二是管理上，育苗场地选择高燥、排水好、向阳处；育苗时要充分见光，棚膜干净，有通风设备。三是播种时，采用药土进行"下铺上盖"，即可用多·福可湿性粉剂配成药土，一般每袋 20g 多·福可湿性粉剂＋22.5～30kg 土。四是若发生病害，及时将病株拔除，配 400～500 倍液代森锰锌溶液喷洒发病区及周围，若湿度大，则再撒一层较干的药土。2～3 天后配 600～800 倍液的百菌清可湿性粉剂喷洒秧苗，1～2 次则可控制住。

② 立枯病。症状：子苗和成苗都可能发病，患病的幼苗在茎的基部产生暗褐色病斑。刚开始患病，幼苗白天萎蔫，傍晚或早晨又可恢复，但病斑逐渐凹陷并扩大，绕茎一周，幼茎收缩，导致幼苗死亡，然而幼苗并不立即倒伏，而是仍保持直立状态。拔掉病苗，可看到茎的基部病斑处有淡褐色、蜘蛛网状的菌丝体，这些症状可与猝倒病相区别。

防治：同猝倒病。一般湿度大，连续阴雨、阴雪天情况下容易得猝倒病和立枯病，因此，即便是阴雪天也应将棉被打开，而不能捂上，有时上午温度高时，也应适当通风，使湿度降低、幼苗适当锻炼。

③ 沤根。症状：幼苗长期不能长出新根，地上部的叶、茎上均无病斑，但幼苗萎蔫，叶片发黄，很容易从床土中拨出。根的外皮呈黄褐色，并腐烂，致使幼苗死亡。

沤根是生理病害，主要是床土配制得不合理，过于黏重，育苗时土温过低，床土长期积水湿度过高，使新根生长慢或不发根。另外，施入生粪，粪肥发酵时产生有毒气体，也会影响新根的发生。

防治：如土壤过湿，可撒些细干土或粉煤灰吸水；土温低，则使床土温度尽快升高就可预防沤根的发生。

3. 适时定植

底肥可施入腐熟有机肥 5000kg/667m²，磷酸氢二铵 20kg/667m²，硫酸钾 20kg/667m²。垄作，在 2 月上旬定植，定植密度 4000 株/667m²。行距根据温室拱架的距离来确定，注意定植时将来的垄沟为压膜线（当行距为 50cm 时，最好采取 40cm、60cm 间距的大小垄，以利田间管理和通风透光）。

定植时对土温的要求：地表下 10cm 不低于 10℃，否则烂根。对黄瓜苗龄的要求：定植时黄瓜的日历苗龄 50～60d，生理苗龄 4～5 片真叶，此时雌花可见。苗龄过大，易早衰，过小，影响早熟性。

4. 加强田间管理

（1）植株调整　当 7～8 片真叶时，黄瓜秧站不住，并开始甩蔓时，要及时上架。注意在温室上架应注意向北斜拉，因撕裂膜不耐老化，可用细的尼龙绳做吊绳。30cm 以下杈去掉，30cm 以上杈留瓜摘心，以主蔓结瓜为主，距棚顶 20cm 处摘心（利于通风，补充 CO_2），并加强肥水管理，促进回头瓜迅速膨大，以提高黄瓜产量。为了防止卷须缠绕黄瓜，影响其商品性，同时防止过多地消耗营养，应及时摘除卷须。

（2）中耕蹲苗与肥水管理　浇定植水的原则：浇水要浇透，不是大水漫灌，以浇透土坨为准，掩浇或沟浇均可。待水渗下后封埯，以保墒。3～5d 浇缓苗水，选晴天上午进行。进行中耕保墒蹲苗，尽量少浇水（蹲苗是为了控制生殖生长与营养生长的矛盾以及地上部与地下部的矛盾，通过控水进行蹲苗，促使根系向下找水，土壤疏松，可促进根系发育）。

具体做法如下：当缓苗水后表土干时，及时铲地、松土、培垄（主要是将毛细管切断，以保持土壤墒情，提高地温），此次中耕铲地要深一些，好的时候可控制到见根瓜。若中间缺水时（下午 2～3 点钟仍打蔫），应再浇一水，当表土干时再铲地。当根瓜坐住后结束蹲苗，开始进入肥水管理，4～5d 后根瓜采收。在地表见干时再给水。当进入大量收获时，进行大水大肥管理，采用"二清一混（二次清水一次肥水）"，肥水可用速效肥料（每 667m² 施入 5～7.5kg 磷酸氢二铵及 5～7.5kg 硫酸钾），或充分腐熟的饼肥 50kg/667m²，或充分腐熟的大粪稀 250kg/667m²。连续阴雨天不能追肥、灌水。晴天上午追肥、浇水后通风，加强气体交换。

（3）合理通风　棚室生产中，霜霉病的发生较为严重，对产量造成很大的影响。因此在管理上，需通过合理的通风，进行生态防治。

黄瓜霜霉病的发病条件：黄瓜霜霉病形成孢子需83%以上的空气相对湿度，空气湿度低于70%不能产生孢子，当棚室长期处于高湿条件时有利于霜霉病的发生，霜霉病孢子囊萌发，芽管生长，以及芽管从黄瓜叶片的气孔侵入，即必须是叶子上有水滴或一层水膜，这种水称侵染水。叶片上有侵染水是黄瓜发生霜霉病的决定性因素，如果在管理中，经常使叶片保持干燥，即使叶片上有孢子囊，在2～3d后就会失去发芽能力，病害就不会扩大传染了；黄瓜叶片上有了侵染水后，棚室内的温度条件就成了霜霉病发生早、晚、轻、重的影响因素，当温度适合（15～20℃）时，霜霉病的侵染速度就加快，潜伏期就缩短，发病率就高；反之，则侵染速度就慢，潜伏期就会延长，发病率也低。管理上创造适合黄瓜生长而不利于霜霉病发生的条件进行合理通风。黄瓜霜霉病的生态防治根据自然气温的升降，对棚室内温度、湿度管理，大致分三种情况：

①日平均最低气温稳定在10℃之前，因为温度低，不适霜霉病的发生。这一时期应注意增温、保温，白天少通风，傍晚早闭通风口，夜间不通风。日间棚室内温度最好达到30℃，地面保持湿润。

②日平均最低气温稳定在10～13℃，每天的温湿度变化分四个阶段，生态防治的方法是把一昼夜划分成四个时间带，分段进行变温管理，即"四段变温管理"（表5-2）。

✤ 表 5-2　黄瓜霜霉病生态防治温、湿度适宜指标（四段变温管理）

时间带 生态条件	7～13 时	13～18 时	18～24 时	24 时～次日 7 时
温度/℃	28～32	20～25	15～20 或 13～15	10～13
湿度/%	60～70	60 左右	80～90	90～95
持续时间/h	6	5	6	7
效果				
对病原菌	温度和湿度"双"限制	湿度"单"限制	温度和湿度交替"单"限制	低温"单"限制
对黄瓜	最适宜光合作用	16 时前适宜光合作用；16 时后适宜物质运输	适宜继续运输光合产物	适宜抑制呼吸消耗

7～13 时，日出后通过温室效应或加温，使棚室温度尽快升至28～32℃，超过30℃开始放风排湿，当相对湿度降至并保持60%～70%时，再很快将温度提至30℃，以满足黄瓜光合作用的需要，同时因高温低湿阻止了病菌的侵染和控制病害的发生。

13～18 时，棚室温度保持20～25℃，其中16时前适合植物的光合作用，16时后则适合物质运输和转化有机质，但这个温度适宜病菌的萌发和侵染，因此，将湿度降至60%左右，成单因子控制病害的发生。

18～24 时，日落以后注意保温，防止棚室温度下降过快和湿度急剧增高，至子夜以前温度保持 15～20℃，湿度低于 83％，温度下降速度每小时不超过 2～2.5℃，此时湿度如果超过 83％，应把温度降至 13～15℃（采取放夜风）。

24 时～次日 7 时，子夜以后至日出前，棚室内湿度随着温度下降而升高。当湿度超过 90％以后，应用 10～13℃的棚室温度控制病害，并可降低黄瓜植株呼吸的消耗，同时，通过放风排湿限制黄瓜叶面保持水膜、水滴的时间。如果棚室温度保持 15～20℃，叶面水持续时间不能超过 4h；12～20℃，不超过 6h；10～20℃，不超过 9h。

③日平均最低温度在 13℃以上，可整夜放风。灌水应在早晨低温时进行，灌水后关闭通风口，棚室温度升至 30℃后再继续放风。

同时，还应当注意在晴天上午浇水；切忌在阴雪、阴雨和阴天浇水；在日平均最低温度尚未达到 13℃时，也不要在下午浇水，以免夜间棚室内湿度过大造成霜霉病的发生。

5. 病虫害防治

常见病虫害及防治措施如下。

（1）霜霉病　当发现病株时，可用 500～800 倍液的百菌清可湿性粉剂，或 400 倍液的二氯异氰尿酸钠可溶性粉剂或噁霜灵可湿性粉剂，或 700 倍液的霜脲·锰锌可湿性粉剂或霜霉威盐酸盐。

（2）细菌性角斑病　可用农用链霉素 5000 倍液，因其黏附性不好，单用效果不好，最好和防霜霉病的药剂混合打，或加少许洗衣粉。如果单用药，则用百菌通可湿性粉剂 400 倍液或 DT 杀菌剂 400 倍液，或 DTM 杀菌剂 400 倍液。

（3）菌核病和黑星病　可用 1500 倍液乙烯菌核利粉剂，或 1000～1500 倍液腐霉利可湿性粉剂，或 800 倍液的异菌脲可湿性粉剂。

（4）白粉病　可用 700～1000 倍液三唑酮（粉锈宁）可湿性粉剂喷雾 2～3 次。

（5）枯萎病（也称蔓割病）　可用 1000 倍液的敌磺钠可溶性粉剂灌根，也可用 100g 面粉＋500g 水调成糊状，加 5g 敌磺钠可溶性粉剂涂抹在茎部患病处（为黄褐色）。

注意：打药后隔 2～3d 检查一遍，若未根治，则一般与第一遍间隔 7～10d 再打一遍。

6. 适时采收

黄瓜以嫩果为食用部位，应及时早摘瓜，防止坠秧影响产量，所以摘瓜要勤，特别是根瓜，当长至 10cm 左右即可采收。其他的瓜一般在 100～150g 时开始采收。

三、温室黄瓜延后栽培技术

近年来，由于黄瓜病害日趋严重，加上黄瓜整个生育周期较短，所以目前一般不采取用早春黄瓜连续进行秋季延后栽培的方式；另外，由于秋季气温变化剧烈，进行露地延后栽培也没有什么意义。目前常采用的方法，是在温室和大棚早熟栽培拉秧后，下一茬再复种延后黄瓜，其中采取温室延后栽培意义更大一些。

1. 选择优良品种

选择抗病性强的优良品种是延后栽培成败的关键。由于延后栽培的苗期正是气温高、湿度大、病害危害严重的 7～8 月份，秧苗长势弱，很容易感病。因此，选用抗病性强的一代杂种黄瓜极为重要。

2. 直播或育苗

如果温室前茬能早倒出地，可采取直播方式，于 7 月中下旬播种。即种子经浸种催芽后，按株距刨埯，浇埯水后，每埯播 2 粒有芽的种子，2 粒种子要适当分开以利于间苗，覆土 1.5cm 厚，最后每埯保留一株健壮的苗，并及时补栽缺苗的埯。采取直播，不仅省工，还可增强秧苗的抗病性。温室前茬不能早倒出地，可提前于 7 月上中旬播种育苗，8 月上中旬定植。

3. 药剂处理

为了降低根瓜节位，增加瓜码，可采用乙烯利处理。方法是用 250mg/kg（即 4000 倍液）浓度的乙烯利，分别在 1～2 片真叶和 5～6 片真叶期各喷一次。处理时既要注意乙烯利浓度精准，又要注意喷药量适当，喷到叶面即将滴水的程度。但不可重复喷，以免喷药过量，抑制秧苗生长，甚至造成"花打顶"现象。

4. 合理密植

适当加大密度，进行合理密植。由于秋季延后栽培，植株长势及结瓜数量远不及春季早熟栽培，所以密度应适当加大，定植密度为 4000～5000 株/667m²。

5. 加强蹲苗与管理

促控结合，加强蹲苗，防止徒长，促进雌花形成。在秧苗生长的前期气温尚高，如果水分偏多必然造成徒长；如果水分不足，在气温偏高的情况下秧苗又易老化。解决这一矛盾的方法是：定植水与缓苗水必须浇透，然后及时铲地松土进行蹲苗。直播的，可在苗出齐后表现缺水时，浇一次透水，然后及时铲地松土进行蹲苗。在蹲苗期间如果缺水应浇水，然后再铲地松土，直到根瓜采收前结束蹲苗。

秋季延后栽培由于瓜码稀，侧枝容易萌生，应加强对侧枝的合理管理。根瓜以下的侧枝应全部打掉，根瓜以上的侧枝可保留一朵雌花后及时摘心。这样做既可保持合理的叶面积指数，又可增加结瓜数。当植株长满架后应及时摘心，以增强同化功能，促使回头瓜与杈子瓜的形成。

6. 合理采摘

根瓜应及时采摘，防止坠秧。进入腰瓜采收以后，应适当晚摘，因秋季延后栽培瓜码稀，适当晚摘以增加瓜条粗度，有明显增产效果。另外，从蔬菜价格变化规律来看，适当晚摘，也有利于产值的提高。

7. 加强中后期的防寒保温

进入 10 月以后，在寒流期间会出现冰冻天气，这时黄瓜已爬满架，夜间如果不盖覆盖物，就有受冻害的可能。为了保持黄瓜正常生长发育，夜温不应低于 8～10℃；如果盖覆盖物后还达不到最低夜温，就应点火加温。温室黄瓜延后栽培可到 12 月上旬。再往后虽然可采取生火保证温度，但是光照弱、日照时数少，远远满足不了光合作用要求，再继续延后就没有价值了。

8. 加强病虫害防治

方法与早熟栽培相同，但在温室延后栽培中，应特别注意对白粉病的防治。

四、黄瓜嫁接技术

黄瓜为温室种植的主要蔬菜，随着温室使用时间的增加，使得由土壤带菌而引起的病害发病率升高，特别是在温室中由于倒茬困难，多年连作，因病害造成的减产更为普遍。目前对土传病害的防治还没有特效的农药。采用嫁接技术，把栽培的蔬菜嫁接到免疫或抗病性强的砧木上是避免或减轻土壤传染病害的有效措施。另外，利用砧木根系发达、抗寒、耐热、耐湿、抗旱和吸肥水能力强等特点，能使嫁接蔬菜生长健壮，对不良环境抵抗能力增强，从而收到早熟增产效果。例如，嫁接黄瓜与不嫁接黄瓜相比（在不受害的条件下），前期增产 50%～80%，总产量增加 40%～90%。另外，嫁接后也可以改善果实的品质，如黄瓜无苦味。采用嫁接技术，可以节约肥料的施用量。这是因为砧木的根系分布广、吸收能力强，能够在较大范围土壤中吸收养分，供给地上部养分的能力强，供肥力足，所以从苗期到中后期利用肥料较经济，节省肥料用量。

1. 砧木的选择

砧木选择有以下几点。

① 砧木要与接穗的亲合力强，以保证成活率。

② 砧木根系发达，吸肥水能力强，以达到增产之目的。

③ 砧木的抗逆性强（抗寒、耐热、抗病等），以保证早熟稳产。

④ 不影响嫁接蔬菜原有品质，或对嫁接蔬菜品质影响不大。

目前蔬菜嫁接技术主要应用在黄瓜、西瓜、茄子、番茄等果菜类蔬菜上，黄瓜适宜的砧木为黑籽南瓜。

2. 嫁接育苗的方法

（1）插接法

① 播种。砧木和接穗经浸种催芽后，同时播种。浸种可采用"温汤浸种"，具体做法：65℃热水不断搅拌降至 48℃，再加热水温度上升 52℃，然后不断搅拌再次降至 48℃，再加热水温度上升至 52℃，反复几次，持续 30min 后，继续浸种，其中黄瓜浸种 8～12h，南瓜浸种 12～24h。在 28～30℃下进行催芽，当芽子的长度为种子长的一半时，即可播种。接穗播在沙箱里，应适当稀播，以 50～70g/m² 播种量为宜；砧木播于直径为 10cm 或 12cm 的营养钵中，每钵播 1 粒出芽的种子，按正常管理。

播种用热水，最好是开水，沙播时，待水渗下后覆一层薄沙找平后再播种覆沙。注意底水一定要浇足，不能浇"蒙头水"（即出苗前再浇一遍水）。覆盖不织布保温保湿（也可扣塑料布，但要注意在育苗箱上搪起小棍，每天抖动几次，利于通气，较麻烦）。出苗，在不影响正常生长发育前提下，尽量晚给水，苗出齐用沙子再撒一遍，覆盖缝隙，以保墒。当缺水时，可适当补水，但一定要用温水（35℃左右）。

营养钵中的土为提前配好的营养土，其配方为：40% 田土＋40% 马粪（或草炭土）＋10% 优质粪肥（鸡、猪、大粪）＋10% 炉灰渣＋3‰磷酸氢二铵＋3‰硫酸钾。

对于播于营养钵中的砧木在进行播种时最好用药土采用下铺上盖的方式，一般的药土可用多·福可湿性粉剂 20g 兑 1.5～2 桶营养土配成，播种时营养土装至距钵口 1cm 处，用热水浇透底水，再用药土薄薄撒一层顺便找平，然后将发芽的砧木种子播于营养钵中，再在上面盖一层药土至钵口。

② 苗期管理。白天土温为 28℃、夜间土温为 18～20℃。一般 2d 拱土、3d 出齐，当拱土时开始适当降低温度，白天土温为 24～25℃、夜间土温为 16～18℃。当苗出齐时降低夜间温度以防止接穗和砧木幼苗徒长，夜间土温可控制在 12℃。这种大温差可使苗更健壮，更有利于雌花形成。

③ 嫁接时期。当接穗的子叶充分展平尚未长出真叶，而砧木的子叶展平，心叶长 1cm 时（播种后 10～12d）可以嫁接。

④ 具体做法。嫁接前准备好锋利的刀片和自制的竹签，竹签长 6cm，一端削成 30°楔形，顶尖粗细与接穗下胚轴相同，长短为 5～6mm，此即竹签孔的深度，也是接穗切面的长度。嫁接时先用刀片切掉或用竹签挑掉砧木的生长点和真叶，然后用竹签从顶部切口处，两片子叶之间，下胚轴的一侧，向下呈 45°朝另一侧斜插 5～6mm 深的小孔。再用刀片在接穗子叶下 5mm 处，以 30°角削成楔形，随即将接穗插入砧木的孔内，使两对子叶呈"十"字形以增大受光面积。

（2）舌接法（靠接）

① 播种。接穗比砧木要早播 2～3d。先将接穗和砧木催出芽的种子分别播于沙箱中，最好用点播的方法，接穗的株行距为 1cm×1cm，砧木为 2cm×2cm。播后按正常管理。

② 嫁接时期。砧木在播后 8～9d，接穗在播后 10～12d 时，砧木和接穗均为子叶充分展平尚未长出真叶时进行嫁接。

③ 具体做法。先将接穗和砧木的幼苗从沙箱中取出，注意尽量少伤根，用刀片在砧木子叶下方 1cm 处向下呈 45°角斜切一刀，切口深 5mm 左右，切到胚轴的 1/2 处；再在接穗子叶下方 1cm 处往上呈 45°角斜切一刀，切口深 5mm 左右，达胚轴 2/3 处，注意不要切伤子叶。随即将两者的切口部分相互吻合，接合后夹上嫁接夹，共同移植于直径为 10cm 或 12cm 的营养钵中，土为配好的营养土。

（3）双断根嫁接法　常规的插接法和舌接法各有利弊，插接方法简单，工效高，但技术性强，成活率不如舌接，但嫁接效果比舌接好（接口离地面较远，接穗不易萌生不定根）；而舌接的成活率高，一般均可达到 95% 以上，但需用嫁接夹，工效较低，接口离地面较近，接穗容易长出不定根影响嫁接效果。所以，在技术还不熟练时，采用舌接较好；在技术熟练的情况下，采用插接较好。不管是采用插接法还是舌接法，由于砧木未断根，嫁接后伤口愈合期的高温高湿弱光环境引起嫁接苗徒长严重，因此在插接法或舌接法基础上将砧木断根后进行扦插，在伤口愈合的同时砧木生长再生根，这种嫁接方法称为双断根嫁接法。

3. 嫁接后的管理

嫁接苗应及时放入保湿小棚内（棚高 50cm 左右），并且叶面轻轻喷洒清水，防止因失水引起的萎蔫，封棚前棚内地面灌一次透水。嫁接后 4～5d 内，小棚内的温度、湿度和光照是嫁接苗愈合和成活的关键。温度白天保持 25～30℃，夜间 18～20℃。湿度 95% 以上，如果嫁接苗叶面较长时间没有雾滴，应及时用清水喷雾补充湿度。光照要足，晴天好，阴天不利，但光照过强也不好，可用半透光的无纺布或报纸等遮盖物减光。3～4d后，8～10时揭去遮盖物，并早晚进行适量通风，4～5d后，只是在中午和下午强光时才适当遮阴，并开始小放风炼苗，第七、八天当接穗第1片真叶已见长，叶片滋润、挺拔，叶色变淡绿时，说明接口已完全愈合，可拆除小棚。第2片真叶展开后，要对嫁接苗进行锻炼，白天温度25℃左右，夜间温度13℃左右，以防止秧苗徒长；并注意及时抹去砧木上的萌芽。定植前一周进行秧苗锻炼，白天温度15～20℃（大通风），夜间温度5～10℃。经过锻炼的苗可使定植后缓苗快。

对于采用靠接法进行的嫁接苗在嫁接后12～15d伤口已完全长好，应及时把接穗从接口以下切断，只保留砧木的根。为了避免定植时损害接口，舌接使用的嫁接夹，可在定植后及时去掉。定植时应注意使接口处高于地面，以防止接穗产生不定根而影响嫁接效果。由于嫁接苗生长势旺，定植密度应适当稀些。

第五节　西葫芦

西葫芦属于美洲南瓜。由于其根系强大，吸收能力很强，既耐干旱，又耐贫瘠土壤，耐湿性、耐寒力及对高温的抵抗力也比一般瓜类要强，因此栽培容易，分布较广。但是，作为庭院栽培的蔬菜，采取保护地栽培，方能有好的经济效益。保护地栽培方式有：小棚栽培，小棚加微棚栽培，大棚边缘栽培等。小棚栽培可采取一膜多用栽培技术，与大棚加小棚、露地耐寒蔬菜小棚栽培配套进行。

一、生物学特性

西葫芦根系比较庞大，但大部分在土壤20～30cm土层内。由于根系庞大，能充分吸收利用土壤中的水分和养分，因而有较强的耐旱和耐瘠薄能力。虽然西葫芦根系强大，但受伤后不易愈合，并大大地削弱了吸收力及抗旱力。西葫芦叶片大，叶柄中空，无叶托，叶面粗糙，有毛、蒸腾量大，有的品种叶脉交叉处有白斑；为雌雄同株异花，着生于叶腋，黄色筒状，子房下位。西葫芦果实的形状、颜色、大小不同而品种各异。西葫芦的整个生育周期可以分为发芽期、幼苗期、初花期和结果期四个时期，各期的划分界限和生育特性与黄瓜相似。

西葫芦是喜温蔬菜，但对温度要求不严。西葫芦生育适温为15～29℃。种子在13℃以上才能发芽，发芽适温为25～30℃，开花结果要求在15℃以上，果实发育适温为25～27℃。西葫芦较耐低温，根伸展最低温为6℃，根毛生长最低温为12℃，最高温为38℃，受精最适温为16～20℃。西葫芦茎蔓繁茂，蒸腾作用旺盛，只有保证足够的水分，才能获得丰产，但也不宜过多。西葫芦对光照要求较严，属于短日照植物，长日照条件下雌花发生较少，短日照雌花发生多，并能提早结果和增加产量，在生长期中，自然光照对其生长发育是有利的。西葫芦对土壤要求不严，但在土层深厚的沙壤土中，生育良好，土壤酸碱度 pH 为 5.5～6.8。在生长期中要注意三要素的配合施用，生长初期要有充足的氮素，结果期有足够的磷、钾肥，全生育期对五要素的吸收量以钾和氮最多，钙次之，镁和磷最少。

二、小棚西葫芦栽培技术

1. 选择适宜品种

西葫芦按植株茎蔓生长性状可分为矮生（短蔓、站秧）、半蔓生和蔓生（长蔓）3 个类型。为了早熟获得高的经济效益，必须选择矮生类型。

2. 培育壮苗

一般可以在 3 月下旬至 4 月初播种育苗。为了早熟，应采取变温处理，经催芽后播种；并用营养钵或营养土块保护根系，采取子母苗。定植前一周要加强低温锻炼。

3. 整地定植

最好采取秋施肥，秋深翻，秋做畦或秋起垄。为了防风，改善小气候，栽培地块四周夹设风障（风障材料可用秫秸、玉米秸、芦苇等）。如果地块大，每隔 20～30m 还应夹设一道腰障。

畦可做成 1.2～1.4m 宽，10～12m 长，每畦开两行定植沟，再施入优质混合肥（2500kg/667m^2）和磷酸氢二铵（15kg/667m^2）做基肥。株距 40～50cm，插花栽，定植密度为 1900～2700 株/667m^2。前期为了产量高，提高经济效益，应按 2700 株/667m^2 定植。小棚栽培适宜的定植期应在 5 月上旬。随定植，随浇水，随扣小棚。

垄作采取 60～70cm 的垄，按沟定植，灌沟水，水渗下后封埯，以覆土至土坨为准，然后扣小棚。随着植株的生长，经铲趟 2～3 遍后，由沟逐渐培土成垄。

4. 肥水管理与蹲苗技术

浇定植水后，当地皮变干再浇 1 次缓苗水，然后铲地松土（垄作的进行第一次培土），以提高土温，保持墒情。10～15d 后再浇一遍水，如果肥力不够，植株长势弱，浇水前应追施提苗肥（15kg/667m^2 尿素），然后再中耕蹲苗，直至根瓜普遍坐住，进入果实迅速膨大时期，结束蹲苗。要求及时追肥浇水，以后地皮一干再浇水，经常保持土壤湿润。

5. 整枝与保花保果

优良的早熟品种基本上用不着打杈，如果在结瓜前有侧枝萌发，应及时摘除。主蔓不用摘心，也无需支架，所以栽培西葫芦是比较省工的。

但是，进行早熟栽培，往往出现雌花先开的现象，或因开花时气温还比较低、蜜蜂少不能传粉，而西葫芦又不能单性结实，必须采取生长激素处理或人工授粉技术，才能坐住果。方法是：于 9 时前用 40mg/kg 浓度的 2,4-D 的药液抹花，用毛笔或药棉球蘸药液，抹在雌花柱头与花瓣之间，或直接抹在子房上。如果有雄花开放，可采用人工对花（人工授粉），一朵雄花可为 3～4 朵雌花授粉，其效果好于生长激素处理。

6. 病虫害防治

主要注意对蚜虫和病毒病、白粉病的及时防治。

第六节　菜豆

菜豆别名四季豆、芸豆、玉豆等，为豆科菜豆属一年生蔬菜，原产于中南美洲，16世纪传入中国，我国南北各地普遍栽培。菜豆主要以嫩荚为食，并适于干制和速冻。

一、生物学特性

根系较发达，成龄株主根深达 80cm 以上，侧根分布直径 60～70cm，主要根群多分布在 15～30cm 耕层中。在侧根和多级细根中还生有许多根瘤。根系易老化，再生能力弱。茎细弱，左旋性缠绕生长，分枝力强。初生真叶为单叶，对生；以后真叶为三出复叶，互生。蝶形花，多为自花授粉，花色有白、黄、红、紫等多种。荚果，圆柱形或扁圆柱形，全直或稍弯曲，嫩荚绿、淡绿、紫红或紫红花斑等，成熟时黄白至黄褐色。在高温、干旱或营养不良条件下栽培时，豆荚纤维增多，品质恶化。种子寿命 2～3 年，生产中多用第一年的新种子，种皮薄，浸种时易破裂而受损伤，故不提倡播前浸种，若浸种只需 2～4h。

菜豆喜温怕寒，种子发芽的最低温度为 8～10℃，发芽适温为 20～25℃；幼苗生育适温为 18～20℃，10℃ 以下生长受阻。开花结荚适温为 18～25℃，若低于 15℃ 或高于 30℃，易引起落花、落荚现象。菜豆喜光，光饱和点为 35000lx，光补偿点为 15000lx。弱光下生育不良，开花结荚数减少。菜豆多数品种属中光性，春、秋季皆可种植。菜豆耐旱力较强，在生长期间，土壤适宜湿度为田间最大持水量 60%～70%，空气相对湿度保持在 50%～75% 较好。开花结荚期湿度过大或过小都会引起落花落荚现象。菜豆适宜在土层深厚、有机质丰富、疏松透气的壤土或沙壤土上栽培，如土壤湿度大，通气性差，则不利于根瘤菌繁殖和寄生。适宜 pH 为 6.2～7.0，若土壤呈酸性会使根瘤菌活动受到抑制。菜豆生育过程中吸收钾肥和氮肥较多，其次是磷肥和钙肥。微量元素硼和钼对菜豆生育和根瘤菌活动有良好的作用。菜豆对氯离子反应敏感，所以生产上不宜施含氯肥料。

二、日光温室早春茬栽培技术

1. 品种选择

日光温室早春茬栽培可选用早熟至中晚熟的蔓生型品种。此期上市越早，价越高，也可选用早熟耐寒的矮生种。

2. 培育壮苗

春茬菜豆的适宜苗龄为 25～30d，需在温室内育苗。育苗情况下用种量为 5～6kg/667m²。育苗用的营养土宜选用大田土，土中切忌加化肥和农家肥，否则易发生烂种。播种前先将菜豆种子晾晒 1～2d，再用种子重量 0.2％的 50％多菌灵可湿性粉剂拌种，或用福尔马林 200 倍液浸种 30min 后用清水冲洗干净。然后将种子播于 10cm×10cm 的营养钵中，每钵播 3 粒，覆土 2cm，最后盖膜增温保湿。播种前如用根瘤菌拌种，能加快根瘤形成。

播后苗前温度控制在 25℃左右。出苗后，日温降至 15～20℃，夜温降至 10～15℃。第 1 片真叶展开后应提高温度，日温 20～25℃，夜温 15～18℃，以促进根、叶生长和花芽分化。定植前 1 周开始逐渐降温炼苗，日温 15～20℃，夜温 10℃左右。菜豆幼苗较耐旱，在底水充足的前提下，定植前一般不再浇水。苗期尽可能改善光照条件，防止光照不足引起徒长。幼苗 3～4 片真叶时即可定植。

3. 整地定植

结合旋耕施入充分腐熟有机肥 5000kg/667m²，过磷酸钙 50kg/667m²，草木灰 100kg/667m² 或硫酸钾 20kg/667m² 作基肥，肥料 2/3 撒施，1/3 集中施于垄下。撒施后深翻 30cm，耙细耙平，然后按大行 60cm，小行 50cm 起垄，垄高 15cm，覆膜。蔓生种按 25cm 距离开穴，矮生种按 33cm 距离开穴，浇定植水，摆苗，每穴 3 株。定植密度为 3500～4000 穴/667m²，不可过密，否则秧苗徒长，落花、落荚严重，甚至不结荚。

4. 定植后的管理

定植后闭棚升温，日温保持在 25～30℃，夜温保持在 20～25℃。缓苗后，日温降至 20～25℃，夜温保持在 15℃。前期注意保温，3 月份后外界温度升高，注意通风降温。进入开花期，日温保持在 22～25℃，有利于坐荚。当棚外最低温度达 13℃以上时昼夜通风。

菜豆苗期根瘤很少，可在缓苗后追施尿素 15kg/667m²，以利根系生长和叶面积扩大。开花结荚前，要适当蹲苗控制水分，如干旱则浇小水。菜豆浇水的原则是浇荚不浇花。当第 1 花序豆荚开始伸长时，随水追施复合肥，每次施用 15～20kg/667m²。一般 10d 左右浇水 1 次，隔 1 水追 1 次肥，浇水后注意通风排湿。

菜豆主蔓长至 30cm 时，需吊绳引蔓。现蕾开花之前，第一花序以下的侧枝打掉，中部侧枝长到 30～50cm 时摘心。主蔓接近棚顶时落蔓。结荚后期，及时剪除老蔓和病叶，以改善通风透光条件，促进侧枝再生和潜伏芽开花结荚。

菜豆的花芽量很大，但正常开放的花仅占 20％～30％，能结荚的花又仅占开放花的 20％～30％，结荚率极低。大量的花芽变成潜伏芽或在开放时脱落。主要原因是开花结荚期外界环境条件不适，如温度过高过低，湿度过大或过小或光照较弱，水肥供应不足等原因，都能造成授粉不良而落花。生产中可通过加强管理，适时采收等措施防止落花落荚。如落荚较重，可用 5～25mg/kg 的萘乙酸喷洒花序，保花保荚。

5. 采收

菜豆开花后 10～15d，可达到食用成熟度。采收标准为豆荚由细变粗，荚大而嫩，豆粒略显。结荚盛期，每 2～3d 可采收 1 次。采收时要注意保护花序和幼荚。

6. 采种

采种时宜选无病的植株，矮生种选留植株中部的荚果，因为生在下部过低的荚果，容易与土壤接触而腐烂。蔓生种选留着生在茎蔓 2/3 高处的荚果，其种子比较充实，适宜留种。选种用的植株除保留种子用的荚果外，其他的一律摘掉，促进种荚发育，待老熟变黄或变褐色后摘下晒干除去果皮留作种子使用。

第七节　芹菜

旱芹又称芹菜，原产于地中海沿岸及瑞典等地的沼泽地带，在我国栽培历史悠久，分布很广，河北宣化，山东潍坊、桓台，河南商丘、内蒙古集宁都是我国芹菜的名产地。由于适应性较广，一年中结合保护地栽培，基本上可以做到周年供应，为春、秋、冬三季的主要蔬菜之一。含有丰富的胡萝卜素、维生素 B_2 及挥发性的芳香油，为广大群众所喜爱。

一、生物学特性

芹菜为浅根性蔬菜，密集根群分布在土表以下 6～10cm 处，横向分布范围 30cm 左右，其吸收面积小，耐旱、耐涝力较差。但主根深入土中并贮藏养分而变肥大，主根被切断后可发生多数侧根，所以适宜育苗移栽。芹菜叶柄发达，是主要的食用部分。当水、肥充足，温度适宜时，叶柄的薄壁细胞发达充满水分和养分，质脆味浓，如果水分、养分缺乏常使薄壁细胞破裂造成空洞，同时厚角组织的细胞加厚，纤维增多使品质下降。芹菜通常为异花授粉，但也能自花授粉结实。果实为双悬果，成熟时沿中缝裂开两半，半果近似扁圆球形，各含一粒种子。生产上播种用的"种子"实际上是果实，因果实内含有挥发油，外皮革质，透水性差，发芽慢。

芹菜属耐寒性蔬菜，要求较冷凉湿润的环境条件，芹菜种子发芽最适温度为 15～20℃。低于 15℃或高于 25℃，就会降低发芽率或延迟发芽时间。当温度降到 4℃以下或高到 30℃以上，呼吸作用显著降低或停顿。光对芹菜发芽有促进作用，在有光条件下比完全在暗处发芽容易。芹菜属低温、长日照植物。在一般条件下幼苗在 2～5℃低温下，经过 10～30d 可完成春化。以后在长日照条件下，通过光周期而抽薹。芹菜在发芽期间要求较高的水分，故在播种后床土要保持湿润。芹菜为浅根系蔬菜，吸收能力弱，所以对土壤水分和养分要求均较严格，在保水保肥力强、有机质丰富的土壤最适宜生长。对土壤酸碱度的适应范围为 pH6.0～7.6。

二、露地芹菜栽培技术

1. 品种选择

春芹菜为了早熟，可选生长速度快、早熟、冬性强、不易抽薹的品种，可以选择空心芹，也可以选择适应性强、不易抽薹、不易倒伏的优质高产的实心芹品种；夏芹菜需选择耐热、抗病的品种；秋芹菜可选择优质、高产的品种。

2. 播种育苗

以黑龙江省南部地区为例，春芹菜为了抢早，一般于 2 月下旬～3 月上旬播种，需用温室、温床育苗，用种量最大，生产用种量为 $1000\sim1500g/667m^2$；夏芹菜一般于 4 月下旬～5 月上旬播种，可在露地做苗床，育苗应遮阴防暴晒，用种量介于春芹菜和秋芹菜之间，为 $500\sim1000g/667m^2$；秋芹菜一般于 6 月中下旬播种，由于是夏高温期育苗，需遮阴、防雨、防地下害虫（蝼蛄），用种量最小，为 $150\sim300g/667m^2$。

3. 定植

春芹菜为防抽薹，应采取大撮定植，一般空心芹为 10～20 株/撮，为了优质高产，也可选绿秆实心芹，3～4 株/撮；夏芹定植撮的大小为春、秋芹之间，空心芹一般为 5～6 株/撮；秋芹菜应突出高产，优质，不抽薹，所以应采取小撮定植，一般为 3 株/撮左右。

4. 定植后管理

由于芹菜苗期长，幼苗长势弱，而苗眼又密，不易动锄，除草是个主要问题。芹菜抗药性强，使用除草剂效果十分显著。可选用 50％的扑草净可湿性粉剂 $200g/667m^2$ 于播种后出苗前喷洒，或在定植缓苗后喷洒，除草效率在 95％以上。春芹菜为了早熟，均需育苗移栽，生长的中后期，因已通过阶段发育，所以必须供给充足肥水，保持旺盛的营养生长，才能免于过早抽薹。夏芹菜因播种晚，气温高，可育苗也可直播，若直播用种量加大（$1500\sim2500g/667m^2$），夏芹菜的管理应侧重除草和防病虫害。秋芹菜因播种晚，气温高，可育苗也可直播，若直播用种量大（$1500\sim2500g/667m^2$），秋芹菜的管理，在前期高温时也应注意遮阴降温、除草和防病虫害。芹菜生产中病害主要有叶枯病（又叫斑枯病或晚疫病），可喷 600 倍液百菌清可湿性粉剂或代森锌防治；虫害主要是蚜虫，可用吡虫啉或抗蚜威等药剂防治。

5. 采收

春芹菜采用一次性采收，采收方法是连根拔，绑捆，并将根土洗净上市；夏芹菜既可掰叶多次采收，也可一次性收割；秋芹菜可一次性收割，也可掰叶多次采收，最后再连根一次收获。

第八节　韭菜

韭菜原产于我国，属多年生宿根性蔬菜。在我国栽培面积广阔，历史悠久，是广大人民喜食的蔬菜，食用部分是柔嫩多汁的叶子。其抗寒耐热，适应性极强，地下根茎在气温－40℃条件下能安全越冬，早春嫩叶又迅速萌发，对于解决春季新鲜蔬菜供应，起着重要作用。韭菜除作露地栽培外，还可利用多种保护地设施进行冬春生产，做到均衡供应。

一、生物学特性

1. 植物学性状

根主要分布在 15～20cm 土层内，从根茎基部发出根，长度为 30～50cm。由于韭菜是多年生植物，新根茎每年逐渐向上移，新根也随着上移而代替老根，称之为"跳根"。韭菜根数目较多，吸收力较强，而不断发生新根使植株生长旺盛而延长寿命。生长在地下的叫根茎，有分蘖能力，发生分蘖现象的叶鞘比较粗大，叶片数目也多，在一个叶鞘中包有 2 个新叶鞘，个别的有 3～4 个，每株新叶鞘上各生有 3～5 片叶，当旧叶鞘裂开时变成 2 个或 3～4 个新株。韭菜的叶可分为叶鞘和叶身两部分。韭菜蒴果内含种子 3～5 粒，种子呈三角形，种皮坚硬，表面皱纹多，不易透水，含有大量油脂，发芽缓慢，种子寿命 1～2 年。

2. 生长发育周期

韭菜的生育周期，包括营养生长和生殖生长两个阶段。

（1）营养生长期　韭菜从种子萌动到花芽分化为营养生长期。这一阶段主要是营养器官即根茎叶的生长，按其生长顺序可划分发芽期、幼苗期和营养生长盛期三个阶段。

① 发芽期。从种子萌动到第一片真叶出现为发芽期，历时 10～20d。根据韭菜发芽缓慢和弓形出土的特点，要求提高播种质量，才能迅速萌芽出土，达到苗全苗壮之目的。

② 幼苗期。从第一片真叶出现到定植为幼苗期，历时 40～60d。幼苗出土以后，地上部生长较为缓慢，根系生长占优势，从茎盘的基部陆续长出不定根，构成须根系。此时管理的重心是防止杂草滋生影响幼苗生长，并结合灌水追肥 1～2 次，促进秧苗苗壮生长。当秧苗长到 18～20cm 时即可定植。

③ 营养生长盛期。从定植到花芽开始分化为韭菜营养生长盛期。定植后，经过短期缓苗，植株相继发生新根，长出新叶，进入旺盛生长期。此时由于营养面积扩大，气温逐渐凉爽，为韭菜生长提供了良好的生活条件，生长较为迅速，部分植株已形成分蘖。

入冬以后，当最低气温降到 −7～−6℃ 时，叶片枯萎，营养物质贮于小鳞茎和须根之中，植株进入休眠期。翌春气温回升，韭菜返青，根量和叶数逐渐增多，为生殖生长奠定了物质基础。植株经过漫长的冬春，长期处于低温条件，后又满足长日要求，开始花芽分化，进入生殖生长期。

（2）生殖生长期　韭菜的生长发育有一定的顺序性，首先是营养生长，而后是生殖生长。二年生以上的韭菜，营养生长与生殖生长交替进行，并表现一定的重叠性。韭菜抽薹开花要求低温和长日照条件，延长光照时间可促进抽薹。韭菜抽薹的多少与营养条件有关，营养条件好不但花薹粗壮，而且抽薹数增多。

3. 对环境条件的要求

韭菜属于耐寒性蔬菜，对温度的适应范围比较广泛，叶部能忍受 −5～−4℃ 的低温，当气温降到 −7～−6℃ 时，叶子才现枯萎；地下根茎在气温降到 −40℃ 时也不致受冻。韭菜不耐高温，气温超过 24℃ 植株生长迟缓，品质变劣。尤其在高温、强光和干旱条件下，叶片纤维增多，质地粗硬，不堪食用。韭菜的生长适温是 12～24℃，但不同生育时期对温度的要求不同。发芽期的最低温度是 2～3℃，发芽适温为 15～18℃；幼苗期的适温为 12℃ 以上；产品器官形成盛期，尤其是抽薹开花期，与温度呈正相关，温度升高生长加快。韭菜属于长日照植物，但对光照强度的要求适中，光照过强，植株生长受到抑制，叶肉组织粗硬，纤维增多；光照过弱，叶片的同化作用减弱，叶片瘦小，分蘖减少，产量降低。韭菜叶部生长对日照长短的反应不敏感，而抽薹开花却要求较长时间的日照。

韭菜的形态特征和原产地的气候特点决定了其适于较低的空气湿度（60%~70%）和要求较高的土壤湿度（80%~95%）。韭菜以嫩叶为产品，水分是决定产量和品质的主要因素，水分供给不足，叶肉将丧失柔嫩的特点。韭菜对土壤的适应性较强，无论沙性土、壤土、黏土均可栽培，根据韭菜的根系特点，最好选择表土深厚、富含有机质、保水力强的肥沃土壤。一年生韭菜，植株尚未充分发育，耗肥量较少；二~四年生韭菜，分蘖力最强，产量亦高，应增施肥料；五年生以上的韭菜，为防止早衰，促进更新复壮，加强肥水管理尤为必要。韭菜不同生长时期的需肥量不同，幼苗期，虽然生长量小，耗肥量少，但根系吸肥力弱，除施足基肥外应分期追施速效性肥料；营养生长盛期，尤其在春、秋收割季节，应分期追肥。韭菜对肥料的要求以氮肥为主，配合适量的磷钾肥料。

二、沟韭栽培技术

1. 育苗

沟韭栽培要求先育成苗，然后再按沟定植。育苗方式可采取春播或秋播两种方法。

① 春播。黑龙江省南部地区于 4 月上中旬播种，播前先做成畦（长 10~12m、宽 0.9~1.2m），采取条播或撒播。7 月中旬秧苗长到 18~20cm 高时即可定植。

② 秋播。黑龙江省南部地区于 8 月上中旬播种，上冻前秧苗可长出 3~4 片真叶，方能确保幼苗安全越冬，冬前要灌冻水；次年春季韭菜返青继续生长，5 月下旬秧苗达到标准即可定植。

2. 整地与定植

韭菜是多年生的蔬菜，种植韭菜的地块，必须施足基肥，施优质腐熟粪肥 5000kg/667m²，并结合深翻、耙平、整细，然后按 40cm 行距深开沟，15~20cm 撮距，每撮 30 株左右定植。定植前先将叶与须根剪齐，鳞茎上下各保留 6cm。栽时要求直，并且深浅一致，定植后随即灌沟水。

3. 养根

沟韭在收获前于沟中，由于培土厚，必须撮大，生长旺盛，方能顺利出土。所以，定植第一年不收割，进行养根；第二年最多割两刀，仍以养根为主；到第三年才进入正常收割，一般连续收割 4 刀后再进行养根。韭菜具有分蘖特性，经养根后每撮韭菜可由 30 株扩大到 100 株左右。

4. 收割前的几项技术措施

沟韭栽培，在养根期间韭菜于沟中，收割期间韭菜于垄中。秋后经过几次霜冻后，地上部的叶逐渐枯黄，养分贮于鳞茎与根部。为了早春提早生产，在上冻前务必完成以下几项工作：

① 搂叶扒沟。搂去枯茎黄叶，扒沟将韭菜撮露出。

② 剔根。用铁钎或竹扦将撮内的土等剔除，有利于灌药与紧撮。

③ 灌药。韭菜易受地蛆为害，特别是沟韭撮大，又是一种软化栽培，更易受害，可

用 800 倍液敌百虫或 1500 倍液辛硫磷药液灌撮防治。

④ 紧撮。为了有利于韭菜出土和收割，应将长散了的撮，用土将其紧在一起。

⑤ 铺线。先用铁钩紧靠撮的两边搂沟，将线铺于沟中。栽培 22m² 沟韭需要一根 800W 的电热线，铺线时注意将线的两头都处在离电源近的一边。若电热线不够长，中间行的韭菜可以只在一边搂沟铺线。

⑥ 培土。用片镐将空垄破开，将土培在韭菜上，使韭菜处于垄当中。

⑦ 扣棚。先扣小棚，再扣中棚，就这样越冬，直到来年立春（2 月 5 日左右）以后开始生产，晚间加盖草苫保温，并开始送电提高地温。早上打开草苫靠阳光提高棚温。

5. 严格控制收割次数和留茬高度

一般一年割 4 刀，超过 4 刀养分消耗过多，对养根不利，影响来年产量。另外，留茬高度必须严格掌握。所谓留茬高度，就是指收割后保留下来的韭白长度，即刀口至鳞茎的距离。因为韭白中除了贮藏大量营养外，还含有许多幼叶，留茬低，势必消耗过多养分，并过多破坏幼叶，会影响下刀的产量和品质；但留茬偏高也是不对的，会影响这一刀的产量和品质。沟韭栽培的留茬高度，一般第 1 刀留茬 5～6cm，第 2、第 3 刀为 6.5～8cm，最后一刀与第一刀相同。收完 1～3 刀后，随即再将垄培上；收完最后一刀，随即将垄放下，并扒成沟，使韭菜又处于沟中，进行养根。

6. 刀刀追施速效性氮肥

因为韭菜是连续收割，养分消耗极大，必须在每刀收割后及时追肥，并结合灌水。追肥灌水应在收割后 2～3d 伤口愈合后进行。

7. 年年上土上粪

韭菜具有"跳根"特性。所谓跳根，就是指韭菜的发根部位随着短缩根茎向地面生长而逐渐上移；每年向上移动的垂直距离就是"跳限高度"。每年上土上粪的厚度应当与跳根高度一致，沟韭栽培每年跳根高度为 1.5～2cm，每年应上土上粪 1.5～2cm 厚。

8. 除草

韭菜幼苗生长缓慢，苗眼又密，不易用锄和机械除草。目前大面积生产，可采用化学除草，在播种后出苗前喷洒扑草净可湿性粉剂 100～150g/667m²；或喷洒氟乐灵乳油 100～200g/667m²。韭菜收获期间，可以结合收割进行除草。但在养根期间，也正是气温高、雨水多的季节，大量杂草滋生，必须及时防除。在割完最后一刀，苗长出 3～4cm 时，可喷洒敌草隆可湿性粉剂 300～400g/667m²。为了提高药效，应先浇水后施药，并加入 0.2% 洗衣粉做悬浮剂。

9. 防治韭蛆

除在收获前要进行灌药防治韭蛆外，在 8 月下旬养根期间还应灌 1 次药防治蛆害。

第六章

庭院主要芽苗类蔬菜栽培技术

第一节 概述

我国是生产、食用芽菜最早的国家。在《神农本草经》中有"大豆黄卷，味甘平，主湿痹、筋挛、膝痛"，这里的"大豆黄卷"就是晒干了的黄豆芽。当时的黄豆芽是作药用。到宋代，有了用大豆生豆芽作蔬菜食用的记载。如北宋苏颂的《图经本草》上有"菉豆为食中美物，生白芽，为蔬中佳品"。南宋孟元老所撰《东京梦华录》中的豆芽菜条目，则是生绿豆芽的最早记载。我国劳动人民在长期的生产实践中，早已认识到一些植物的幼嫩器官可供食用，并将这一类食品冠以"芽"、"脑"、"梢"、"尖"、"头"等名称，以表达其幼小、鲜嫩、干净、富有营养等特点，这表明古人已为体芽类蔬菜界定了一个大体范围。

1957 年出版的《中国蔬菜栽培学》（吴耕民）将芽菜定义为"使豆子或萝卜、荞麦等种子萌发伸长而作蔬菜，故名芽菜"。1994 年中国农业科学院蔬菜花卉研究所芽苗类蔬菜研究课题组在前人定义的基础上，对芽菜的定义给予了适当扩充，修订为："凡利用植物种子或其他营养贮存器官，在黑暗或光照条件下直接生长出可供食用的芽、芽苗、芽球、幼梢或幼茎均可称为芽苗类蔬菜，简称芽苗菜或芽菜。"

芽苗菜和人们日常生活联系之广，一些美食家笔下的"黄鸟钻翠林"其实就是常见于老百姓饭桌上的黄豆芽炒韭菜。我国北方居民有立春之日吃春饼的习俗，名曰"吃春"，在吃春饼时，素炒绿豆芽是必不可少的佳肴。芽苗菜生产不需繁杂的设施和高超的技术，是适宜家庭生产、收效快而又操作简单的蔬菜种类之一。

一、芽苗类蔬菜的种类

依照修订后的芽菜定义，根据芽苗类蔬菜产品形成所利用营养的不同来源，将芽苗类蔬菜分为种（籽）芽菜和体芽菜两类。

1. 种（籽）芽菜

种（籽）芽菜指利用种子贮存的养分直接培育成幼嫩的芽或芽苗（多数为子叶展开、

真叶露心），包括黄豆芽、赤豆芽、绿豆芽、蚕豆芽、豌豆芽、香椿芽、芥菜芽、萝卜芽、芜菁芽、芥蓝芽、蕹菜芽、荞麦芽、苜蓿芽、紫苏芽等（图 6-1）。

2. 体芽菜

体芽菜是指利用 2 年生或多年生作物的宿根、肉质直根、根茎或枝条中累积的养分，培育成芽球、嫩芽、幼芽或幼梢。按利用器官的不同，又分为以下几类：用宿根培育出的嫩芽或嫩梢，如苦荬菜、莒荬菜、蒲公英、菊花脑、马兰等；由地下根茎培育成的可供食的嫩茎，包括石刁柏、竹笋、蒲菜、姜芽等；由肉质直根在遮光、黑暗条件下直接培育成芽球，如菊苣；由植株或枝条培育成的嫩芽以及幼梢，如花椒芽、树芽香椿和豌豆尖、辣椒尖、刺嫩芽、佛手瓜尖等（图 6-2）。

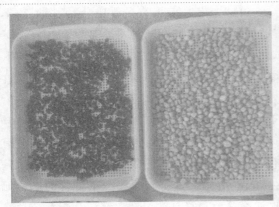

图 6-1　由种子培育的种（籽）芽菜

图 6-2　由枝条培育的体芽菜

彩图

二、芽苗菜的生物学特性

形成芽苗菜的种子虽形态各异，但基本结构相同，都是由种皮、胚和 2 片肥大的子叶构成。香椿芽、萝卜芽的产品主要由下胚轴伸长而成，所以产品包括下胚轴、子叶和胚芽 3 部分。豌豆芽主要由上胚轴和胚芽发育而成，子叶及其以下部分不被采食，所以常把豌豆芽称作豌豆苗。水分是种子发芽的首要条件，不同蔬菜种子，吸水速度和数量不同。一般蛋白质含量高的种子吸水量多，吸水快；脂肪、淀粉含量高的种子吸水少且吸水慢。根据芽菜对温度的要求可分为：①喜温类：种子发芽适温为 25～30℃，如多数豆类等；②喜凉类：种子发芽适温为 18～25℃，如萝卜、香椿、豌豆、蚕豆等。氧气是种子发芽和芽菜生长的必需条件之一。因此，生产芽菜场所应保证空气流通，以防烂种或沤根。芽菜生长对光照要求一般不严格，种子发芽期有无光照均可。出芽以后，微光或弱光照有利于胚根快速伸长和提高品质，强光会使胚轴伸长缓慢，纤维含量增加，品质变劣。

三、芽苗菜的成分

1. 芽苗菜的常规营养成分

（1）糖类　糖类是种子萌发过程中的能源物质。糖类按照是否易溶于水可分为可溶性糖和不可溶性糖，按照是否具有还原性可以分为还原糖和非还原糖。种子萌发过程中，不同糖类的含量不同，并且会相互转化。研究发现在绿豆萌发过程中，还原糖作为呼吸作用的底物被消耗，含量明显降低，而可溶性糖含量会增加。芽苗菜籽粒中的可溶性糖含量在萌发过程中增加，萌发72h后，不同芽苗菜可溶性糖含量增加 2.0~3.4 倍。

（2）蛋白质　蛋白质是生物体的重要组成物质。芽苗菜中的蛋白质含量较高，氨基酸种类丰富。碱蓬芽苗菜粗蛋白含量为 2.18mg/100g，含 16 种氨基酸，其中 7 种为人体必需氨基酸，氨基酸总量为 1441mg/100g。甜荞芽苗菜和苦荞芽苗菜不但粗蛋白含量高，而且氨基酸种类多，必需氨基酸占比接近 50%，氨基酸比值系数均大于 74，其蛋白质营养价值高于一般蔬菜。

（3）脂肪　脂肪由甘油和脂肪酸构成，是储存能量、维持细胞结构的重要物质。花生芽苗菜中含有大量的脂肪，占总质量的 30%~60%。花生脂肪的主要成分是甘油三酯，约占花生脂质含量的 97%，花生中对人体有益的不饱和脂肪酸（油酸、亚油酸、花生烯酸）含量在 85% 以上，具有降低胆固醇、软化血管、降血脂、预防动脉粥样硬化的作用。种子萌发过程中脂肪会被水解、转化，从而参与到呼吸作用中。研究发现，花生芽苗菜在发芽期间的脂肪含量持续下降，第 9 天时其含量降低约一半，低至 27.1g/100g。

（4）矿物质　矿物质是构成人体组织的重要成分。种子发芽后的矿物质含量会高于种子本身，这与发芽过程中从周围环境吸收矿物元素、形成富含矿物元素的新代谢成分有关。大量研究表明，芽苗菜对矿物元素也具有富集现象。新的研究发现，在激光和 6-苄基腺嘌呤（6-BA）灌注的豆芽中可以检测到更高的矿物质含量。不同芽苗菜富含的矿物元素不同，如豌豆芽苗菜中含有丰富的钙、铁；油葵芽苗菜富含铁、钾、锌；苜蓿芽苗菜富含钙、钾等矿物元素。

2. 芽苗菜的功能性成分

（1）酚类和黄酮类物质　芽苗菜中含有丰富的酚类物质。酚类化合物不仅具有抗氧化作用，还具有清除自由基、抗病毒等功能。研究发现，苋菜种子萌芽后酚类化合物含量增加。绿豆种子在萌发过程中黄酮含量总体呈上升趋势，20℃下萌发 24h 的绿豆黄酮含量明显高于 25℃和 30℃，并且在 96h 时可达到最大值 280mg/100g。豆类萌发成为豆芽时，运用控制压强的处理技术，可以改变黑豆芽中活性成分的浓度，随着豆芽萌发，酚类化合物浓度增加了 99%。黄酮类物质具有很强的抗氧化作用，对人体的健康有益，具有缓解更年期综合征、抗衰老、降低血胆固醇水平等作用。豆类及其芽苗菜中含有丰富的黄酮类化合物。此外，还有研究发现，以红萝卜、白萝卜、西蓝花、香草和鸡毛菜种子作为原料培育而成的芽苗菜总黄酮含量较高。植物种子发芽可促进营养与功能性成分变化，人们可以根据需求，改变培育条件，获得富集酚类与黄酮类物质的芽苗菜，开发保健食品，从而提高芽苗菜的市场利用价值。

（2）γ-氨基丁酸　γ-氨基丁酸是中枢神经系统中最重要的抑制性神经递质，是一种天然存在的非蛋白质氨基酸，对调节哺乳动物心血管系统有重要作用，具有降血压、抗焦虑、增强记忆力、改善脑机能等生理功能。种子在萌发过程中，γ-氨基丁酸含量显著增加。研究发现，发芽处理已成为植物富集γ-氨基丁酸的一种有效手段。在高等植物体内谷氨酸经谷氨酸脱氢酶催化脱羧生成 γ-氨基丁酸，而发芽处理能激活豆类种子中的蛋白酶等相关酶类，同时豆类种子萌发时谷氨酸含量也会显著增加，因此萌发的豆类种子中 γ-氨基丁酸的含量会显著增加。豆类芽苗菜具有富集 γ-氨基丁酸的优势，所以，未来可作为提取 γ-氨基丁酸的良好材料，也具有开发保健食品的潜力。

（3）芥子油苷　芥子油苷，又叫硫代葡萄糖苷，是由氨基酸衍生而来的植物次生代谢物，广泛存在于十字花科蔬菜和油料作物中，具有抗癌活性和抗氧化活性，有助于保障人体健康。根据芥子油苷的前体氨基酸不同可以将其分为脂肪类、吲哚类、芳香类芥子油苷。不同品种中芥子油苷含量差异大，抗氧化能力也不同。研究人员在芥蓝芽菜的研究中发现了 11 种芥子油苷，其中以脂肪类芥子油苷为主，在芥蓝种子发芽过程中添加茉莉酸甲酯可以有效提高脂肪类芥子油苷及吲哚类芥子油苷的含量；添加葡萄糖则可以显著增加脂肪类芥子油苷的积累。

（4）维生素　不同的芽苗菜含有不同种类的维生素，并且与原材料相比，发芽可以提高维生素含量。黄豆芽中含有丰富的维生素 B_2、维生素 B_{12}。十字花科芽苗菜含有丰富的维生素 E、维生素 C，尤其是西蓝花芽苗菜中维生素 C 含量极高，有利于人体生长发育。油葵芽苗菜中富含维生素 A、维生素 D 和维生素 E。荞麦中本不含有维生素 C，但通过发芽，其维生素 C 含量从 0 mg/100g 增加到 1.09mg/100g。研究发现，光的质量和强度能有效调节植物中的维生素 C 水平，而维生素 C 含量是评价香椿芽苗菜品质的重要指标。后续的研究也发现，豆类种子发芽后，维生素 C 含量增加。

（5）其他活性物质　不同种类的芽苗菜含有不同的活性成分。D-手性肌醇可促进肝脏脂肪代谢，具有降血糖、延缓衰老、抗炎、抗氧化等多种生理功能。研究发现，苦荞种子发芽后，芽苗菜中的 D-手性肌醇含量明显提高。枸杞芽中含芸香苷和肌苷，这 2 种活性成分是人体正常生理活动所必需的。萝卜芽苗菜富含硫代葡萄糖苷。除上述列举的活性成分外，还有多种活性成分，如皂苷、生物碱、植物甾醇等。国内外研究者不断探索芽苗菜的培育条件，种类不同，芽苗菜含有的活性成分不同，除上述活性成分外，芽苗菜还含有其他活性成分，等着人们挖掘。

四、影响芽苗菜生长的因素

1. 水分

为促进芽苗菜种子尽快发芽，挑选过的种子需经过浸种，通过浸种促使种子吸收水分并开始发芽。此外，采用温汤浸种能起到杀菌消毒的作用。将挑选好的种子先用清水淘洗 2～3 次，去除附在种子上的黏液，注意清洗过程中不可损坏种皮，再用 30℃ 左右温水浸种。浸泡时间根据季节而定，夏季和冬季的浸种时间不同。不同的品种也有所不同。在贵州地区栽培中，绿豆一般浸泡 18～28h，豌豆浸种 18～24h，香椿浸种 24h，当种子膨胀后捞出用清水清洗干净，沥干水分后，在 20～25℃ 的环境条件下开始催芽，当种芽开始露白时播种，也可在浸种后直接将种子放在育苗盘上催芽。除苜蓿等细小的种子可直接播种外，其他品种的种子均需在浸种后进行播种催芽。

芽苗菜具有鲜嫩多汁的特点，在生产中需及时补水。根据芽苗的生长状况一般每天需要喷淋 2～3 次，以苗盘基质内不大量滴水为宜。在芽苗菜刚播种和即将出盘时喷水量最大，生长前期水量较小、中期适中、后期和采收前喷水量需小而勤。高温干旱天气需多喷水，阴雨天或温度低时减少喷水量。生产场地的湿度需保持在 60％～90％。

应选择洁净无污染的水源，如上海"开心豆芽厂"引进日本全套设备，曾使用 200 多米深地下水进行芽苗菜的种植。芽苗菜生产用水的消毒、过滤也尤为重要。

2. 温度

种子发芽对温度要求严格，一般在 25℃左右，不同种类有所区别。不同品种芽苗菜的管理有一定差异。若将多种芽苗菜在同一生产地生产，则晚上温度需保持在 16～25℃。若温度达不到要求，可通过人工调控，定时查看温度，一旦气温过低，需通过一定的升温措施。可在塑料大棚、日光温室生产，如果是一般的生产场地，可安装水暖或炉火等加温设施。若外界温度过高，可采用遮阳网遮阴，进行降温。对于豌豆芽苗菜、香椿芽苗菜等喜低温的品种，可分区域采取不同措施。在保证温度的基础上，需设置通风口或排风扇保持生产场地空气流通，减少病虫害发生。

3. 光照

芽苗菜一般是暗室栽培，若需要转为绿色（如豌豆苗）可设置阳光房，光照培养 1～2d 即可变为绿色，光照时间不可过长，否则易老化、纤维化，影响品质。

催芽室需保持弱光或黑暗条件，若光照过强，芽苗菜很容易出现纤维化，商品性降低；若光照过弱，芽苗菜容易徒长。为促使芽苗菜从催芽阶段过渡到栽培环境中，育苗盘需放在空气湿度相对稳定的弱光区，过渡后才能将育苗盘放在中等光照条件下。在芽苗菜上市前，需将育苗盘放在强光照条件下，促使芽苗绿化。如萝卜芽苗菜、荞麦芽苗菜需强光照条件，而香椿芽苗菜需中等光照。

不同的设施场地及光照条件会形成形态各异的芽苗菜产品。温室、大棚及阳台等光照充足的地方，可生长出深绿色、叶片肥大、茎秆粗壮的芽苗菜。而在厂房、人防设施、家庭居室或背阴凉台等光照不充足或黑暗的场所，芽苗生长速度较快、茎芽纤细、芽苗较高，芽苗叶片较小、色泽浅淡。"软化型产品"是在极弱光或完全无光条件下生产出的白色、鹅黄色或金黄色的叶片卷曲、茎秆肥嫩的芽苗菜，如豌豆苗产品中的龙须豌豆苗，一般生产龙须豌豆苗的光照应控制在 200lx 左右，其幼茎脆嫩粗壮并且纤维化很少，若光照过弱，芽苗生长中营养转化不充分，幼茎则细长。若光照过强，芽苗提前绿化，纤维化程度加大，脆嫩程度降低；龙须豌豆苗成苗后，在 1000lx 光照条件下培养 4h，便会绿化。

4. 种子选择

种子选择的原则是发芽率高、抗病力强的小粒类型，小粒种子的百粒重轻，且颗粒多，可提高产量。用于芽苗菜生产的种子需先剔除发霉和干瘪的种子，选择纯度高、籽粒饱满的种子，这也是保证出芽率的首要条件。

五、芽苗菜的生产特点

1. 较易达到绿色食品的要求

相较于常规蔬菜，芽苗菜较易达到绿色食品的要求，主要原因如下：

① 生产芽菜所用的种子多数来自生态环境较好的边远地区。例如香椿种子大多来自深山，豌豆、荞麦种子多数来自高寒山区，这一类作物传统上多为救济作物，基本上不用施肥打药。

② 芽菜生长中所需营养主要依靠种子或根、茎等营养贮藏器官所累积的养分，一般不必施肥料，在适宜的温度环境下，保证水分供应，便可培育出鲜美的芽菜。

③ 芽菜生长周期短，生长中很少感染病虫害，也毋须使用农药。

④ 芽苗菜多在设施内可控制环境下生长，多数采用无土立体栽培，可以有效地控制周围环境，保证大气、土壤、水体等生态因子洁净。

2. 营养丰富，品质好，具有保健功能

芽苗菜是指从种子发芽到形成幼苗，而幼苗尚未开始（或刚刚开始）独立生活之前这一短暂时期的芽苗，这一时期的植物体，不仅口感鲜嫩、色泽美观，更重要的是通过各种酶的催化作用（主要是各种水解酶），将种子中不溶性的大分子贮藏物质转化为可溶性的简单物质，因而芽苗菜所含营养物质更利于人体吸收。

芽苗菜是植物营养体经发芽而成的一种蔬菜，除含有一般蔬菜所含有的营养外，其含有的一些特殊物质，能起到独特的保健作用。如维生素、黄酮、大豆异黄酮、左旋多巴等。大豆是很好的植物蛋白来源，但大豆中富含植酸盐，植酸盐是一种铁元素吸收的抑制剂，人体内缺少铁元素会造成缺铁性贫血，大豆种子发芽过程中植酸酶活性上升，植酸盐含量下降，有利于铁的吸收利用，如果孕妇在怀孕及哺乳期间多食用豆类芽菜，可以为婴儿贮存足够量的铁，以弥补人奶和牛奶中铁的不足，可满足只以母乳为食的新生儿在数月内对铁的需求而不致发生新生儿贫血症。黄豆芽中异黄酮含量为大豆种子的2.18倍，对需要补充异黄酮的人群而言，黄豆芽苗菜是更好的食品来源。荞麦芽含有芸香苷，对高血压和糖尿病都有一定的防治效果。苜蓿芽苗含有钙、钾等矿物质和多种维生素，对关节炎病、营养不良和高血压等都有良好的疗效；芥菜芽具有刺激性辣味，可促进食欲、增进消化，消肿止痛，主治胃寒、腹痛、咳嗽等症；香椿芽可以抑制金黄葡萄菌、肺炎双球菌和大肠杆菌等，具有消炎、消肿、健胃、祛风除湿、解毒杀虫等功效。

芽苗菜中的维生素含量非常丰富。种子中不含维生素，但种子发芽后，维生素含量迅速上升。如萝卜芽中的维生素 A 含量是柑橘的 50 倍，豆芽的维生素 C 含量很高，是人们补充维生素 C 的黄金蔬菜，大豆发芽之后，核黄素含量会增加 2～4 倍，胡萝卜素增加 2～3 倍，烟酸增加 2 倍多。

人的血液在正常情况下呈弱碱性，如果长期过多食用肉类，则可使血液发生酸性偏移，形成"酸性体质"。呈酸性体质的人易出现一些特殊的渐进性的症状，开始常感觉手足发凉，容易感冒，皮肤脆弱，伤口不易愈合等，之后更会殃及大脑高级神经中枢的功能，出现神经萎靡、乏力倦怠、头昏头痛等症状。而芽菜属于碱性食品，消化水解后产生

的盐基可以中和体内多余的酸，维持体内酸碱平衡。经常食用芽菜可以使人感到精神饱满、周身有力。

3. 周期短，复种指数高，经济效益显著

芽苗菜具有速生性，产品形成周期 5～20d，1 年平均可生产 30 茬，复种指数比一般蔬菜高出 10～15 倍。芽苗菜的生物效率高，可达到 4～9 倍。如萝卜苗在 5～7d 内，每 75g 种子可形成 500g 芽，生物效率为 6.7；香椿在 15～20d 内，每 50～100g 种子可形成 500g 芽苗，生物效率可达 5～10。芽苗菜土地利用率高，因为芽苗菜大多较耐弱光，适合进行多层立体栽培，土地利用率可提高 3～5 倍。芽苗菜不受季节限制可进行周年期生产，尤其南方高温季节，芽苗菜生产可以弥补露地蔬菜供应不足的问题。

4. 生产场地灵活，栽培形式多样

由于大多数芽苗菜较耐低温、耐弱光，生产中对设施条件要求不高，可利用温室大棚、窖窖、空闲民房以及各种简易保护设施，进行土壤栽培、沙培、无土栽培等，也可以在不同光照或黑暗的条件下进行"绿化型"、"半软化型"和"软化型"栽培。

六、芽苗类蔬菜生产历史、现状及趋势

豆芽菜在我国有着悠久的栽培历史，我国人民很早就有采集植物嫩芽食用的习惯，香椿芽、榆钱等经常出现在餐桌上。芽苗菜的生产及食用是我国饮食文化的组成部分，也是对世界饮食发展的贡献。早年豆芽菜的生产技术由我国传入日本、新加坡、泰国等东南亚国家，此后辗转传到西欧和美洲大陆。芽苗菜由中国传入日本，深受日本人民喜爱，到了日本江户时期，芽菜开始作为商品生产，到明治中期以后，芽苗菜生产有了较大的发展，形成了芽菜生产产业。日本在 20 世纪 70 年代开始进行芽苗菜商业化生产，20 世纪 80 年代后利用现代无土栽培技术，在塑料温室等园艺设施中进行芽苗菜的规模化生产，其中以萝卜芽苗菜产量最大，已成为日本人民吃生鱼片时必不可少的调味品。日本蔬菜育种专家已选育出优质、丰产、速生、具有微辣或较浓辣味，以及红、绿不同颜色的萝卜芽苗菜生产专用品种。但是日本芽菜生产的种类较单一，除萝卜芽外，豌豆苗、苜蓿芽等其他芽苗菜则很少在市场上出现。

食用芽菜在一些欧美国家也很盛行，如小扁豆芽、商陆芽、苜蓿芽等是美国人民经常食用的芽菜，美国在 20 世纪 40 年代开始进行豆芽生产，美国及德国的医学和食品营养专家对豆芽菜的营养及保健价值进行了深入的研究。由于饮食习惯的不同，西欧各国及美国等发达国家在蔬菜栽培领域，虽然有各种先进的现代化农业技术，但在除豆芽菜以外的其他籽（种）芽菜方面，只有关于苜蓿、酸模、独行菜、黑芥和某些香料作物的芽苗菜及其营养价值的零星报道。

我国台湾于 20 世纪 80 年代开始进行芽苗菜商品化生产研究，目前已具有多处像桃园县青山综合农场专业生产芽苗菜的农场，发展水平与日本相当，芽苗菜主要以豌豆芽为主，使用的种子多由新西兰和澳大利亚进口，生产后多采用小包装上市。近年来，我国在豆芽菜生产技术方面已开始采用"豆芽机"等生产技术。芽苗菜生产方法简单，场地不限而且生产周期短、投资少、见效快，可多层次立体化、规模化、集约化生产，具有较高的

经济效益。芽苗菜不使用农药，属于纯天然、无公害的绿色食品，深受广大消费者青睐。

20 世纪 80 年代中期，我国航空航天部长青公司从日本引进全封闭植物工厂，萝卜等芽苗菜作为试种蔬菜进行无土栽培。20 世纪 80 年代末，北京市农林科学院蔬菜研究中心率先对萝卜、豌豆等芽苗菜进行引种和试种，并有少量产品上市。20 世纪 90 年代初，芽苗菜作为一种新型特种蔬菜在国内开始流行，深受生产者及消费者的欢迎。1994 年，中国农业科学院蔬菜花卉研究所芽苗菜课题组承担了中国绿色食品发展中心下达的《高档绿色食品——芽苗菜的营养及规范化生产技术研究》项目，该项目的实施极大地推动了我国芽苗菜产业的发展。1998 年芽苗菜已覆盖了北京、上海等 28 个省共 175 个城市，总产量约达到 3150 万盘，栽培面积达到 472.5 万平方米，发展势头良好。进入 21 世纪，随着先进人工栽培技术的出现，芽苗菜的栽培和生产手段更加现代化，芽苗菜产业得到突飞猛进的发展。江浙沪一带已实现了绿豆芽、黄豆芽、豌豆芽、菜豆芽的批量生产，还有部分花生芽小包装供应超市、网购以及餐馆。不仅我国，日本、欧盟、美国等地区专家对活体芽苗菜的营养和药用价值都进行了广泛研究。当前发达国家的芽苗菜生产已开始走植物工厂之路，并全面结合自动控制及智能管理技术，实现了计算机控制智能化管理，芽苗菜生产渐渐向无人化无菌化生产方向发展，成为无公害保健蔬菜生产中最为先进高效的模式。

第二节　萝卜芽苗菜

萝卜芽苗菜是用萝卜的种子萌发形成的肥嫩幼苗，又叫娃娃萝卜、娃娃缨萝卜或贝壳菜。萝卜芽苗菜在我国长江流域栽培较多，国外以日本生产面积最大，是日本人最喜爱的蔬菜之一。萝卜芽苗菜的生长周期短，生物效率高，家庭可用育苗盘培育，每 75g 种子可培育出 500g 芽苗，需时仅 5～7d。无土栽培大量生产时从播种到采收约 10d 或稍长点时间；每年可生产 20～30 茬。复种指数高，设施运转率高，并可设架进行立体栽培，一般 1kg 种子可生产出带根芽苗 10kg。

一、萝卜芽苗菜的营养价值

萝卜芽苗菜风味独特，营养丰富。除含有蛋白质、糖分外，还含有丰富的维生素。其中尤以维生素 A 含量最高，是白菜的 10 倍，菠菜的 1.6 倍。此外，还含有钙、铁、磷、钾等矿物质及淀粉分解酶和纤维素。萝卜芽菜可生食、熟食，或凉拌、涮、炒、做汤等。其性温、平，味辛、苦，具有消食、理气的功效。

二、萝卜芽苗菜水培技术

1. 栽培设施

萝卜为半耐寒性作物，喜温暖、湿润，不耐干旱和高温，对光照要求不严格。在北方地区一般用温室栽培，冬季要有加温设备，夏季棚外加遮阳网。立体栽培需设苗盘架，如用铁架，一般长150cm、宽60cm、高200cm，上下分4～5层，层距20～40cm。使用育苗盘，苗盘以长60cm、宽24cm、高4～5cm的平底有孔塑料盘较合适。

2. 种子选择

一般萝卜品种种子均可利用，若讲究成本，则以'绿肥'萝卜种子成本低。日本有供高温期使用的'福叶40日'萝卜，供中、低温期使用的'大阪4010'萝卜、'理想40'萝卜。不同的萝卜苗在品质及外观上有所不同，如'四樱'小萝卜出苗快，辣味小，但茎细而短，产量较低。北方的'心里美'萝卜芽苗茎粗，茎叶红紫色，辣味大。'大红袍'萝卜芽苗茎粗壮，子叶大，红茎绿叶，外观可爱，辣味大，产量高。杭州的'浙大长白'萝卜芽苗的茎粗壮，子叶大，白茎绿叶，外观美，辣味小，产量高，较受消费者欢迎。

3. 播种

播种用的基质可选择洁净的吸水纸或蛭石或珍珠岩或纱布等（图6-3）。宜选用发芽率95%以上的新种子。播前晾晒5～8h，剔除坏烂变质的种子及杂物，用水浸泡3～5h，漂去漂浮的种子，然后把种子捞出装盘。苗盘上宜垫一层清洁的纸，以防苗根扎入盘底的孔中（采收后难清洗）。把种子平排满盘后再在上面盖一层纸，这样在浇水时种子不会移动。播种量一般每盘以干籽计为50～100g。

4. 播种后管理

（1）温度管理　萝卜种子在2～3℃时就能发芽，20～25℃发芽最快，胚轴生长适温18～20℃，幼苗能耐-3～-2℃的低温和25℃的高温。生长适温为15～20℃。温度过高萝卜苗容易霉烂，过低则生长缓慢甚至停止生长。所以应把栽培环境的温度控制在萝卜苗生长最适宜的范围内（即15～20℃），最多不能低于5℃或高于25℃，冬季要通过加温保暖设备提高温度，夏季可以通过放风、遮光降温。

（2）水分管理　播种后每天浇2次清水，若遇低温天气可浇1次，子叶刚展开时应立即揭去覆盖在上面的纸，芽苗长出后要注意控制栽培环境的湿度，因为萝卜苗在湿度大的环境下容易霉烂，尤以高湿季节更甚，适宜生长的湿度在70%以下。湿度超过70%时应加强通风以降低湿度（图6-4）。

图6-3　萝卜芽苗菜基质　　　　　图6-4　萝卜芽苗菜见光生长　　　　　彩图

当苗高3cm后开始浇营养液。如果用陈旧种子培育，后期浇营养液更为重要，否则萝卜苗生长缓慢且易烂苗。营养液可用5g尿素和7g磷酸二氢钾加15L水拌匀使用。

5. 采收

18～20℃的条件下培养7～10d，萝卜胚轴长5～6cm，子叶充分展开，真叶刚出时及时采收，时间过长容易霉烂。一般的萝卜苗其茎白或淡绿色，叶色浓绿或淡绿，胚轴粗而有光泽。每次采收后要及时将苗盘清洗干净再进行下茬生产。如在夏季高温时节，需将苗盘进行药剂消毒，如用0.1%高锰酸钾溶液浸泡1h以上。

三、萝卜芽苗其他栽培技术

萝卜芽苗菜生产方式灵活多样，可利用各种设施进行生产，如冬季可利用日光温室、改良阳畦等进行生产，夏季则可利用遮阳网生产。农家可利用空闲房屋、闲散空地生产，城镇居民可利用阳台、房屋过道等进行生产。

萝卜芽苗菜进行露地直播栽培时，可利用土壤或碎炉渣、珍珠岩等基质做成平畦，畦的大小视情况随机。畦面一定要平整，整好后上面可放一块塑料膜，把水浇在膜上，让其浸入畦中，浇足水后把膜移走，均匀撒种。播种量80～120g/m²。播后盖疏松细土或基质。多雨天不需灌水，晴天干燥时要早晚浇水，浇水时宜在出水口处放一塑料膜，以免大水冲倒幼苗。苗高3cm时，浇一次0.2%的尿素液。如用基质栽培，则每隔2～3d浇一次0.2%的复合肥液。

萝卜芽苗菜也可采用大棚或日光温室（或阳台）栽培方式。苗床与露地栽培相同。播种前可用30℃的温水浸种1～2h，播种方法同露地栽培，播后注意保持温度（与水培相同），棚室内超过25℃应通风降温。如果家庭采用豆芽机栽培的，应将箱体置于有光照条件下见光转绿。萝卜芽苗菜软化栽培时，播种时盖土或基质厚10cm，出土即收获，则嫩芽黄化，质地更脆嫩。萝卜苗长到12cm左右长时收获。适宜在傍晚或清晨采收，连根拔起，整理包装。温度适宜时播种后7d可收获，低温期约10d可采收。一般500g种子可生产6～7kg萝卜芽菜。

第三节　豌豆芽苗菜

豌豆苗历来是我国人民喜食的芽苗菜，东汉《四民月令》中有"正月可种春麦、豌豆"。在《植物名实图考长篇》中有"豌豆苗作蔬极美"之语，是我国人民历来喜食豌豆苗的生动写照。用豌豆种子培育的芽苗称豌豆芽苗菜，也称豌豆苗、龙须菜，其叶肉厚、纤维少、质柔嫩、味清香（图6-5）。豌豆芽苗菜可分为绿化型和半软化型两类。在阳光充足的阳台上可生产出绿化型产品，这种芽苗叶片较肥大，颜色翠绿，下胚轴或幼茎较粗壮，产量和维生素C含量较高。因豌豆苗要求较弱的光照环境，即使要生产绿化型产品，在光照很强的夏季也要覆盖遮阳网或其他遮光物。家庭阳台或向阳居室的光照足以满足豌豆芽苗菜生长需要，只要温度能达到18℃左右，在一年中任何季节均可生产豌豆苗。半软化型产品多在光照较弱的室内生产，在居室内的任何部位均可，以室内远离南向的弱光区为好，在弱光条件下，芽苗叶片较小，颜色淡绿或鹅黄，下胚轴或幼茎较柔软，产量和维生素 C 含量稍低，但品质更为柔嫩。

图 6-5　豌豆芽苗菜　　　　　　　　　　彩图

一、豌豆芽苗菜的营养价值

豌豆芽苗菜营养丰富，每 100g 芽苗中含粗蛋白 4.5g，碳水化合物 1.6g，维生素 A 原 262mg，维生素 B_1 0.12mg，维生素 B_2 0.33mg，维生素 C 12mg，维生素 E 0.74mg，钾 161mg，钠 8.5mg，钙 2.8mg 以及磷、锌、铜、硒等微量元素。

二、豌豆芽苗菜栽培技术

1. 种子选择

选择适宜品种是豌豆苗生产的关键环节。生产豌豆苗的品种应选用种皮厚、发芽率高、生长迅速、纯度高的种子。种皮薄的种子一经浸种，容易因种皮破损产生破瓣粒，破瓣粒在发芽过程中很容易腐烂，状如浆糊，影响品质和产量。不同季节应选择不同的品种，夏季生产豌豆苗，应选择抗病性强、耐热的品种。豌豆的品种很多，常见的适合作芽苗菜生产的有麻豌豆、青豌豆和日本小荚荷兰豆等，其中麻豌豆虽然易纤维化，但其为生长速度快、抗病性强。青豌豆不易纤维化，品质上乘，味甜，口感较好，但其生长速度慢，抗病性差。日本小荚荷兰豆的生长速度和品质则介于青豌豆和麻豌豆之间。

2. 种子的清选与浸种

为提高种子的抗腐烂能力，播种前应对种子进行清选，剔除虫蛀、残破、畸形、发霉、腐烂、秕籽、特小粒和已经发芽的种子，同时剔除杂质。

为了促进种子发芽，经过清选的种子还需进行浸种，用洁净的 20～30℃ 的清水淘洗种子 2～3 次，再用 2～3 倍的水浸种 24h，冬季浸种时间可适当延长，注意不可用铁器作浸种容器。浸种后淘洗种子 2～3 遍，轻轻揉搓、冲洗，漂去附着在种皮上的黏液，注意不要损坏种皮，沥干多余的水分，准备播种。

3. 播种

先将苗盘洗刷干净，并用石灰水、漂白粉或洗涤剂消毒，再用清水冲洗干净。然后在盘底铺一层旧报纸或其他纸张，每盘播入种子500g（按干种子计），播种要均匀，以使芽苗生长整齐。

4. 叠盘催芽

播种完毕，将苗盘叠摞在一起，上面再盖一个空盘（内铺湿润旧报纸）遮光，将苗盘放在平整的地面进行叠盘催芽，注意苗盘叠摞和摆放的高度不可超过100cm，每摞之间要间隔2～3cm，以免过分郁闭、通气不良而造成出苗不整齐。为保持适宜的空气湿度，每摞苗盘的最上面要覆盖一层湿麻袋片、黑色薄膜或双层遮阳网。

催芽时，要求温度为20～25℃。叠盘催芽初期每天要喷一次水，水量不要过大，以免发生烂芽。此外，在喷水的同时应进行一次"倒盘"，调换苗盘上下前后的位置，使苗盘所处栽培环境尽量均匀，促进芽苗整齐生长。

在正常条件下，4d左右即可"出盘"，将苗盘散放在栽培架上进行绿化。"出盘"时豌豆芽苗高约1cm，生产上一般在芽苗"站起"后"出盘"。出盘过晚则温度高、湿度大导致烂种，引起芽苗徒长，细弱，倒伏，甚至引发病害，降低产量。"出盘"过早会增加出盘后的管理难度，芽苗生长不整齐。

5. "出盘"后的管理

（1）光照管理　为使豌豆苗从催芽的黑暗、高湿环境安全过渡到栽培环境，在"出盘"后应覆盖一层遮阳网遮光1d。若生产"绿化型"产品，在采收前2～3d，应将苗盘放到光照较强的位置，使芽苗绿化。进入6～8月份以后，阳台上要覆盖遮阳网进行适度遮光。

生产软化型产品，可在栽培过程中一直用黑色薄膜或其他物品遮光，使幼苗在近似黑暗的环境下生长，这样幼苗生长迅速，且不易纤维化。采收前3～4d再揭膜绿化。

（2）温度与通风管理　芽苗菜"出盘"后要求的温度环境虽然没有叠盘催芽期间严格，但白天温度不应高于25℃，夜间不应低于16℃。豌豆苗生长要有较高的湿度，有时甚至要在苗盘上覆盖一层塑料薄膜，但适当的通风仍是必要的，通风可保证空气新鲜，避免烂籽，还能补充豌豆苗生长过程中消耗的二氧化碳。因此，在保证温度的前提下，每天应通风1～2次，即使在低温季节，也要进行"片刻通风"。

（3）水分管理　苗盘里仅铺1～2层纸，保水能力差，因此，在生产过程中必须进行频繁补水。一般采用"小水勤浇"方式，冬天每天喷淋3次水，夏季每天喷淋4～5次水。浇水要均匀，先浇上层。浇水量以喷淋后苗盘内纸张湿润为宜，苗盘底部有水滴，但不大量滴水的程度。此外，还要注意生长前期喷水量要小，生长中后期稍大。阴雨、低温天气喷水量要小，晴朗、高温天气稍大。空气湿度高，蒸发量较小时喷水量小，反之稍大。

6. 采收

豌豆苗生长期短，采收要及时。采收过早，会影响产量，采收过晚，会影响品质。一般当豌豆苗长至 5cm 高时即开始采收，长至苗高约 15cm 时，顶部小叶已经展开仍可采收，但只切割梢部 7～9cm，每盘可产 350～500g。在正常的栽培管理条件下，高温季节 7～10d，低温季节 15～20d 即可生产一茬豌豆苗。管理得当，可采收三茬，但后两茬品质较差。

三、豌豆苗栽培中易出现的问题

1. 烂种

豌豆苗栽培过程中，尤其是叠盘催芽期间，容易发生烂种现象，生产上要注意切勿选用种皮为绿色或黄色的品种，必须严格控制浇水量和温度，水量过多，尤其是在高温、高湿条件下，极易引发烂种、烂芽。此外，苗盘应进行严格清洗和消毒，如前所述，清洗时可在水中加适量洗涤剂或漂白粉。

2. 芽苗不整齐

为避免芽苗高低不齐，栽培过程中应注意采用纯度高的种子，并应均匀地播种和浇水，要水平摆放苗盘，还要经常倒盘，变换苗盘的位置，使苗盘所处栽培环境一致。

3. 芽苗过老

芽苗菜栽培过程中，如遇干旱、强光、高温、低温或生长期过长等情况，都将导致芽苗菜迅速纤维化，生产上应避免上述现象出现。

4. 根腐病

根腐病发生初期为局部发病，病菌随着所喷的水分在整个苗盘内部和苗盘之间迅速蔓延，严重时可使整个床豌豆苗毁灭。发病时病苗根系变为褐色，白根减少，种皮亦发生褐变，植株生长缓慢。防治方法是选用抗病品种，浸种时严格消毒，育苗盘严格消毒，使用过的育苗盘清理干净后用漂白粉或高锰酸钾液浸泡消毒，及时剔除发病的幼苗。

第四节　黑豆芽苗菜

黑豆芽苗菜是用黑豆的种子萌发而形成的肥嫩幼苗，是继豌豆芽苗菜之后的一种新型芽苗菜，从播种到采收只需 7d 左右，可终年栽培，陆续上市。栽培场所无严格要求，在室内、阳台等处均可。

一、黑豆芽苗菜的营养价值

黑豆芽苗菜含有丰富的钙、磷、铁、钾等矿物质及多种维生素，含量比绿豆芽还高，此外还含有多种氨基酸和蛋白质，营养丰富。可炒、作汤或凉拌及作火锅蔬菜，味道清香脆嫩，风味独特，口感极佳。

二、黑豆芽苗菜栽培技术

1. 种子选择

应选择发芽率、纯度、净度较高，整齐度好的种子。播种前剔除虫蛀、残破种子和杂质，这是防止烂种和保证生长整齐的关键环节。

2. 浸种

种子精选后用清水淘洗，然后用 20～30℃ 的温水浸种，浸种时水量应超过种子体积的 2～3 倍，浸种时间为 18～24h（冬季浸种时间稍长，夏季稍短），其间换水 1～2 次，并轻轻搓洗，去除种皮上的黏液。浸种结束后捞出种子，沥去多余水分备用。

3. 播种

可选用长、宽、高分别为 62cm、24cm、5cm 的平底塑料育苗盘，将育苗盘冲洗干净，铺一层干净、无毒、质轻、吸水力好的包装纸、报纸或无纺布，要求底面平整，喷水后播种。播种要求均匀，种子紧密，稍有重叠。一般每盘用种 400～500g。

4. 催芽

播种后进行叠盘催芽，即把育苗盘摞起来，可每 10 盘一摞，下铺上盖塑料膜保温保湿。育苗盘要码放平整，以免水分分布不匀。如有足够的栽培架，也可播种后直接把育苗盘放在架子上催芽。催芽期间要注意湿度，如发现基质发干，要及时喷水，但水量不可过大。

5. 环境管理

黑豆芽苗菜的生长适宜温度为 18～25℃，冬季注意保温加温，夏季要通过覆盖遮阳网或其他覆盖物遮光降温，也可通过浇水喷雾降温。黑豆芽苗菜对光照要求不太严格，但对水要求较高，冬春季节每天喷水 2～3 次，夏季 3～5 次。每次喷水以盘内湿润，不淹没种子，不大量滴水为宜。生长过程中应遵循前期少浇水、中后期多浇水，阴、雨、雾天温度低时少浇水、高温空气湿度小时多浇水的原则。空气湿度保持在 80% 左右，如果湿度达不到要求，可在栽培架上覆盖塑料薄膜保湿。

6. 采收

当幼苗长到 8～12cm、顶部子叶展开而心叶未出时，即可采收。

第五节　苜蓿芽苗菜

苜蓿为豆科苜蓿属多年生草本植物，原产于西域，西汉时传入我国中部地区。苜蓿芽苗菜由苜蓿的种子培育而成，在我国已有近千年的食用历史。苜蓿芽苗菜可用调味料拌后生食，或做色拉酱、三明治或汉堡包的配菜，也可做汤，风味独特。

一、苜蓿芽的营养价值

苜蓿芽苗菜的蛋白质含量高于其他豆类，含有钙、磷、铁、钠、钾、镁等矿物质及多种维生素、氨基酸及酵素。苜蓿芽苗菜适宜生食，其碱度高，能改变血液 pH，常食用可以促消化，而且对高血压、高胆固醇及癌症的治疗有辅助功效。所富含的维生素 E 能防止促进老化的过氧化脂质产生，清理血管使血液循环更顺畅，具有延缓老化、美化肌肤之功效。苜蓿芽苗菜清香爽脆、营养丰富、含热量低，每 100g 鲜重含碳水化合物 3.38g。

二、苜蓿芽苗菜栽培技术

1. 种子选择

苜蓿种子是豆科植物中最小的，其种子多为肾形，种皮黄褐色，种皮的颜色随贮藏的时间延长而加深，种子千粒重 2～3g。品种有紫花苜蓿、南苜蓿（又称黄花苜蓿、草头、刺苜蓿）、天蓝苜蓿、杂花苜蓿等，而培育苜蓿芽苗菜多采用紫花苜蓿种子。一般选用淡黄褐色的新种子，发芽势强。

2. 浸种与播种

将种子洗净后，可采用热水烫种法进行种子消毒，将种子倒入约 80℃ 的热水中搅拌 1min，然后加入冷水，使温度降至 50℃ 左右，浸泡种子 6～8h，使种子充分吸水，但时间不宜过长，否则会使种子中的养分大量流失。

苜蓿种子浸泡后用清水清洗几次，去除上浮的种子后倒尽水分，平铺于培育容器中，苜蓿芽苗菜对容器要求不严格，可用塑料盆、陶瓷盆、不锈钢盆等。用种量约 750g/m²。

3. 播种后管理

播种后放于暗室培养，如无暗室可用黑色塑料膜遮盖，培育适温为 20℃ 左右，3～6d 即可长出芽苗。培育芽苗的地方温度不宜超过 28℃，全过程应在 20～27℃。夏季天气炎热，温度高于 30℃ 时会发生腐烂、发霉现象，所以夏季宜放于有空调或较为阴凉的房内培育。每天要喷水多次，高温时需经常喷水，保证芽盆湿润。

4. 采收

苜蓿芽苗菜约 3cm 高时除去黑色覆盖物，或从暗室移至光亮处，使其见光绿化 2d 左右，幼苗长至 4～5cm 即可采收，用清水冲洗去种皮即可食用。产量为种子的 10～12 倍。此时种子中的营养物质已转变为活性物质或易吸收物质。

第六节　蕹菜芽苗菜

蕹菜也称空心菜、藤藤菜、藤菜、竹叶菜、通菜，为旋花科番薯属一年生蔓性草本植物，原产于我国南方多雨地区，多分布于亚洲热带地区。因其耐高温高湿，水陆皆可生长、病虫害较少、田间管理简单、收获期长，是我国南方地区夏季主要栽培的绿叶菜。蕹菜味甘、性平，中医认为有清热去暑、凉血利尿、解毒及促进食欲等功效。蕹菜芽苗菜是由蕹菜的种子培育而成（图6-6），以嫩梢嫩叶供食，有特殊的野菜味，营养丰富。

图6-6　蕹菜芽苗菜

一、蕹菜芽苗菜的营养价值

蕹菜芽苗菜含有丰富的维生素A、维生素B、维生素C、烟酸、蛋白质、脂肪、铁、磷等，其中维生素B_1含量比较高。蕹菜属于碱性食物，含有钾、氯等调节水液平衡的元素。食用后可以降低肠道酸度，预防肠道内菌群失调，有防癌功效。所含的烟酸、维生素C可以降低胆固醇、甘油三酯，具有降脂、减肥的功效。蕹菜芽苗菜的粗纤维素含量也较丰富，具有促进肠蠕动、通便解毒的作用。另外，蕹菜芽苗菜的汁液对于金黄色葡萄球菌以及链球菌等有一定的抑制作用，可以起到预防感染的功效。

二、蕹菜芽苗菜栽培技术

1. 种子选择

选择籽粒饱满、没有缺损的当年新种子，发芽率在98％以上。

2. 浸种

可结合温汤浸种消毒，即用50～55℃温水浸种30min进行种子消毒后，在常温下继续浸种6～10h。

3. 播种

苗盘铺1～2层种植纸，盘里加水至纸面略漂浮，将浸种后的种子平铺，在种子上覆盖1层种植纸，然后在苗盘上覆盖遮光板。

4. 播种后管理

一般播种后24～48h即可发芽。发芽后每天用清水喷淋保持种子或种苗湿润，也可用牙签或者镊子在纸上戳些小洞，使胚根扎入纸孔吸收水分。在采收前1～2d见光绿化。

5. 采收

当蕹菜芽苗菜长出真叶后即可采收，如果采收过晚则根须过多则影响口感。

第七节　花生芽苗菜

花生又名落花生、长生果、地豆，为豆科落花生属一年生草本植物。茎匍匐或直立，有棱，羽状复叶，腋生总状花序，花黄色，受精后子房柄迅速伸长钻入土中，子房在土中发育成茧状荚果。剥壳后的种子称花生仁，呈长圆、长卵、短圆形等，种皮有淡红、红色等。花生芽苗菜是由花生仁生芽后形成，也称花生芽。

一、花生芽的营养价值

花生仁中蛋白质含量高达 30％，培育成花生芽苗菜后蛋白质分解为 10 多种人体所需的氨基酸，其中赖氨酸比大米、白面、玉米高 3～8 倍，赖氨酸可提高儿童智力，预防人过早衰老。谷氨酸和天门冬氨酸可促进脑细胞发育、增强记忆力。花生芽苗菜中的儿茶素具有延缓衰老的功能。花生芽苗菜中还富含钙、维生素 E、维生素 B_2、维生素 B_1 和维生素 B_6 等。

二、花生芽栽培技术

1. 培育材料

可用花盆或塑料盒。要求花生仁新鲜、籽粒饱满，发芽率在 98％以上。

2. 种子处理及播种

花生种子具有休眠性。不同类型的花生，其休眠原因不相同。珍珠豆型花生，新采收的种子含有充足的水分阻碍了外界水分和氧气的渗入，而呈现休眠状态。经过干燥后，便可打破休眠。普通型花生种子由于发育过程中积累了脱落酸，需长时间贮藏方可打破休眠。荚果或花生仁贮藏在温暖、干燥的地方以及播种前晒种、浸种，都可降低种子内脱落酸的含量，有利于打破休眠，促进萌发。因此在培育花生芽菜时，要先将花生仁放在 40℃温水中浸泡 2～4h，使种子吸足水分，取出后放入干净的容器内，用多层洁净的湿布或毛巾盖好，置于 18～20℃的环境下，每天喷淋温水 1～2 次，以保持种子湿润。待种子的胚根长出约 3mm 时，剔除不露白的果仁，将已露白的花生播于培养盆中，注意要摊平不重叠。

3. 播种后管理及采收

用花盆培养花生芽菜时，先用瓦片将盆底小孔堵好，下铺干净河沙 4～5cm，把已催芽的花生仁密播一层，用细沙覆盖 6cm 厚，喷水保湿。或用长 20cm、宽 8～10cm、高 5～7cm 有盖的塑料盒，下钻漏水小孔，盒底铺一层吸水性强的白纸，将花生仁播下摊平，在 18℃以上的条件下进行培养，5～7d 芽长 6cm 左右即可采收，生产率为干花生仁重量的 6 倍。花盆沙培的见沙面已冒花生子叶顶，即可倒出，洗净即可炒食或煮汤等。

第八节　香椿芽苗菜

香椿为楝科香椿属植物，是我国传统的木本蔬菜，因具有浓郁的香气深受消费者的喜爱。人们常食用的香椿为春季初生的香椿树嫩芽和嫩枝叶，俗称"香椿芽"，民间有"杜鹃啼血椿芽红"的诗句，表明采摘香椿树芽的最佳时间是每年清明节前后。香椿芽采收季节性强，鲜食期很短，远远满足不了市场需求。利用香椿种子进行水培或基质栽培生产香椿芽苗菜，投入少、速度快、生产周期短等，且芽苗鲜嫩，一年四季可以生产，经济效益更显著。香椿种芽菜品质比香椿树芽更为柔嫩，清洗后可带根食用。

一、香椿芽苗菜的营养价值

香椿芽苗菜含有丰富的维生素 C、胡萝卜素、钾、钙、磷等营养物质，能够增强人体的免疫力和抗氧化能力，保护视力和皮肤健康。香椿芽苗菜中富含的天然植物酮类和苯乙醇类物质，可以有效清除体内毒素和自由基，改善肝脏功能，促进代谢和消化；香椿芽苗菜还含有丰富的蛋白质和纤维素，有助于增强人体的饱腹感，稳定血糖水平。

二、香椿芽苗菜栽培技术

以香椿种（籽）芽菜为例，介绍香椿芽苗菜栽培技术。

1. 种子选择

香椿多以嫩芽的色泽和香味划分，有红香椿、褐香椿、红叶椿、红芽绿香椿、黑油椿、红油椿、青油椿等。生产芽苗菜，以选用芽红、鲜亮、香味浓、味甜、脆嫩多汁少渣的红香椿为宜。一般 7～10 年生的香椿树上所采的种子生命力强、芽菜产量高。香椿的种子含油脂高，寿命较短，一般采种后一年左右便完全丧失发芽能力，因此必须选用当年新采的种子，才能保证发芽率。当年新采的种子为鲜红色、种皮无光泽，种仁黄白色，有香味，而存放时间长的种子，其种皮为黑红色，有光泽，有油感，无香味。

2. 浸种催芽

浸种前去除种子中的杂质、秕粒、种翅等。用 55℃温水浸种，浸种时要不停地搅拌至水温下降到 30℃左右，换清水再浸泡 12h 后捞起，用纱布包裹放于 23℃处催芽，每天用温水冲洗 1～2 次，待种芽长至 1～2mm 时播种。

3. 播种

播种用的基质可采用珍珠岩，或珍珠岩、草炭、清洁河沙混配基质，基质厚约 2.5cm，播种前浇透水。将催芽后的种子平铺于苗盘中，播种量 240～300g/m²。播种后覆盖基质厚度约 1.5cm，覆盖后立即喷水。大规模生产时最好用立体栽培、设架，用统一的苗盘，可购买现成的轻质塑料盆。一般有长 60cm、高 5cm、宽 24cm 的苗盘，与立架规格相适应，以便于叠放，立架不宜太高，高 1.6m 左右，每架设 4～5 层，架与架的间距 40～45cm，以便于操作。

4. 播种后管理

播种后 5d 左右发芽，待芽长至 0.5～1cm 时再放到栽培架上。要及时喷水，保持空气相对湿度 80％左右，有条件的设施可安装微喷设备，浇水均匀又省工，利于芽苗快速生长。喷水要使用细孔喷壶，以防喷倒芽苗，喷水量以苗盘内不积水为宜。

栽培室的白天温度 20～23℃为宜，最高不得超过 28℃，夜间 16℃左右。遮光，每 1～2d 调整一下苗盘的位置，以使幼苗生长均匀。

5. 采收

温、湿度适宜时，播后 15～18d 即可采收（图 6-7）。合格的产品，其下胚轴长 10cm、子叶完全展开、未出真叶、未木质化、无烂根烂种和病害、香味浓郁。采收时带根拔起，清洗干净，作商品生产的宜包装或活体上市。一般产量为种子重量的 10 倍左右。

图 6-7　香椿芽苗菜　　　　　　　　　　　　　　彩图

第七章

庭院主要果树栽培技术

第一节　草莓

草莓别名凤梨莓，为蔷薇科草莓属宿根性多年生草本植物，原产于南美，中国各地及欧洲等地广为栽培。野生草莓起源于欧洲、美洲和亚洲，现代大果型栽培草莓则起源于法国。中国野生草莓资源丰富，主要分布于东北的长白山区、西北的秦巴山区和天山山脉，以及云贵高原和青藏高原等地区。1915年，中国最早引入的现代草莓，是俄罗斯侨民自莫斯科引入黑龙江亮子坡种植的'维多利亚'品种，同时，在上海、河北、青岛等地也由传教士陆续引入一些现代栽培品种种植。黑龙江省是我国草莓栽培最早的省份。目前，在全国范围内，北至黑龙江，南至海南，东自浙江，西至新疆、西藏均有草莓商业化生产，中国的草莓栽培面积和产量均居世界第一位。草莓浆果鲜红艳丽，芳香多汁，甜酸可口，含有丰富的养分和人体必需的矿物质、维生素、氨基酸和鞣花酸。

一、生物学特性

草莓根系较浅，由新茎和根状茎上的不定根组成，为须根系，主要分布在地表20cm深的土层内。新茎于第二年成为根状茎后，须根就开始衰老并逐渐死亡，然后从上部根状茎再长出新的根系来代替。每年根开始生长比地上部早10d左右，结束则晚。茎可分新茎、根状茎和匍匐茎，前两种为地下茎。草莓叶为基生三出复叶，具长叶柄，花绝大多数为两性花，花序为有限聚伞花序。草莓的果实是由花托膨大形成的假果，栽培上称为浆果，果实柔软多汁，果面多呈深红或浅红色，果肉多为红色或橙红色，果心充实或稍有空心。果实生长曲线呈典型的"S"形。草莓种子是受精后的子房膨大形成的瘦果，附着在膨大花托的表面。

草莓对温度的适应性较强，根系在2℃时便开始活动，5℃时地上部分开始生长，根系生长最适温15～20℃，植株生长适温20～25℃。春季生长如遇到－7℃的低温会受冻害，－10℃时大多数植株会冻死；开花期低于0℃或高于40℃都会影响授粉受精，产生畸形果，夏季气温超过30℃，草莓生长受抑制，不长新叶，有的老叶出现灼伤或焦边。草莓为喜光植物，但又有较强的耐阴性，光强时植株矮壮、果小、色深、品质好，光照过弱不利草莓生长。草莓由于根系分布浅，植株小而叶大，叶面蒸腾作用强，大量抽生匍匐茎和生长新茎等特性，在整个生长季节对水分有较高要求，整个生育期应保持土壤最大持水量的65%～80%为宜，浆果成熟期要适当控制水分。草莓宜生长于肥沃、疏松中性或微酸性壤土中，过于黏重土壤不宜栽培。

二、草莓繁殖技术

1. 种子繁殖

种子繁殖多用于远距离引种或培养草莓的实生苗来选育新品种，也可用于庭院绿化鲜食兼用型种植。选取发育良好、充分成熟的果实供采种用。削下果皮，放入水中，洗去浆液，捞出晾干；或把削下的果皮直接晾干，然后揉碎，果皮与种子即可分离。

草莓播种育苗可在春、秋两季。浸种8～12h后，为了便于撒播可与干细沙混拌后播种，播种前浇透底水，播种后可覆盖0.2～0.5cm的营养土或细沙土，上盖不织布保湿。出苗后及时撤掉不织布，苗期进行适当间苗，幼苗长出3～4片真叶时，可分苗于穴盘或营养钵中。可根据栽植场所实际情况适时栽植。

2. 分株繁殖

分株繁殖包括根状茎分株和新茎分株。

根状茎分株是在果实采收后，及时加强对母株的管理，适时进行施肥、浇水、除草、松土等，促使新茎腋芽发出新茎分枝。当母株的地上部有一定新叶抽出，地下根系有新根生长时，挖出老根，剪掉下部黑色的不定根和衰老的根状茎，将新的根状茎逐个分离，这些根状茎上具有5～8片健壮叶片，下部应有4～5条米黄色生长旺盛的不定根。分离出的根状茎可直接栽植到生产园中，栽植后要及时浇水，加强草莓种植管理，促进生长，第二年就能正常结果。

新茎分株除了根状茎分株方法外，也可培育母株新茎苗结果。具体方法是：将第一年结果的植株在果实采收后，带土坨挖出，重新栽植在平整好的畦内。畦宽70cm，畦上双行的行距为30cm，行上穴距50cm，每穴2株。经一个月后，母株上发出匍匐茎，当每株有2～3条匍匐茎时，掐去茎尖，促使母株上的新茎苗加粗。新发的匍匐茎可以反复掐去茎尖，这样每穴至少可分生4～6个新茎苗。新茎上着生的花序，加上新茎苗周围匍匐茎上的花序，比单纯栽匍匐茎的花序要多1/3以上，产量也显著提高，而且还节省秧苗土地和劳动力。

三、草莓栽培技术

1. 整地施肥

结合旋耕撒施腐熟农家肥5000kg/667m^2，配施过磷酸钙50kg/667m^{2}或氮磷钾复合肥50kg/667m^2，如果土壤缺素还应补充相应的微肥。以高垄或高畦为宜。

2. 种苗准备

种苗质量是栽后成活和高产的基础。草莓优质壮苗的一般标准是：植株完整，无病虫害，具有 4～5 片以上发育正常的叶片，新茎粗在 1cm 以上，叶柄短粗壮，根系发达，有较多新根，多数根长达 5～6cm，单株鲜重在 30g 以上。起苗前先去除老叶，留 2～3 片心叶，保护起出的秧苗根系不干燥，适当淋水保湿。为了提高栽植成活率，可用生根粉（或生根剂）浸根后待栽植。

3. 栽植

春季栽植成活率虽然高，但影响当年产量。生产中以秋栽为宜，不同地区栽植时间不同，如华北和关中地区适宜定植期为 8 月下旬至 9 月上旬，沪杭一带在 10 月上中旬。若采用冷藏苗时，栽植时期可根据采收期向前推 60d 左右。栽植时可采用定株栽植方式或地毯式栽植方式。定株栽植就是按一定株行距栽植，在果实成熟前随时将长出的匍匐茎摘除，以集中养分，提高产量和品质；采收后保留老株，去除长出的匍匐茎；第二年结果后保留匍匐茎苗，疏去母株，按照固定株行距保留健壮的新匍匐茎，这样就地更新，换苗不换地，产量较稳产。地毯式栽植就是定植时按较大株行距栽种，让植株上长出的匍匐茎在株行间扎根生长，直到均匀地布满整个园地，形成地毯状；也可让匍匐茎在规定的范围内扎根生长，对延伸到行外的一律去除，形成带状地毯。

栽植密度应根据栽植制度、栽植方式、土壤肥力和品种等因素决定。一年一栽制的株行距宜小，多年一栽制的株行距应适当加大，一般株行距（15～20）cm×（20～25）cm。设施栽植密度可适当缩小。栽植的深度是草莓栽后成活的关键，要做到使苗心与地面平齐，过深埋住苗心，苗心易烂导致死苗，过浅新茎外露，秧苗枯干死亡，栽时达到"深不埋心，浅不露根"为宜，同时要注意苗的方向，将幼苗弓背朝向垄外，花序从弓背方向长出，这样结果后，果实紧贴高垄或高畦的壁上，不占地面，作业可在垄或畦沟内进行，不至于踩踏果实，且果面干净。栽植后及时浇透"定根水"，并及时检查，对露根或埋心苗要及时进行调整。

4. 栽植后管理

（1）防寒保温与解除防寒　对于北方露地及大棚生产，需要做好越冬前的防寒保温工作以及翌年早春防寒解除工作。草莓栽植成活后要加强田间管理，并做好土壤封冻前防寒物的准备，露地栽培苗上覆盖防寒物厚 5cm 左右；设施栽培的草莓要进行扣膜保温，待棚内结冻时，草莓进入休眠，休眠 400～600h 后，再加温，白天棚内温度保持 20～25℃，夜间保持在 8～12℃，加温后注意室内通风。早春土壤解冻后，可分两次撤除防寒物，并在芽萌发前将覆盖物全部撤除，同时将枯蔓、烂叶和杂草等清除，集中烧毁，减少病源。

（2）肥水管理　春季田园清理之后，应施入腐熟的农家肥，并结合松土使肥料与土壤混合均匀，采取覆膜栽培可在两垄（或两畦）间的沟内进行。在草莓生长期应根据各阶段对肥料的不同需求而分期追肥：结合返青水，可追施速效氮肥 7～8kg/667m^2；开花结果期追施氮磷钾复合肥 10～15kg/667m^2；果实采收后追肥以恢复植株长势，以速效性氮肥为主。

草莓为喜湿植物。生长期要浇好以下几次水：一是土壤解冻后，结合施基肥浇透返青水；二是开花期、浆果成熟期需要大量水，根据土壤墒情浇水 3～4 次；三是土壤封冻前浇好封冻水。

（3）植株调整

① 疏花蕾、除弱花序：草莓花序上高级序花开花晚，往往不能形成果而成无效花，即使能形成果实，也因成熟晚，果实小而无采收价值。所以在开花前将二级花序疏除，并除去枝丛下部的弱花序。

② 垫果：果实触及地面，影响着色与质量，又易引起腐烂，所以花后可用碎草铺垫在植株周围，若采用地膜覆盖，可以不用垫草。

③ 去除匍匐茎：果实采收后，当匍匐茎刚出现时，应及早摘除，使植株积累大量的有机养分，不仅可促进当年的花芽分化，还能保证第二年的丰收，并提高植株越冬能力。

④ 除叶：果实采收后，对于发生匍匐茎多的品种，可割除地上部老叶，除叶可减少匍匐茎的发生，刺激多发新茎，增加花芽数量和翌年产量。

（4）病虫害防治　草莓病害主要有白粉病、灰霉病和霜霉病，虫害主要有红蜘蛛和蚜虫。白粉病的药剂防治可用波美石硫合剂或甲基硫菌灵或三唑酮等药剂；灰霉病可采用甲霜灵或苯氟磺胺或克菌丹等药剂防治；霜霉病可用甲霜锰锌或烯酰锰锌或代森锰锌等药剂防治。红蜘蛛可用炔螨特或三氯杀螨醇防治；蚜虫可用抗蚜威或溴氰菊酯等药剂防治，同时可利用银灰色对蚜虫的驱避作用，用银灰色的地膜覆盖，防止蚜虫迁飞到草莓地。

5. 采收

草莓果实以鲜食为主，必须在70%以上果面呈现该品种特有颜色如红色时方可采收，冬季和早春温度低，应在8～9成熟时采收，早春过后温度逐渐回升，采收期可适当提前。每1～2d采摘一次，采摘应在上午8～10时或下午4～6时进行，不摘露水果和晒热果，以免腐烂变质。采摘时要轻摘、轻拿、轻放，不要损伤花萼，同时要分级盛放并包装。每次采收都要将成熟适宜的果实采净。

第二节　葡萄

葡萄别称蒲陶、草龙珠、赐紫樱桃、琐琐葡萄、山葫芦、菩提子、索索葡萄、乌珠玛、葡萄秋等，为葡萄科葡萄属木质落叶藤本植物，是世界最古老的果树树种之一，据古生物学家考证，在新生代第三地层内就发现了葡萄叶和种子的化石，证明距今650多万年前就已经有了葡萄。葡萄原产于欧洲、西亚和北非一带。据考古资料，最早栽培葡萄的地区是小亚细亚里海和黑海之间及其南岸地区。大约在7000年以前，南高加索、中亚细亚、叙利亚、伊拉克等地区也开始了葡萄的栽培。多数历史学家认为波斯（即今日伊朗）是最早酿造葡萄酒的国家，欧洲最早开始种植葡萄并进行葡萄酒酿造的国家是希腊。中国栽培葡萄已有2000多年历史，在我国长江流域以北各地均有种植，我国葡萄产品主要产于新疆、甘肃、山西、河北、山东等地。葡萄品种很多，全世界约有上千种，总体上可分为酿酒葡萄和食用葡萄两大类。世界栽培品系有欧洲品系（European grape）及美洲品系（Fox grape）两大系统，根据其原产地不同，分为东方品种群及欧洲品种群。我国栽培历史久远的'龙眼'、'无核白'、'牛奶'、'黑鸡心'等均属于东方品种群，'玫瑰香'、'佳丽酿'等属于欧洲品种群。

一、生物学特性

葡萄茎蔓长达 10～20m，小枝圆柱形，有纵棱纹，无毛或被稀疏茸毛；卷须 2 杈分枝；单叶，互生；花小，黄绿色，组成圆锥花序；浆果圆形或椭圆形，因品种不同，有白、青、红、褐、紫、黑等不同果色；果熟期 8～10 月。

葡萄属喜温果树，当日平均气温达到 10℃以上时，芽开始萌发；新梢生长和花芽分化最适温度为 25～30℃，气温达到 40℃以上时叶片受伤，果实发生日灼；浆果成熟适温为 28～32℃，低于 14℃和高于 38℃对果实的生长都不利，昼夜温差大有利于果实的着色及糖度的积累。葡萄的根系发达，吸水能力强，具有较强的抗旱性，但幼树抗性差，一般葡萄在萌芽期、新梢旺盛生长期、浆果生长期内需水较多；开花期阴雨或潮湿天气，影响正常开花授粉；浆果成熟期降雨量大影响着色，引起裂果，加重病害，降低品质；葡萄生长后期雨水过多，新梢生长结束晚，枝条成熟差，不利于越冬。葡萄是喜光植物，对光照非常敏感。光照充足，植株生长健壮充实，花芽分化好，浆果着色快，品质好，产量高；光照条件不足，枝条细弱节间长，花芽分化不良，产量低，品质差。但光照过强，果实易发生日烧。葡萄对土壤的适应很强，除了极黏重的土壤和强盐碱土外，一般土壤均可种植，但以土层深厚肥沃、土质疏松、通气性良好的沙壤土最好；葡萄适宜的土壤 pH 值为 6～7.5。

二、葡萄繁殖技术

1. 实生苗

用种子播种所繁殖出来的苗木，称为实生苗。由于目前在生产中应用的栽培品种，一般均为杂交种，用其种子播种得到的实生苗，其性状就会发生分离，所以不能用播种培育实生苗的方法直接繁殖生产中所需要的栽培品种苗木。为了保持栽培品种的优良性状不发生改变，同时又要增强其抗寒能力，必须采取嫁接苗，即接穗用所需要的栽培品种，砧木用抗寒性强的山葡萄或'贝达'品种，其中山葡萄砧木主要用种子繁殖。

（1）种子采集　应采集充分成熟的葡萄果实，铺放在室内进行后熟，为了防止果堆发热烫坏种芽，要经常翻堆。当果实腐烂时揉碎后清洗出种子晾干保存。山葡萄酒厂中未经发酵的，即榨汁后的废渣，经清洗晾干后的种子也可以用。

（2）层积处理　一是先把种子用水浸泡 1～2d，并不断搓洗，用清水投洗 2～3 遍后，将种子与河沙（1 份种子，3 份沙）混拌均匀，装入箱或筐中，放在 0～2℃的窖中，低温处理 40～60d 即可。河沙应保持湿润状态。

二是在大地封冻前，先把种子浸泡 1～2d，并经搓洗、投洗后，将种子装入麻袋中，浅埋于室外高燥处，并盖雪防干。翌年春季气温开始回升时，种子袋上要用草苫等盖上遮阴，以免种子因袋中温度高而发芽。

（3）催芽 播种前约半个月，将经过层积处理后的种子，放在 20～25℃处催芽。当有 30%～40%的种子裂嘴吐白时，即可播种。

（4）播种 黑龙江省南部地区一般露地播种的适宜时期为 4 月下旬至 5 月上旬。培育葡萄实生苗的苗圃地，应采取秋翻地、秋施肥、秋起垄（垄距 60～70cm）的方式。可采用垄上开沟条播，也可采用穴播法，穴距 5～10cm，每穴 2～4 粒种子，覆土 2～3cm，随即在垄沟内灌透水。一般播种量约为 2.5kg/667m²。为了提高苗木素质，可采用地膜覆盖，这对主蔓的粗度和成熟部分的长度及节数均有显著的效果，且为播种第二年进行嫁接提供了可能性。

（5）苗期管理 播种后要加强保墒防止芽干，注意及时灌水、除草和松土，以保苗齐、苗全、苗壮。覆盖地膜的，当苗出土后，要及时将苗露出地膜，以免烤苗。幼苗长出 1～2 片真叶时间苗，长出 4～5 片真叶时，按 5～10cm 株距定苗。葡萄易感霜霉病，特别是在雨季，可用代森锌或波尔多液等药剂防治，每隔 1～2 周喷洒 1 次。秋末冬初时，葡萄苗落叶后，每株留 2～3 节进行缩剪，随后盖土防寒，保护幼苗安全越冬（盖土厚度在剪口以上 2～3cm 即可）。另外，也可在落叶后将幼苗挖出窖藏，以待第二年定植。

2. 扦插苗

扦插是一种最简单的繁殖葡萄苗木的方法，利用葡萄蔓使其生根而形成的苗木称为扦插苗。对于'贝达'砧木常常采取绿枝扦插繁殖苗木，所谓绿枝扦插就是夏季利用夏芽副梢扦插，这种方法在温度 25～30℃时，扦插后 5～10d 即可生根，是一种加速繁殖葡萄苗木的好方法。具体做法如下。

（1）苗床准备 提前把扦插苗床做好，扦插苗床选在通风高燥、排水好的地方，床宽 1～1.5m，长度依扦插数量及场地确定。先将设床的地面耙平，上铺 10cm 厚的营养土，再铺 5cm 厚的细沙，苗床上面再搭 1m 高的遮阳棚。

（2）插条准备 扦插前 1 周，把准备做插条用的新梢摘心，促进枝梢组织充实，叶片增厚，提高扦插的成活率。应剪成单芽一叶的插条，所带叶片应达到成龄叶，为了减少蒸腾量，应将叶片剪去一半。插条上端剪口要平，距芽 1.5cm，下端剪成斜面。

（3）扦插 扦插前先将床土浇透，扦插密度为（10～15）cm×（10～15）cm，插后再喷一遍水。

（4）扦插后管理 扦插后每天浇水，保持床土湿润。待生根后，逐渐减少浇水，并逐渐撤去遮阳棚。

3. 嫁接苗

根据不同栽培方式选择适宜的砧木。如对于寒冷的北方高寒地区，进行露地栽培葡萄时应选择耐寒性强的山葡萄作砧木，进行温室和大棚栽培葡萄时可选择根系活动早、发根快的'贝达'作砧木。嫁接方法目前主要有绿枝劈接法、片芽嫁接法和一年生枝蔓舌接法三种。以黑龙江省南部地区为例，介绍三种嫁接方法。

（1）绿枝劈接法 6 月初至 6 月 20 日，当新梢略有木质化时，进行嫁接最为适宜。

接穗的夏芽萌发生长，嫁接当年即可成苗。方法是：选择与砧木粗细差不多的新梢做接穗，每接穗1～2个芽，一个新梢可以截成几个接穗。在芽的下方两侧削成楔形，削口要平滑，并露出形成层。然后将砧木新梢自地面上10～15cm的节间处剪掉，剪口要平。用锋利的嫁接刀在剪口的正中垂直向下，将砧木新梢劈成两半，劈的深度与接穗削面长度一致，然后将接穗插入，使砧木和接穗的形成层对上，再用0.5cm宽、长约20cm的塑料薄膜条将接口绑紧、封严。嫁接后如果土壤干燥，应及时浇水，保持土壤湿润，可提高嫁接成活率。

接后10d左右，接口愈合，接穗上的夏芽开始萌发生长，要及时立支柱，绑缚接穗新梢沿支柱垂直旺盛生长。对砧木上萌发的芽眼和新梢要及时抹除。接穗上长出的副梢，留一片叶摘心，8月上旬再将主梢摘心促进成熟，当年秋后即可成苗。接口上绑缚的塑料薄膜条，应在第二年上架后解除。

（2）片芽嫁接法　为了延长嫁接时期，或在绿枝劈接没能成活的情况下，可以继续进行片芽嫁接。适宜嫁接的时期为6月下旬至7月中旬。方法是：接穗和砧木均为当年的新梢，应选两者粗度相近的，先在接穗上切取发育充实的冬芽，再在砧木的节处或节间切成与接穗芽片同样形状与大小的切口，再将芽片严密地吻合在切口中（图7-1），然后用塑料薄膜条将芽片全部捆缚紧密。15d左右，接口即可愈合，再将塑料薄膜条解开。片芽接的冬芽当年不萌发，待到第二年春季才萌发生长，到秋季落叶后长成嫁接苗即可出圃。

片芽嫁接还应当注意：一是嫁接部位要在砧木距地面10cm以上的高处，避免接穗生根和防寒时接口折断。二是捆扶砧木垂直生长，防止片芽当年萌发。三是冬前接芽、上部节剪掉。四是冬初盖草袋，埋土15～20cm厚，保护芽片越冬。五是次春撤除防寒物，萌芽后及时抹除砧木上的芽梢，保留并促进片芽的萌发生长。管理方法与绿枝劈接法的方法相同。

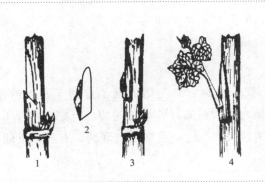 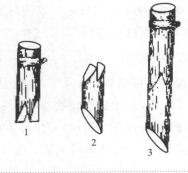

图7-1　片芽嫁接法	图7-2　一年生枝蔓舌接法
1—砧木切口；2—取片芽；3—将片芽吻入切口；	1—接穗切口与顶端剪口；2—砧木切口与底端剪口；
4—嫁接第二年春冬芽萌发生长	3—将接穗与砧木切口吻合

（3）一年生枝蔓舌接法　10月中下旬葡萄修剪时，结合进行接穗和砧木的收集工作。选取成熟良好的一年生枝，分别将接穗和砧木剪成50cm左右长，再分别按每50～100根

捆成一捆，并拴标签注明名称及数量，放在窖内用湿沙埋藏，经常检查、翻动，保持湿润状态。待第二年4月下旬出窖，将接穗剪成带1个芽眼的短接穗，要求芽上端留1.5cm，并剪成平槎，将短接穗的下端切成舌形；再选与接穗粗度相同的砧木，按1节的长短剪，上端切成舌形，下端剪成斜面。然后将接穗与砧木切口吻合（图7-2），再用塑料薄膜条将连接部位捆缚紧密。扦插前，先用清水将砧木部分浸泡1d，再用小锯在插条下部纵向刻伤，然后插入土中，将芽露出地面，芽上用湿土或木屑覆盖。插后要经常浇水保持土壤湿润，土温在25～30℃之间，使之生根发芽，也可在温床内扦插。为了提高成活率，还可以先在箱中将插条密集插在湿润的木屑或沙里，放在25～30℃的地方，并经常保持湿润，进行催根，待形成愈伤组织后再扦插。

4. 压条苗

对于繁殖发根较难的品种多采用压条（也称压蔓）方式形成压条苗。一般在春季葡萄上架时，用一年生枝蔓进行繁殖。可先将枝蔓的节间纵向刻伤，再将其按水平方向浅埋土中，深2～3cm，并经常保持覆土湿润、疏松。枝蔓上的芽出土后，及时绑缚上架，新梢上长出的副梢留一片叶摘心。由春到夏，可分次逐步剪断压条新株与母株的联系（切口应在每节发根部位靠近母株的一方），避免一次突然剪断而出现的缓苗现象。立秋前对新梢摘心，每根压条可繁殖出多个独立的植株。

三、日光温室葡萄栽培技术

1. 品种和砧木的选择

（1）品种选择　可选用优质、粒大、穗大的中晚熟优良品种，充分发挥日照温室栽培葡萄增产增收的潜力；也可选择优质、早熟、高产品种。

（2）砧木选择　生产中的砧木主要有山葡萄和'贝达'，山葡萄虽然耐寒性强，但其根系活动晚且发根慢，而且采用山葡萄嫁接苗常常出现大小脚现象，为此山葡萄砧木不合适棚室葡萄栽培；'贝达'虽然耐寒性较弱，但其根系活动早且发根快，嫁接苗长势壮、均匀，北方设施种植葡萄可选择'贝达'作为砧木。

2. 架式

温室栽培葡萄，常采用单壁立架（也称篱架）。即：架为南北向，有利于通风透光。架高2m，拉4道铁丝，铁丝间距50cm。两架之间的距离（即栽培葡萄的行距）为1.6～2m。株距1m，每667m²可保苗300多株。实践表明，这一密度是合理的，有利于早期丰产。定植后2～3年即可满架，进入盛果期。

3. 定植

定植秧苗的办法有两种：一种是直接定植嫁接成苗，另一种是用先栽砧木后嫁接的坐地苗，目前多采用前一种方法。黑龙江省南部地区，可在3月下旬至4月上旬利用设施实行早春营养钵育苗，延长营养生长期。可用12cm×12cm的营养钵，内装营养土，而后把嫁接成苗栽入营养钵内，使接穗部分露出土面，并抹掉砧木上的芽眼。然后将营养钵一个个紧密排列在畦内，浇水保持土壤湿润。温度控制在20～30℃。6～7月即可将秧苗由育苗畦取出，定植于温室。定植前温室可以抢种一茬早熟蔬菜，然后将定植行深翻或挖沟，沟内施肥，将粪土掺匀后再定植。定植时可将土坨与地面平齐或稍低，四周培土少许然后培埋田土。充分浇水，待水渗后，培土保墒。但必须注意，定植完后秧苗的嫁接口要离开栽培畦面10cm左右，防止接穗长根而影响嫁接效果。

4. 定植后管理

(1) 修剪 定植后接穗上发出新梢，应及时牵引绑缚在立架的铁丝上。也可以在第一年，立架先不设铁丝，用架条插成支柱代替，1株插1根即可，将接穗上发出的新梢（选留1个好的将来成为主梢，其余的去掉）绑缚在支柱上。新梢上发出的副梢（夏梢）应及时留1～2片叶摘心，并及时剪除卷须。黑龙江省南部地区，一般在8月中旬将新梢摘心，控制延长生长，促进养分积累和新梢成熟；11月下旬至12月上旬修剪，主梢留8～10节短截，作为来年的结果母枝。

第二年开始，可采用长梢更新修剪法。即：葡萄在第二年萌芽前，将结果母枝倾斜向北绑于第一道铁丝上，发芽后在结果母枝基部留1预备枝，然后向上部每隔20cm左右留1结果枝，共留4～5个结果枝（注意留优去劣）；冬季修剪时，将预备枝留8～10节短截，其余枝蔓一律剪除；以后年年照此法修剪的方法称为长梢更新修剪法（图7-3）。这种修剪法的特点是架面上始终布满着结果枝，不会产生空架。而且结果枝分布均匀，受光一致，互不交叉，充分利用架面，达到留全留壮，保持生育均衡，有利于进行二次结果。

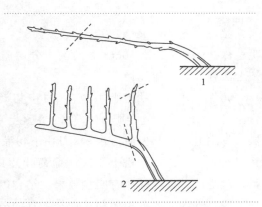

图7-3 长梢更新修剪法
1—第一年冬季修剪；2—第二年冬季修剪

此外，还应做好以下几项管理工作：一是除在结果母枝上除留1个预备枝和4～5个结果枝外，其余的芽或芽眼一律抹除，并及早剪除预备枝上的花序和一切卷须。二是除结果枝果穗下部的副梢全部抹除外，其他部分的副梢一律留一片叶摘心，并随长随摘。三是及时绑蔓缚梢。

以黑龙江省南部地区为例，在温室中若想两次结果具体方法是：在6月上、中旬迫使冬芽萌发形成第二次结果枝，即在结果枝的果穗往上留8片叶，以上的新梢剪掉，再将留1片叶摘心的副梢也全部剪除，约10d后，顶端2个冬芽萌发，形成2个两次结果枝。为了控制植株合理的负载量，使树势健壮，新梢成熟良好，每个两次结果枝上只留1个花序，每株可结8～10穗两次果。要及时剪除过多的花序，并在7月初于两次结果枝的花序以上留4～5片叶摘心。对两次结果枝上发出的副梢也同样留1片叶摘心，并随长随摘。这样，8月末至9月初可收第一次果，10月末至11月初收第二次果；11月末至12月初进行冬季修剪。

(2) 温度管理 黑龙江省南部地区，由于夏季温度较高，可在6月、7月和8月把塑料农膜撤下，不加覆盖。9月初气温明显下降，为了保证第一次果正常成熟，第二次果生长旺盛，需要掌握较高的温度，即白天30℃，夜间20℃左右。所以，需在9月初开始盖塑料农膜，并在寒流期间夜间盖保温物。如果白天超过30℃时要通风排湿，保持室内温度在25～30℃。

冬季要将塑料农膜盖严，除阴雪天外，8:30将保温物打开，利用阳光增温，15:30再盖上保温。如果温室保温效果好，能够保持室内最低温度在 -17℃以上，葡萄不必下架、埋土。为了防止特殊寒冷天气，或是为了省工而减少揭保温物的次数，也可将葡萄枝蔓下架，埋土10cm厚越冬。

3月份气温明显回升，日照时数增加，可在6:00揭开保温物，17:00盖上。3月末葡萄开始萌芽，4、5月份新梢旺盛生长，第一次花序开花，需经常保持室内温度在20～30℃之间。4月末至5月初撤去保温物。5月下旬晚霜过后，白天外温达到20℃以上，夜温在10℃以上，即可把塑料农膜揭去，妥善保存，使葡萄植株处于露地生长的条件下。

（3）肥水管理　葡萄进入盛果期必须加强肥水管理。施肥要以基肥为主，选用优质腐熟粪肥，每 $667m^2$ 施5000kg以上。于11月中旬采用深沟轮换施肥法，即在葡萄架一侧，距植株30～60cm挖50cm深的沟，分层施入，然后灌水。第二年则在葡萄架的另一侧，按上法施入，年年轮换。

此外，在生育期追肥4次。4月中旬施磷酸氢二铵或三料复合肥150g/株；6月上旬施尿素100g/株，复合肥150g/株；8月上旬施氯化钾150g/株；9月上旬施复合肥150g/株。每次追肥后都要灌透水，3月中下旬灌1次返青水；11月中、下旬灌1次冻水。全年共灌水6次，锄草，松土4次。葡萄叶片具有很强的吸肥功能，在生育期间进行叶面追肥，对增产、提高品质有明显效果。结合以上4次追肥，可同时喷洒4次0.2%的磷酸二氢钾液，有助于养分积累和输送与器官的分化，并促进枝条成熟。开花前7～10d可喷洒1次0.1%的硼酸或硼砂液，有助于授粉结实。

（4）病虫害防治　葡萄病害主要有霜霉病和白腐病。霜霉病以危害叶片为主，可在第一次果坐住后（果粒有绿豆大时），喷洒1次1:1:200浓度的波尔多液，15d后再喷1次，浓度为1:1:100。也可喷洒500倍液的百菌清可湿性粉剂或二氯异氰尿酸钠可溶性粉剂或代森锌。白腐病高温高湿条件容易发生，主要危害果实，应注意通风，降低室内湿度，白腐病发生时可用苯醚甲环唑进行防治。

葡萄虫害主要有葡萄小叶蝉（也称葡萄叶浮尘子）和介壳虫。葡萄小叶蝉主要危害嫩尖和生长点，以及吸食树体营养液，危害严重时叶色苍白以至早期落叶，葡萄小叶蝉可用吡虫啉、啶虫脒、氟啶虫酰胺等药剂防治。介壳虫主要吸食树体营养液，一旦发现可在早春葡萄上架前或上架后，扒去老皮烧毁，并喷洒含油量5%的柴油乳剂；一般当介壳虫都已从壳中爬出时是打药的最佳时机，可用噻嗪酮、呋虫胺等药剂防治。

四、大棚葡萄栽培技术

1. 大棚的选择

由于大棚栽培葡萄多采用立架，行距为1.5～2m，立架高1.5～2m，可拉4道铁丝

（间距 40～60cm），因此栽培葡萄用的大棚，最好采用无立的大棚；如果采用竹木结构的大棚，立柱间距应达到 1.5～2m。

2. 品种与砧木的选择

（1）品种选择 利用大棚栽培葡萄，由于保温条件远不如日照温室，在寒冷的北方不能进行两次结果。但大棚栽培比露地栽培具有很大的优越性，生育期可延长 1 个多月。所以，适合大棚栽培的葡萄品种与温室栽培的相同。

（2）砧木选择 大棚栽培采用的苗木为嫁接苗，砧木采用'贝达'品种。

3. 定植与定植后管理

定植密度和方法与温室栽培相同。

修剪技术除了可采取上述日照温室栽培葡萄所用的长梢更新修剪法外，还可以采取多主蔓扇形整枝法。多主蔓扇形整枝法就是留主蔓 3～4 个，在架面上呈扇形分布；在主蔓上不规则地配置侧蔓，视主蔓生长状况和空间的大小选留结果母枝。采用长（剪留 7 个芽以上）、中（剪留 4～6 个芽）、短（剪留 1～3 个芽）梢相结合，以中、短梢为主的修剪方法。该方法的优点是成形容易，修剪灵活，主蔓更新方便，产量高而稳定。但应注意，主蔓因逐渐延长，一般每年延长 0.5～1m，应避免侧枝分布不均，产生空位。

黑龙江省南部地区，6、7、8 月份温度较高，也要把大棚的塑料农膜撤下，9 月上、中旬再盖上，直到第二年的 6 月。棚内温度超过 30℃时，要及时通风降温、降湿。10 月下旬至 11 月初，大棚内的葡萄经几次霜后，叶片枯黄脱落，要及时冬剪，埋土防寒。

埋土前将修剪后的枝蔓顺在栽培畦中，其上盖一层草袋或破旧塑料农膜，然后再压少量土（刚把草袋盖上即可），待下次寒流来前再埋土达到要求厚度（25～30cm）。这种分两次埋土的方式，可以增强抗寒性和减少压断的枝蔓。

第二年 3 月中下旬，可分 2～3 次将防寒土撤除，即化一层撤一层，有利于地温的提高，促进葡萄早萌动。但这时，大棚内夜间的气温仍然较低；防寒土撤完后，草袋仍旧盖在枝蔓上，直到 4 月上旬再去掉草袋，及时上架。

大棚栽培中晚熟葡萄品种，果实成熟期一般在 9 月中旬。大棚栽培葡萄的肥水及病虫害防治等管理方法，与日照温室栽培的基本相同。

五、露地葡萄栽培技术

1. 品种和砧木的选择

针对我国北方地区气候寒冷、无霜期短、有效积温低的特点，露地栽培葡萄应选择耐寒、早熟、枝条易于成熟的品种，选择利用山葡萄作砧木的嫁接苗。

2. 架式选择

葡萄在庭院露地栽培中，可以采取立架与棚架两种架式。

（1）立架栽培 架式与前面所讲的棚室里的立架基本相同，但种植密度比棚室内立架栽培的小。适宜的行株距为（2.5～3.5）m×（1.5～2）m。为了早日达到盛果期，并增加根系面积，以利丰产，可采取每穴双株定植。即穴距 1.5～2m，每穴定植两株，两株的间距为 20cm。一般采取多蔓扇形整枝，每株只须留 2 个主蔓，1 穴 4 条主蔓，这样使成形加快，每株根系所承担的蔓数减少一半。

(2) 棚架栽培　在庭院露地栽培中，更适合采用棚架栽培葡萄。庭院中的房前屋后以及道路的两侧，均为架式栽培葡萄的好地方。在这些地方，采取"占天不占地"的架式，使单位土地面积的绿色面积扩大，不仅提高了土地利用率，也美化、绿化了庭院。

在房前屋后可以搭成倾斜棚架（图 7-4）。棚架顶是葡萄一侧低、端部高的像一面坡式的屋面，显得空旷、明朗、清新、舒适，给人以无郁蔽、无压抑的感觉。棚架端部一般与房檐高度一致，若有扩大架面的强烈想法，端部也可高于房檐 30cm，向房顶上延伸。

在道路的路面上，可搭成门廊式棚架（图 7-5）。若路面窄，可在架的一侧种植葡萄；若路面宽，可在架的两侧种植葡萄。因为这种棚架的架下是人们经常活动的场所，又是一个庭院的门户，因此，架必须坚固，高大，不得低于 2m。此外，还必须考虑架的艺术造型。

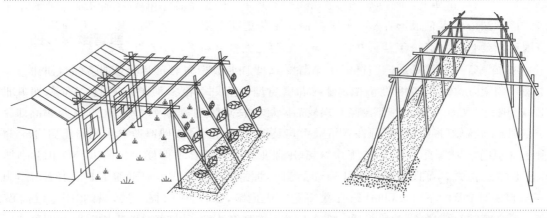

图 7-4　住房前后的葡萄棚架　　　　　　　　图 7-5　道路上的葡萄架

搭棚架时，还应在远离棚架的畦埂上，每隔 2～3m 立 1 根倾斜的立柱搭在棚架上。倾斜立柱间，每隔 50～60cm 绑一道横杆（细竹竿即可）便于葡萄枝蔓往棚架上攀援。棚架顶也须每隔 50～60cm 绑一道横杆，横杆延长方向应与葡萄枝蔓延方向垂直。

3. 定植

采取畦作，既便于灌水，又有利于埋土防寒。畦宽 1m，畦长与架面长基本一致。定植株距为 1～2m，也可采取一穴双株定植，定植的苗木也是有两种：一种是直接定植嫁接成苗，另一种是先栽砧木后嫁接的"坐地苗"。无论定植哪种苗木，都应利用设施于早春采取营养钵育苗，延长营养生长期，露地定植秧苗的技术措施与日照温室栽培相同。

4. 整形

(1) 定植后当年的整枝　直接定植的嫁接成苗，定植后立即设立支柱，将接穗上发出的新梢绑缚在支柱上。新梢上发出的副梢要及时留 1 片叶摘心，并剪除卷须。黑龙江省南部地区于 8 月上旬将新梢摘心，促进新梢成熟；10 月上中旬，根据树势进行长梢或中梢修剪。如果是"坐地苗"，其新梢管理同嫁接苗，只是 10 月上中旬修剪时，每枝仅留 2～3 节进行短截，待第二年用长出的新梢嫁接。

（2）成株整形　棚架葡萄多采用双龙干形整枝。即留 2 个主蔓，每个主蔓上每隔 20～30cm 配置一个结果枝。修剪时，除顶端 1～2 个延长枝进行长梢修剪外，其余一律留 2～3 芽短剪。

从定植嫁接成苗到完成整形，时间快的可在 1～2 年内完成，慢的需要 3 年以上。所以，在定植的当年，甚至第二年，只需立支柱或用竹竿、架条搭成临时立架或棚架即可。一旦成形，葡萄很快进入结果盛期，必须按架式要求，提前将正式立架或棚架搭好。

5. 修剪

（1）修剪的时期　葡萄必须在防寒埋土前修剪，黑龙江省南部地区一般在 10 月上、中旬进行冬前修剪。冬前修剪，不仅为了便于埋土防寒，同时也有利于伤口愈合，避免来年春剪造成严重伤流，使大量水分、营养流失，影响植株正常生长发育。

（2）修剪的方法　包括疏枝和短截。疏枝就是从枝蔓基部剪除伤损枝、衰枯枝、过密枝和多余枝。短截的程度不同，可分短梢修剪（留芽 1～3 个）、中梢修剪（留芽 4～6 个）和长梢修剪（留芽 7 个以上）。疏枝与短截关系极为密切，修剪时两者必须紧密配合，调节好植株适宜的负载量，为葡萄枝蔓配置合理、为植株的健壮生长和高产稳产奠定良好的基础。

（3）修剪的原则　在不断提高肥水等栽培管理水平的基础上，相应地增加植株负载量，在一定负载量的前提下，一是对生长势较强和基部芽眼结实力低的品种，应采用较长的剪留长度；二是在同一植株上，生长粗壮而成熟良好的结果母枝可长留，反之可短留；三是植株结果母枝数少对，可长留，反之应短留。

（4）植株的更新和改造　植株的更新和改造必须在冬前修剪时进行。所谓更新，就是以青代老和由弱转强之意。例如，第一年的植株，如果由于长势弱，冬前修剪时只留少数芽眼，待第二年重新抽长，以达到回缩更新或更新复壮之目的。对于结了几年果的植株，有的枝蔓逐渐转弱或染病遭虫、又有的结果部位严重上移或者枝蔓过粗。这就需要根据植株长势，再结合架面布局和冬埋的要求，分别进行全株更新、主蔓更新和局部更新，以使得植株的各个部分都能正常生长和结果。

6. 植株管理

葡萄在生长期需要进行不断管理，其中包括扒去老皮、上架、绑蔓、抹芽、摘心等夏季修剪工作。

（1）扒去老皮　就是在撤除防寒土后，于上架前把老蔓上的老皮扒去，以提高喷药和防治病虫害的效果。

（2）上架绑蔓　当葡萄芽眼开始萌动时及时上架，上架时注意使枝蔓分布均匀，主蔓与主蔓之间要保持 40～50cm 的距离，给结果母枝留足充分的空间，并用尼龙绳进行绑缚。

（3）抹芽抹梢　当芽眼膨大时，应及时抹除多余无用的芽。有的芽眼同时萌发出几个芽，应及时抹去瘦弱的副芽保留主芽。当新梢长出 5cm 左右时，应及时掰掉多余的或无花序的新梢（需留做更新或补空的除外）。及时抹芽抹梢能保持架面通风透光良好，节约养分、水分的消耗，促进所保留新梢和花序的生长发育。

（4）摘心　就是将新梢顶端剪除，中断新梢加长生长，控制养分和水分分配的一种措施。摘心对于保花保果，促进花芽分化，增加有机养分积累都有良好效果。结果枝应在开花前1周左右摘心（黑龙江省南部地区大约在6月中下旬），一般是在最末花穗上留3～5片叶摘心。营养枝摘心一般稍晚于结果枝，黑龙江省南部地区在6月下旬以后进行，每个营养枝约留10片叶摘心，这对枝条成熟与花芽分化，将起着促进作用。主蔓延长枝的摘心更晚一些，黑龙江省南部地区约在7月下旬至8月初，一般保留15～20片叶摘心。作为更新用的预备枝，可根据情况，按营养枝或主蔓延长枝的方法摘心。

（5）副梢处理　葡萄新梢上每个叶腋均有夏芽和冬芽，夏芽一般都能萌发而成副梢，特别是在新梢摘心后，副梢生长更旺。如果不加限制，势必消耗大量养分，影响通风透光。但也不可限制过重，以免使副梢基部的冬芽当年萌发，而影响来年的正常结果。所以，副梢处理，必须按一定方式进行。结果枝上的副梢，应把位于花序以下各节的全部抹除，花序以上各节的，留1～2节摘心。营养枝上的副梢，若有空间，可留1～3节摘心；若没有空间，只留顶端的1～2个，并留1～2节摘心，其余的一律由基部抹除。副梢摘心后，很快发出2次副梢，再留1～2节摘心，若再发出3次副梢，甚至4次副梢，仍按上面方法处理。这样，一年要进行3～5次副梢处理。

（6）绑蔓除须　为了防止新梢折断，当新梢长到一定长度时，要及时绑蔓，把新梢均匀地固定在架面上。为了减少卷须对有机养分的消耗，并防止架面枝梢紊乱，应将卷须及早摘除。

（7）除萌断根　对嫁接植株砧木上的萌条，除留做补接或更新外，应及时除掉，以保证接穗的正常生长和发育。接穗上发出的根也应及时去掉，以免逐渐变成自根植株，使抗寒性大大降低。

7. 肥水管理

葡萄的施肥可按施足基肥，分期追肥的原则进行。

（1）基肥　施入足量的基肥，可在较长的时间内不断供给葡萄植株所需要的营养。大量施入基肥对土壤的疏松熟化及改良也起着重要作用。施肥量在5000kg/667m^{2}以上；施肥时期在秋季果实收后施入，施肥方法与日照温室栽培的葡萄相同。

（2）追肥　一般每年进行1～2次，多的进行4次，以满足葡萄在不同的生长时期对营养元素的不同要求。在灌返青水时，可追施速效性氮肥，如尿素10～15kg/667m^2，以满足新梢迅速生长对大量氮素营养的需要。在开花前7～10d，结合灌催花水时，追施1次氮肥，并适当配施磷肥，以促进新梢生长和开花、坐果。可追施尿素10kg/667m^2、过磷酸钙20kg/667m^2。当果实坐住，果粒普遍有绿豆大时，果实进入迅速膨大期，需要供应大量养分与水分，可结合灌溉催果水，再追施1次肥。追肥种类与数量同第二次。在果实开始着色时，为了促进果实成熟和提高品质，以及促使新梢的木质化和提高植株的抗寒性，应追施1次以磷、钾为主的肥料，也可施草木灰100kg/667m^2。为了补充土壤施肥的不足，也可利用叶片气孔具有吸收水分和养分的能力，进行叶面喷肥，常用的肥及其浓度为：尿素0.2%～0.3%，过磷酸钙1%～3%，磷酸二氢钾0.2%，硼酸或硼砂0.1%～

0.2%，硫酸镁 0.2%，硫酸锌 0.1%，草木灰浸出液 3%。为了提高喷肥效果，应在早晨、傍晚或阴天进行，并将肥液喷在叶背面。

8. 防寒和撤除防寒物

（1）防寒　我国北方地区，冬季严寒，特别是黑龙江省，冬季常在 -30℃ 左右。露地栽培葡萄，必须采取埋土防寒才能安全越冬。防寒工作应在土壤封冻前完成。经过几场霜后，葡萄叶片已枯黄脱落，要抓紧进行冬前修剪，然后及时下架，将枝蔓顺在栽培畦中，上面覆盖一层草袋，再压少量土，防止夜间温度过低造成冻害。以后再分 2 次完成埋土工作，埋土宽 1~1.2m，厚 25~30cm，取土部位要远离植株 50cm 以外，避免伤根过重和防止冻根。为了避免压断主干或主蔓，应在植株基部垫草捆或培土堆垫枕头土；另外，分 2 次埋土，也是为了使枝蔓逐渐承受土的压力，避免压坏枝蔓。为了避免鼠害，埋土前应撒杀鼠药。冬季雪少，应经常检查，发现土壤裂缝要及时堵塞，防寒气侵入，冻坏枝蔓。

（2）撤除防寒物　防寒土的撤除一般分 3 次完成，有利于提高地温。黑龙江省南部地区一般在 3 月底至 4 月初开始撤土，4 月中旬即可撤完，但此时夜间温度仍然很低，覆盖的草袋仍须保留。5 月 1 日前后，芽眼即将萌发，要及时上架。葡萄上架后，芽眼已萌动，如果遇上"倒春寒"，有可能发生霜冻，应采取熏烟防霜。

第三节　百香果

鸡蛋果为西番莲科西番莲属藤本植物，又名百香果、西番莲、木瓜莲、爱情果，因其果形如鸡蛋，故称"鸡蛋果"，平时称呼以百香果居多。原产于大、小安的列斯群岛，现在热带和亚热带地区广泛种植，在中国主要栽培于广东、海南、福建、云南、台湾等省份。《全国中草药汇编》和《台湾药用植物志》中记载百香果具有清肺润燥、镇痛、安神的功效，主治咳嗽、咽干、声嘶、大便秘结、失眠、痛经、关节痛以及痢疾等。百香果花大而美丽，花形奇异、果色鲜艳，具有很高的观赏绿化价值，是园林垂直绿化及棚架绿化种植较佳植物。果可生食或作蔬菜、饲料；果瓤多汁液，加入重质碳酸钙和糖，可制成饮料；种子榨油，可供食用和制皂、制油漆等。

一、生物学特性

百香果根系浅，水平根发达，要求土壤疏松、湿润、通气、不积水。植株茎具细条纹、无毛；叶形奇特，叶纸质，中间裂片卵形，两侧裂片卵状长圆形，裂片边缘内弯腺尖细锯齿；花芳香，花色鲜艳，果实为椭圆形浆果，果皮坚硬，单果重 60~120g。

百香果最适宜的生长温度为 20~30℃，年平均气温 18℃ 以上的地区最适宜生长。气温 30℃ 以上则生长缓慢，气温低于 15℃ 抑制营养生长，气温低于 0℃ 时植株会受冻，一般在不低于 0℃ 的气温下生长良好，到 -2℃ 时植株会严重受害甚至死亡。百香果北方种植宜在大棚内越冬，南方在 1400m 海拔以上霜期来临前要覆盖防寒，方能安全越冬，否则主茎上部和侧枝多被冻枯，甚至整株冻死。

百香果喜欢充足阳光，以促进枝蔓生长和营养积累。如果光照不足，生长缓慢，徒长枝多，甚至引起果实萎缩脱落。百香果为长日性植物，具光周效应，即长日照（日照时数12h以上）可促进花芽形成和开花。一般在早春定植后水肥等栽培管理工作做得好，当年夏天就能不断开花结果。

百香果适应性强，对土壤要求不高，沙质壤土、红壤土、高岭土等排灌良好的平地或坡地都能种植，但百花果绝不能种植在长期低洼积水地方，宜种植于土壤肥沃、疏松、排灌水良好的地方。百香果最适宜土壤 pH 为 5.5～6.5，pH 小于 5.5 时酸性太高，易引发茎基腐病，需要在夏天高温多雨季节来临前用石灰等中和部分酸性，改良土壤。

二、百香果繁殖技术

1. 种子繁殖

选择长势强健、果实均匀而大、成熟一致、抗逆性强的母树采种，当果实完全成熟时采摘，在室内放置一段时间使其充分后熟后，取出果实内种子，洗净晒干，储存待播。播种前需对种子进行浸种，可用 40℃ 的温水浸种 24～28h，浸种时前可结合种子的药剂消毒。催芽时，可将种子用湿纱布包裹放在 25～30℃ 的恒温箱进行保温，在催芽期间需每隔 4～5h 松动包内种子一次，每隔 24h 用温水清洗种子一次，待 80% 左右的种子露白时即可播种。可选用泥炭土或细土有机肥拌沙作床土，播种时可以采用 32 孔穴盘播种或苗床播种，为了便于管理，可作宽 80～100cm、长度 10m 之内（可根据实际情况而定）的苗床。要求畦面平整、土细、压实。苗床最好进行土壤消毒，可选用多菌灵处理。苗床按 5cm×5cm 规格播一粒种子，播种后覆盖 0.5～1.0cm 床土，浇透水覆盖不织布后可再覆盖塑料小棚以保湿保温。整个苗期视墒情浇水，保证土壤湿润，出苗后及时撤掉不织布，小棚应注意通风降温，以防高温烧苗；幼苗 2～3 片真叶完全叶展开时按照 5cm 株距间苗；苗期可喷施噁霉灵、多·福可湿性粉剂等药剂进行病害防治；及时拔除杂草。幼苗长到 6～10 片真叶期可逐渐进行炼苗，待栽植。

2. 扦插繁殖

扦插的种苗可以作为第二年春季栽种的苗木。插穗应选择健壮、无病虫害的半木质化百香果枝条，将枝条剪成小段后，每段留 2 个芽眼，上下芽眼两端各保留枝条 2cm，之后剪除下芽眼叶片，保留上芽眼叶片的 2/5 左右以减少水分蒸发，提高扦插成活率。剪好的插穗可用高锰酸钾或多菌灵药液浸泡杀菌消毒后放入生根粉溶液中处理后晾干、备插。可选用泥炭土或细土有机肥拌沙作为扦插基质，扦插深度为插穗长的 2/3，浇透水后应避免日晒，可采取塑料薄膜小拱棚上覆盖遮阳网的方法，一般在扦插后 20～30d 生根。

3. 分株繁殖

利用百香果植株根部萌发的分蘖苗挖出来栽培。

4. 嫁接繁殖

可选择抗性较强的'黄色鸡蛋果'或'野生西番莲'品种作为砧木，需要注意的是砧木种苗要在第一年秋季提前进行培育，育苗可以选用种子繁殖和扦插繁殖两种方法，待砧木直径达到 3mm 以上时可作为第二年春季嫁接的砧木。接穗要选择生长健壮、无病虫害的当年结果枝条，将枝条剪成 6~10cm 的小段，每个段保留 1~2 个芽眼，下端离下芽眼 4~5cm，接穗下端削成 1.5cm 的楔形切口以便嫁接。嫁接繁殖常用劈接法，即选择直径 3mm 以上的砧木，在离土面 10cm 处切断，在横断面中央向下纵切一刀长约 1.5cm 的切口，插上接穗，用嫁接夹夹住切口处。嫁接宜在阴凉天气进行。一般嫁接 7d 后检查是否成活，未成活的可重新嫁接。嫁接后用塑料薄膜搭盖小拱棚栽培，避免直接日晒。根据天气情况，定期进行浇水，整个苗期要保持土壤湿润。

三、百香果栽培技术

1. 品种选择

可选择香甜可口、果汁多、适应性强的品种。如'香蜜'百香果是近几年比较火的品种，因其果面通体金黄，故有"黄金甲"之称，该品种果汁较多，甜度高，带有浓郁的香味，是目前市场上最畅销的品种之一。

2. 选地

宜选择土质疏松、有机质丰富的土壤，土壤应具有良好的透气性和排水性，以避免积水导致根部腐烂；土壤 pH 值应在 5.5~7.0 之间，过酸或过碱的土壤都不适合百香果的生长。土壤有机质不足时，可以在土壤中添加腐熟的有机肥料，如鸡粪、牛粪等。避免选择土层过浅、土壤质量差的地块。

3. 栽植

在温暖湿润的季节，如春季和秋季是最适合栽植百香果的时间。在栽植前，应将树苗浸泡在水中 2~3h，以增加其吸水能力。棚架式栽培以行距 3~3.5m、株距 3m 为宜；单线篱式栽培行距 3.5~4m，株距 1.7~1.8m。栽植沟宽 60cm、深 20~30cm，先放入混合好的堆肥或其他土杂肥，同时每株可加 250~500g 的磷钾复合肥。在栽植时，应先将苗木埋入土壤中，再用土壤将其填平后浇透水，并在树干周围堆上一些泥土，以防止树干晒伤。同时，要注意树苗的立杆和系杆，以保证树苗的稳定。

4. 栽植后管理

（1）搭架　百香果为蔓性果树，枝蔓延长，因此百香果栽培期间必须搭架，以便管理和采收。目前以水平型棚架和单线篱式架为主。其中单线篱式架柱高 2~2.5m，在株与株之间树立，植入地下约 30cm，每条柱可拉 2 条 12 号线。

（2）肥水管理　底肥一般使用有机肥与微生物菌肥，可根据种植面积和土壤肥沃程度等因素来决定用量。百香果需要充足的养分来保持良好的生长状态，因此在生长季节，每个月应施一次有机肥或复合肥，以增加土壤肥力和提高果实品质。一般促花肥可以高磷高钾型复合肥为主，壮果肥以磷钾肥为主，同时需要注意微量元素的补充，如钙、镁等元素。如果遇到了高温干旱的情况，应该将肥料与水兑在一起喷施。

百香果是浅根系植物，喜湿润，既忌积水又怕干旱。百香果生长速度快，枝叶生长量大，除需要充足的肥料外，还需要大量的水分。新梢萌发期、花芽分化以及果实迅速膨大期（果实发育前中期）是需水关键时期，而在花芽生理分化前及果实生长后期需要较干燥的环境，有利于果实品质的提高。

（3）花期温度管理　百香果花期如果是在冬季棚内，则温度应保持在15℃以上；如果是在夏季棚内，则温度最好不要超过30℃。

（4）整枝修剪　根据百香果的结果习性进行整形修剪。栽植成活后，及时抹除腋芽，促使主蔓生长粗壮；当主蔓长至40～50cm时，要及时打架，引导主蔓上架；主蔓上架到顶部时及时打顶，留2个侧蔓，向两侧生长；当侧蔓长到2m时，剪除侧蔓顶端，促进次生侧蔓生长。每批果采收后，每个侧蔓留3～4节短截，促其基部萌发的芽形成新的结果枝。

（5）病虫害防治　百香果易受到白粉病和蚜虫的侵害。在生长期间，应定期喷洒杀虫剂和杀菌剂，以防止病虫害的发生。同时，要注意及时清理落叶和病叶，以减少病虫害的滋生。

第四节　枇杷

枇杷也称金丸、芦橘、芦枝，为蔷薇科枇杷属的常绿乔木植物。枇杷原产于中国四川、湖北一带，现分布于长江流域以南，多在低山丘陵及平原地区栽培。枇杷最早记载于《莆田县志》的"枇杷，夏初成熟，色黄味酸"，因其叶形似琵琶而得名。枇杷营养丰富，可作为水果食用，具有止渴、润燥、清肺、止咳等功效，《本草纲目》中记载："枇杷叶，气薄味厚，阳中之阴。"枇杷叶也可用来治疗胃病。早在西汉时期中国就开始栽培枇杷，到唐代已极为普遍，白居易有诗"淮山侧畔楚江阴，五月枇杷正满林"，写出了枇杷盛栽的景色，也是从唐宋时期开始，枇杷就被看作高贵、美好、吉祥、繁荣的美好象征。

一、生物学特性

枇杷树高可达10m，小枝粗壮，棕黄色，密生锈色或灰棕色茸毛；叶片革质，披针形、倒披针形、倒卵形或椭圆长圆形，长12～30cm，宽3～9cm；圆锥花序顶生，花萼筒呈浅杯状，果实呈球形或长圆形。

枇杷的生长过程中要有较高的温度，最适宜生长温度为20℃左右，植株有一定的耐寒性，但是不抗冻，当气温低于－6℃的时候植株就有可能会被冻死。枇杷对于生长过程中的水分要求并不严格，空气相对湿度以75%～85%为宜，果实采收期可以适当降低空气湿度。枇杷对于土壤的要求不严，较耐盐碱，喜疏松、排水良好、富腐殖质的中型或酸性土壤。

二、枇杷繁殖技术

1. 种子繁殖

采摘成熟果实的种子及时播种则发芽率较高。选择完整且饱满的枇杷果实，去除果肉，用清水将种子洗净，放通风好的地方阴干，待播，切记不可暴晒，以防止种子损坏。可腐叶土和细沙混合配制成培养土进行播种，播种前浇透水，覆土厚度 2～3cm。播种后出苗前保持土壤湿润，苗期视植株长势及土壤墒情浇水。播后 1～2 年即可栽种。种子繁殖能够获得大量苗木，生长健壮，但结果迟，后代容易变异，多被用作嫁接砧木。

2. 嫁接繁殖

嫁接是果树进行繁殖的一种常用方法，通过嫁接可改良树种、增强长势、提升果实品质等。枇杷的嫁接时间宜选择温度凉爽的春季或秋季，此时不仅有利于枇杷嫁接后的伤口愈合，同时也能保障嫁接苗的成活与生长。常用的枇杷嫁接方法有切接法、贴皮芽接法和舌接法。其中，切接法是枇杷嫁接方法中成活率最高、新梢萌发生长最快、接穗用量最少的方法，在各地枇杷种植地区被广泛使用。其具体操作方法如下：

提前一周左右，在无风晴天采集接穗，将接穗去掉茸毛，然后用湿沙或者清水浸泡存放；在嫁接前 2～3d 处理砧木，选择 1～2 年生、长势健壮、无任何病害的苗木做砧木，将砧木从距离地表 15～20cm 处的光滑部位截断，嫁接时再剪掉 3cm 左右。嫁接时在砧木光滑一侧用刀削掉一小块，然后在韧皮部与木质部之间向下切出 1 个 3cm 的切口，深度以去掉韧皮部、略带木质部为佳；在接穗上选择平直的一面做长切面，先用刀在接穗背面以 45°斜切 1 刀，然后翻转切出一个 3cm 左右的长切面，深度以去掉韧皮部、触及木质部为佳。将接穗的长切面紧靠在砧木内侧插入切口，要求接穗与砧木切面贴合、形成层对准。嫁接完成后，用塑料薄膜将砧木与接穗的嫁接口扎紧密封，注意要把芽眼露在外面。

3. 压条繁殖

可采用高压法压条方式（即高压繁殖），早春选择高产、品质好、树势旺盛、病虫害少的壮年树为繁殖母株，选择其生长粗壮、叶子旺盛、健壮而无病虫害的 2～3 年生的枝条为繁殖材料。枝条干粗 2～3cm，其上有 2～4 个分枝，剪截后以不影响母株树冠的完整性为好。

选定作为高压繁殖用的枝条，离基部约 10cm 处环割两刀，两刀间的宽度为 3～4cm，枝条粗大的宽度可以大些。环割深度达到木质部即可，刀口应整齐，刮净剥皮部位上的形成层。在环剥前，可用稻草泥条、锯末混合肥泥作为包扎材料，可以选择韧性好的稻草在水中浸泡 4～5d 后，取出晒干，施入肥土调制的黏稠泥浆中，充分搓揉，做成两端小、中间大、长约 40cm 的稻草泥条。用稻草泥条包扎时以上切口为中心，边缠绕边拉紧，力求扎实不松动，用手把泥整理光滑，待泥稍干爽后用塑料薄膜包紧泥以保持湿润，两端要扎紧，避免雨水渗入。若发现泥太湿，要及时解开晾干后再包，或在薄膜上开孔排水。用塑料薄膜在待包扎枝条环剥下方，扎成漏斗状，填入用湿肥泥、锯末各半的混合肥（湿度以用力压能成团但无水流出为宜并稍压实）后用塑料膜带扎紧上部。裹前可用生根粉（或生根剂）处理环状剥皮处以提高生根数、缩短生根日期和成活率。

高压法压条后 2～3 个月，当薄膜中有大量根系时，就可以将压条锯离母株，剪去部分枝叶后进行假植，假植行距为 50cm、株距 30cm。经 1～2 年管理，根系已旺盛且有较多新梢抽生时即可出圃栽植。

三、枇杷栽培技术

1. 品种选择

枇杷的品种选择需充分考虑品种特性、生态环境和市场需求等方面。枇杷的生长需要特定的气候和土壤条件，在选择品种时，需要选择适合当地环境的品种，以确保枇杷的生长和发育。如在温暖的地区可以选择生长速度快、果实大而柔软的品种，而在寒冷或干燥的地区则可以选择耐寒或耐旱的品种。

2. 选地整地

应对局部土壤改良，施足基肥，每穴施入腐熟堆肥或其他有机肥或草木灰，为根系发育创造良好的条件。

3. 栽植

常在春芽萌动前栽植，视品种不同及土壤不同确定合理的栽植密度，一般株距 3～4m、行距 4～5m，如'大红袍'较宽，'软条白沙'次之，夹脚较小而异。有些品种自花不育或结实少（如'大红袍'），还应混植授粉品种。选用生长健壮、根系发达、苗高40～50cm、茎粗 0.8cm 以上、无病虫害的嫁接苗。栽植时，先将苗木叶片剪去 2/3，根系在穴内舒展，根系周围填满细土，再将苗木扶正，轻轻上提，适当踏实，浇足定根水，最后用草或地膜覆盖树盘，保持土壤湿润。

4. 肥水管理

栽植成活后至第三年，原则上薄肥勤施，有条件的以氮素化肥＋稀粪水每月施肥 1次。第三年开始控制氮肥，增施复合肥和饼肥，促花芽分化。进入结果期后，一年施肥 3次：采果后及夏梢抽生期施重肥，以速效肥与迟效肥相结合，多施氮肥，施肥量占全年50%；疏花穗后开花前施促花肥，以禽、畜农家肥为主，施肥量占全年 30% 左右；春梢抽发和幼果增大期施促梢壮果肥，以速效磷钾肥为主，施肥量占全年 20%。

5. 整形修剪

（1）幼龄枇杷树整形修剪　可采用杯状形整枝和拉枝相结合的矮冠整形法。栽植后苗木离地面50cm 左右，留 4～5 个侧枝截干。留下主枝向四面展开，用尼龙绳拉下，与主干呈 40°～50°角。第二年在各主枝的适当距离，再留 3～4 个侧枝，侧枝长到一定长度时摘心。

（2）成年枇杷树的整形修剪　成年枇杷树的树形已形成，修剪的主要任务是保持高产、稳产和保持中庸树势，防止树势过强或过弱。主要是对结果枝、徒长枝进行修剪以及修剪后的整芽。

①结果枝修剪。修剪时一般以结果枝不远离骨干枝为原则。采果后视树体枝条分布情况，将结果枝疏除或留 2～3 片叶进行回缩短截，并在新梢萌发后疏芽，选留 1～2 个分布合理的芽培养成强壮的结果枝，必要时还要适当拉枝控冠。此外，还应剪除细弱枝、过密枝、重叠枝、病虫枝和撕裂枝。

②徒长枝的修剪。经过拉枝后，往往容易诱发徒长枝，若任其生长，易与其他枝条争

夺养分，扰乱树形，过度扩大树冠。因此，修剪时一般都将徒长枝从基部剪除。对有利用价值的徒长枝，应该留基部 3~4 个芽进行短截或调整角度，抑制徒长。

③整芽。整芽能节省树体养分，便于控制树冠。整芽在每次新梢抽发后均要进行一次，在新梢长至 3~5cm 时进行，根据树体生长情况选留 1~2 个分布合理的强壮新梢培养成有用的枝条或结果枝，其余的全部疏除。

6. 促花促果

（1）早施、重施壮果促梢肥　在我国南方部分地区夏梢是枇杷的结果母枝，因此培养优良的夏梢是保证枇杷连年丰产的措施之一。施肥时间为早熟或中熟品种在采收后，晚熟品种在采收前的 5 月中旬到 6 月上旬，可施腐熟农家肥 1500kg/667m²，喷施尿素 45kg/667m²、过磷酸钙 60kg/667m²。以挖浅沟土施为宜。

（2）拉枝、拿枝、扭梢　在 7~8 月份，夏梢基本停止生长时拉枝、拿枝，拉枝角度以拉成与主枝 90°角为宜。对部分长势过旺的采用扭梢促花。

（3）断根控水、保持土壤适当干旱　大果枇杷幼龄旺长树或植株生长旺盛的枇杷，当夏梢有 1/3 叶片转绿叶时，对树冠下的土层浅中耕，以 20~30cm 为宜，以露出粗根为适度，切断大部分细根和少数骨干根。在 8~9 月份停止灌水，保持干燥，以限制夏梢生长，加速叶片转绿，增加地上部分的营养积累，有利于花芽早分化。

7. 病虫害防治

提高枇杷树体抗病虫能力，是控制病虫危害的基本措施。加强果园管理，采果后剪去过密枝、光腿枝，疏剪、回缩和短剪，特别要剪去病虫枝，压低旺枝的生长使其缓慢生长，以促进夏梢的抽发，为次年丰产奠定基础；控制氮肥，增施磷、钾肥，做到旺树不施氮肥；做好排灌系统，做到雨季能排水，旱时能灌水，幼树园在 7~8 月一般不灌水，及时疏松树盘。通过这些农艺措施，就能达到增强枇杷树体抗逆能力，减少或减轻病虫的为害。

适时喷药保护，将病虫的危害控制在经济允许水平之下。根据枇杷周年生长物候期和相应的病虫害发生特点，掌握好 3 个关键施药时间：第一是枇杷各次抽梢期（春、夏、秋），此期的病虫害有为害叶部的病害（灰斑病、褐斑病、叶斑病、轮斑病和炭疽病等），虫害主要是黄毛虫、梨小食心虫和木虱；第二是花期，此期也是秋梢抽生期，加之又遇秋雨不断，病虫害较多，为害也重，病害主要有花腐病，虫害主要有木虱、若甲螨、梨小食心虫、桃蛀螟等；第三是结果期，此期能否控制好病虫的为害，是关系到枇杷增产的关键，此期主要病害有炭疽病、褐腐病和黑腐病，主要虫害有梨小食心虫、桃蛀螟以及椿象和介壳虫等。幼树园和苗圃一旦发现胡麻色斑病，应立即拔毁。

第五节　火龙果

量天尺常称火龙果，别名又称红龙果、龙珠果、长寿果、仙蜜果、玉龙果，是仙人掌科量天尺属多年生攀援性的多肉植物，因其外表像一团愤怒的红色火球而得名。因其果实内有近万粒具香味的芝麻状种子，故也称芝麻果。火龙果原产于中南美洲，自 20 世纪 90 年代传入我国台湾地区，经台湾地区成功种植之后又逐渐引入我国东南沿海地区，现如今在我国台湾、广东、海南、广西等地广泛种植，是近几年国内新兴的水果新贵之一。火龙果含有一般植物少有的植物性白蛋白以及花青素、丰富的维生素和水溶性膳食纤维。火龙果果实外形鲜丽，果肉多汁味美、甜而不腻，因其甜度高、口感好和营养价值丰富而深受人们喜爱。

一、生物学特性

火龙果植株无主根，侧根大量分布在浅表土层，同时有很多气生根，可攀援生长。根茎深绿色、粗壮，长可达 7m，粗 10～12cm，具 3 棱。棱扁，边缘波浪状，茎节处生长攀援根，可攀附其他植物生长，肋多为 3 条，每段茎节凹陷处具小刺。由于长期生长于热带沙漠地区，其叶片已退化，光合作用功能由茎秆承担。茎的内部是大量饱含黏稠液体的薄壁细胞，有利于在雨季吸收尽可能多的水分。芽内有数量较多的复芽和混合芽原基，可以抽生为叶芽、花芽。花芽发育前期，在适宜的温度条件下，可以向叶芽转化；而旺盛生长的枝条顶端组织，也可以在适当的条件下抽生花芽。花白色，巨大子房下位，花长约 30cm，故又有霸王花之称。果实长圆形或卵圆形，果皮颜色有黄色和红色 2 种，肉质，具卵状而顶端急尖的鳞片，果长 10～12cm，果皮厚，有蜡质。果肉白色或红色。

火龙果为热带、亚热带水果，耐热耐旱，一般需要生长在我国炎热的南方地区，在寒冷北方需温室生产。火龙果耐 0℃低温和 40℃高温，生长的最适温度为 25～35℃，当温度低于 5℃时会出现冻害；低于 0℃时会导致植株冻伤甚至死亡。火龙果生长需要充足的阳光，种植期间需要阳光直射，光照越好越有利于生长，在温暖湿润、光线充足的环境下生长迅速，结果量大，果实品质佳。在种植期间也要防止高温季日灼现象。火龙果对土壤要求较低，具有一定的抗旱能力，但不能抵抗洪涝。因此，在我国南方靠近赤道地区的大部分地区均能满足火龙果的生长需求。火龙果一般可适应多种土壤，在平地、山坡或旱地均可栽培，在肥沃、排水良好的中性或微酸性沙红壤或壤土中生长良好，一般在含腐殖质多，保水保肥的中性土壤和弱酸性土壤最佳。火龙果春夏季露地栽培时应多浇水，使其根系保持旺盛生长状态，在阴雨连绵天气应及时排水，以免感染病菌造成茎肉腐烂。

二、火龙果繁殖技术

1. 扦插繁殖

火龙果喜欢在温暖的环境中生长，根据其生长习性，适宜的扦插时间为每年的春天，此时气候环境适宜，扦插后能快速生根成活。选择生长充实且无病害的火龙果茎节作为插穗，从母株上将插穗截取下来后，将其置于通风处使伤口风干后待插。将伤口干燥的火龙果插穗垂直扦插到沙床中，扦插深度在插穗的 1/3 左右即可，扦插好后不要过多浇水，保持土壤微微干燥即可，10d 左右可以少量浇一次水，保持土壤微微湿润，2～3 周后可生根。火龙果插穗根系生长稳定后即可栽植。

2. 嫁接繁殖

选择无病虫害、生长健壮、茎肉饱满的砧木母体，对于果实黄肉类型的火龙果砧木可选择野生三角柱（霸王花）等，红肉类型的火龙果可选择白肉类型的火龙果作砧木。将砧木自茎节处从母体上截下，扦插在沙质较重的疏松土壤中（深度为插牢为宜），上搭遮阳棚，浇透水，约15d砧木插活后即可嫁接。接穗以当年生发育较好的枝条为宜。

一般除冬季低温期外，其他季节均可嫁接。因为冬春季节阴冷潮湿时间长，嫁接时伤口不仅难以愈合，而且会扩大危及植株。因此，南方嫁接时间最好选在3～10月，这样有充分的愈合和生长期，并且利于第二年挂果。

嫁接所用的小刀等都应消毒，以防病菌感染。可用萘乙酸钠溶液浸蘸接穗基部，这样既能促进愈伤组织的形成，又能达到提高成活率的目的。嫁接方法主要有平接法和楔接法。其中平接法就是用利刀在砧木适当高度横切一刀，然后将砧木的三个棱峰作30°～40°切削，用消过毒的仙人刺刺入砧木中间维管束，将切平的接穗连接在刺的另一端，用刺将接穗和砧木连接起来，砧木和接穗尽量贴紧不留空隙，避免细菌感染不利愈合，然后在两旁各加一刺固定，再用细线绕基部捆紧。楔接法就是在砧木顶部用消过毒的小刀纵切一裂缝，但不宜过深，然后将接穗下部用消毒过的刀片削成楔形（即鸭嘴状），削后立即插入砧木裂缝中，用塑料胶纸加以固定，再套塑料袋以保持空气湿度，利于成活。20d后观察嫁接生长情况，若能保持清新鲜绿，即成活。一个月后可出圃。

三、火龙果栽培技术

1. 品种选择

火龙果品种很多，如果按照颜色来划分，可以分为红皮白肉火龙果、红皮红肉火龙果和黄皮火龙果。其中，红皮红肉火龙果，其外衣呈现红色，里面的果肉也是红色的，营养价值高，红肉火龙果中花青素的含量比白肉火龙果高，而且在口感、味道方面也稍好。

2. 搭架方式

火龙果种植方式多种多样，可以爬墙种植，也可以搭棚种植，但多为立柱式栽培，其优点是生产成本低、土地利用率高。所谓立柱式栽培，就是立一根水泥柱或木柱，在柱的周围种植3～4株火龙果苗，让火龙果植株沿着立柱向上生长的栽培方式，或者在立柱之间拉上铁丝，将火龙果种植于立柱之间及立柱附近，植株沿铁丝向上攀援的栽培方式。如可采用长×宽为10cm×10cm、高200cm的水泥柱深入土层50cm，立柱间距1.5～2m，立柱前后排距离2～3m进行栽培。

3. 栽植

南方火龙果一年四季均可种植，以3～11月栽植为宜，栽植深度3～5cm。栽植密度为600～800株/667m²。栽后浇足定根水，并保持土壤湿润。种植红肉类型火龙果时，应间隔种植10%左右的白肉类型火龙果，以使品种之间相互授粉，可明显提高结实率。

4. 栽植后管理

（1）肥水管理 栽植初期应保持土壤湿润，在阴雨连绵天气应及时排水，以免感染病菌造成茎肉腐烂。火龙果根系分布较浅，施肥宜少量多次，防止烧根、烂根。栽植苗发芽后，年施肥5～6次，以氮肥为主，具体是：在离苗10cm左右的栽植穴内施入稀薄人粪尿，每株 1kg 左右，以后每次发芽时施入一次加有 0.3％尿素和 0.1％氯化钾的人粪尿，直至火龙果开花为止。另外，冬季铺施一次腐熟有机肥，每株 10kg 左右，增强植株保温抗寒能力。开花结果后，年施肥 3 次，即花前肥、壮果肥和越冬肥，以腐熟有机肥和三元复合肥为主。另外，开花结果期间要增施钾肥和镁肥，以促进果实糖分积累，提高品质。每年火龙果结果期施肥应以有机肥为主，辅以磷、钾、镁肥及微量元素肥，促其开花结果，提高产量。

（2）修剪枝条　枝条攀援至水泥柱顶前让其维持单枝生长，当长至柱顶后应摘心，促进分枝，并让枝条自然下垂，积累养分，提早开花结果。已经挂果较多的枝，第二年再次形成花的可能性较小，通过疏剪，留下该枝基部大而强壮的分枝，以保证第二年的结果产量。

（3）保花保果与疏花疏果　遇阴雨天气时要进行人工授粉，授粉可在傍晚花开或清晨花尚未闭合前，用毛笔直接将花粉涂到雌花柱头上，以提高坐果率。火龙果花期长，开花能力强，5～10 月均会开花，授粉受精正常后，可用环刻法剪除已凋谢的花朵；当幼果横径达 2cm 左右时开始疏果，每枝留一个发育饱满、颜色鲜绿、无损伤和畸形，又有一定生长空间的幼果，其余的疏去，以集中养分，促进果实生长。

（4）果实套袋　果皮转色前需要套袋，以保持果皮均匀着色，并防止飞鸟、黄蜂等叮咬以及被风刮伤和日光暴晒，提高商品价值。

（5）病虫害防治　高温高湿季节易感染病害，出现枝条植物组织部分坏死及霉斑。在阴雨连绵天气应及时排水，以免感染病菌造成茎肉腐烂，使用杀菌类农药可收到良好的效果。火龙果基本上无特殊虫害，偶尔根部有线虫，茎叶有红蜘蛛，需及时防治；幼茎生长和开花结果阶段应注意防蜗牛、蛞蝓、蚂蚁危害，可在植株根部和柱子上抹硫黄石灰膏以防害虫爬上植株，或用毒饵诱杀。幼苗期易受蜗牛的危害，可用蜗克等杀虫剂防治。

5. 适时采收

火龙果栽植后 16 个月以后即可开花结果，栽植后第三年进入盛果期。一般开花后约 45d 即可采收，过迟采收，不但会引起裂果，还会引起果皮局部颜色变黑，影响商品价值。对于长途运输或须长时间存放的果实，宜在果实软化、颜色变暗前采收。

庭院主要花卉栽培技术

花卉是大自然的精华。花卉以其美丽的风姿、鲜艳的色彩、醉人的芬芳,把人类的生活环境装扮得美丽多彩,给人们的生活带来了温馨和惬意。生活闲暇之际,亲手莳养几盆花草,装点美化一下自己的居室和庭院,已成为现代人生活中不可缺少的内容。养花不仅可以美化环境、绿化庭院,丰富和调剂人们的精神生活,增添生活乐趣,陶冶性情,增进健康,同时还能增长人们的科学知识,提高文化修养。花卉不仅可供观赏,而且还有许多重要的经济价值,有的可食用,有的可药用,有的可熏制茶叶,有的可提取香精,有的可作轻工业原料,用途多种多样。

第一节 蝴蝶兰

蝴蝶兰别名台湾蝴蝶兰、蝶兰、台湾蝶兰,为兰科蝴蝶兰属多年生常绿草本花卉。蝴蝶兰花似蝴蝶,颜色艳丽,为热带兰中的珍品,有"兰之皇后"的美称,可盆栽放置于书房、客厅、卧室等处,既典雅大方,又给人以美的享受。花朵可做新娘的捧花、襟花和胸花,还是切花的好材料。

一、生物学特性

蝴蝶兰茎短,为 2～3cm,常被叶鞘所包。叶 3～4 枚或更多,椭圆形或镰状长圆形,长 10～20cm,宽 3～6cm;花梗长达 50cm,花序梗径 4～5mm,花序轴稍回折状;花色各异(图 8-1);中萼片近椭圆形,长约 3cm,基部稍窄,侧萼片斜卵形,长 2.6～3.5cm,基部贴生蕊柱足;花瓣菱状圆形,长 2.7～3.4cm,先端圆,具短爪,唇瓣具长 7～9mm 的爪,侧裂片倒卵形,长 2cm,基部窄,具红色斑点或细纹,中裂片菱形,长 1.5～2.8cm,宽 1.4～1.7cm,先端渐尖,具 2 条卷须,基部具黄色肉突;花柱长约 1cm,蕊柱足宽;每个花粉团裂为不等大 2 片。

图 8-1　花色各异的蝴蝶兰

蝴蝶兰原产于中国台湾（恒春半岛、兰屿、台东），生于低海拔的热带和亚热带丛林树干上或树荫下腐叶土中。性喜温，畏寒冷，适宜生长温度为 18～28℃，15℃ 以下时植株生长缓慢，10℃ 以下易受冷害。蝴蝶兰喜散射光，忌强光直射，夏季养植需进行遮阴。

二、品种选择

蝴蝶兰品种繁多，色彩丰富，大致分为红花系、白花系和带条纹的杂色系，如品种有花瓣呈粉红色的‘粉色的曙光’、淡红色具彩色条纹的‘米瓦·查梅’、黄色具深色小斑点的‘奇塔’、花白色唇瓣深红色的‘快乐的少女’等。

三、繁殖方法

蝴蝶兰属植物为单茎附生兰，自然条件下难以分株繁殖，且种子不具胚乳极难萌发。组织培养是商业化生产中应用最多的繁殖方式。杂交蝴蝶兰主要是通过无菌播种、原球茎途径和丛生芽途径获得大量组培苗，实现工厂化生产。

1. 种子繁殖

种子繁殖是蝴蝶兰商品化生产中最常用的方法之一。蝴蝶兰需经人工授粉才能获得种子，由于种胚发育不完全，自然条件下播种出芽率极低。通过无菌播种繁殖可以获得蝴蝶兰实生苗。种子采收后立即播种较好，无菌播种是在超净工作台上进行的，先将种子用 10% 次氯酸钠溶液消毒 5～10min，然后用无菌水冲洗干净，再用镊子将种子接种到培养基上。将培养瓶置于培养室进行培养，培养条件为 20～25℃，每天光照 10～12h，光照强度为 2000lx。

2. 分株繁殖

分株繁殖是将植株从盆中倒出，轻轻将根部附着的培养材料去掉，将母株株丛带根分割，每部分要有 3 个芽以上。解开互相缠绕的根，剪断腐烂根和断根，把新株分别种在盆内，将盆放在弱光条件下。

四、栽培管理

蝴蝶兰根系比较发达，部分根茎会暴露在基质外面，应选用透气性、排水好的基质，如苔藓、椰子皮、水苔、椰糠以及树皮等，椰壳与泥炭以 1∶1 体积比混合比较适于蝴蝶兰生长。不同季节蝴蝶兰对水分的需求不同，春季可适当向叶面喷水，夏季植株生长旺盛，需要的水分多，应多浇水；秋季干燥，浇水要少浇、勤浇；冬季光照弱，只要不太干，就不用浇水，但在花芽生长期，要适当增加灌水次数。补充水分的 pH 值应控制在 7 以下，浇水时要保证水温与室内温度保持一致。适合蝴蝶兰生长开花的空气湿度为 50%～80%。

春季只需少量施肥。花谢后新根新叶开始生长，应每周追施 1 次腐熟液肥，必要时进行根外追肥。秋季生长花茎，需每半月施入以磷、钾为主的肥料。施肥不宜过多，以免引起植株徒长，影响花芽的形成。冬季停止施肥。蝴蝶兰喜散射光，忌强光直射，不同生长阶段对光照的要求不同。为保证 18 个月正常开花，小苗至大苗光照逐渐增强（从 6000lx、15000lx 至大苗达到 25000lx）。花芽萌发后保持光照强度 15000～30000lx，直至开花。室内盆栽时，夏季遮阴量应在 60% 以上，春秋遮阴量 40% 左右，冬季也需略加遮阴。

五、病虫害防治

蝴蝶兰病害有细菌性软腐病，主要症状是叶片首先出现水状斑，面向光源呈半透明状，叶基或心叶受到侵蚀后，会导致整株死亡，发现病株要及时清除，其他植株用 50% 代森锌 1000 倍液及时喷洒以防传染。虫害主要为介壳虫，危害根和叶片，植株表面出现状似棉絮的分泌物，寄生部位变黄变褐，导致植株腐烂，可用 50% 马拉硫磷乳油喷洒防治，2 周喷 1 次，连续喷 3 次。

第二节　唐菖蒲

唐菖蒲别名十样锦兰、剑兰、扁竹莲、十三太保，为鸢尾科唐菖蒲属多年生球根花卉。唐菖蒲可用于盆栽，也可用于制成各种花境和花坛，切花可用于花篮、花束、插瓶，花语为欢乐、喜庆、和睦，寓意美好，是一种深受人们喜爱的鲜切花。唐菖蒲与切花月季、康乃馨和非洲菊同被誉为世界"四大鲜切花"之一。

一、生物学特性

唐菖蒲球茎扁圆形，有褐色膜质外皮。基生叶剑形，互生，排成两列，花茎自叶丛中抽出，高为 50～80cm，穗状花序顶生，花单生于苞片内，多偏于一侧，花自下向上开放，呈漏斗状，花色有红、白、黄、紫、复色等，花期夏秋。结蒴果，种子扁平带翅。唐菖蒲大多原产于非洲好望角，少数原产于地中海沿岸和西亚地区。喜温暖湿润的生长环境，忌高温酷暑，不耐严寒。球茎在 4℃ 条件下萌动，适宜生长温度为 20～25℃。高于 27℃ 时，生长受阻，花瓣易灼伤。低于 10℃，生长缓慢。唐菖蒲喜阳光充足的环境，长日能促进花芽分化。喜排水良好的沙壤土，pH 5.6～6.5 为宜。

二、品种选择

唐菖蒲栽培原种约有 250 个，栽培品种约有 1 万种。按生长期长短可分为早花型、中花型和晚花型。根据花色可分为红色系、白色系、粉色系、黄色系、橙色系、紫色系、蓝色系等。人工养植时要选择球茎已萌芽、未腐烂、抗病、适合本地栽植的品种。目前市场上的主栽品种有‘绯红唐菖蒲’、‘鹦鹉唐菖蒲’、‘柯氏唐菖蒲’等。

三、繁殖方法

唐菖蒲以分球繁殖为主，也可通过切球、组织培养及播种方法繁殖。球茎寿命为一年，每年更新一次，即球在当年抽叶开花过程中，便在花茎基部膨大形成新球，继而原母球逐渐干缩死亡，新球底部生出子球，新球和子球即可取下另行栽植。通常新球第二年即可开花，子球需再培养一年才可开花，大量栽植小子球可用条播或撒播方法，当年即可获得 10～20g 重的新球。切球繁殖需每部分都带有 1 个以上的芽或部分芽盘。播种繁殖多用于培育新品种，种子宜随采随播。

四、栽培管理

根据目的花期及品种特性选定栽种时期，一般在 3～5 月栽植，根据生育期和条件分批栽植，可实现周年供花。冬春季供花需温室栽培，生长期比夏季长 20～30d 以上。通常采取高畦栽种或垄栽，栽植密度根据球茎大小而异，一般行距 20～30cm，株距 10～15cm，覆土标准为球茎高的 2～3 倍。作切花栽培可适当深植。种植前种球需进行消毒处理，可用 50％多菌灵可湿性粉剂 500 倍液或福尔马林 80 倍液浸泡 30min。土壤需深翻细耕，忌连作，如不能轮作，需进行土壤消毒。栽后 6～8 周是叶生长期，需要充足的水分，夏季连续阴雨要防涝。生长期间应施 3 次追肥，第一次在两片叶展开后，以增加花数；第二次在四叶期，促进花枝粗壮，花朵大；第三次在花后，促进新球发育。注意增施磷、钾肥，氮肥不宜过多，否则易倒伏。冬季栽培要注意补充光照。花后叶片 1/3 以上出现枯黄时应马上起球，晾晒球茎，并贮存于低温、干燥的地方。

五、病虫害防治

唐菖蒲种植过程中主要病害为叶斑病、疮痂病、枯萎病和灰霉病。其中叶斑病主要感染叶及球茎，叶片侵染后产生褐色小斑，以后逐渐扩大，颜色逐渐加深，最后导致叶片枯萎，球茎被侵染后，长出植株矮小，甚至不开花。防治方法：实行轮作，球茎收获后应晾干，干燥贮存以防腐变，种植前可用 50％的福美双可湿性粉剂消毒后进行播种，可用 75％百菌清可湿性粉剂 800 倍液喷洒或用 65％代森锌可湿性粉剂治疗。疮痂病主要危害球茎，有时也危害叶片，球茎感染后产生水渍状圆形病斑，颜色由灰色逐渐加深至黑褐色，病斑边缘突出，中间凹陷，叶子感染后发生水渍性软腐。防治方法：选用抗病品种，施行轮作，保持田间卫生，注意通风，合理排灌，该病只能防不能治，无特效药。枯萎病主要发生在球茎上，有时也感染叶和花，发病初期出现红褐色小斑点，以后逐渐扩大并凹陷萎缩，甚至腐烂，然后长出白色丝状体，受害球茎播种后轻者生长不良开花变形，重者不能萌芽或苗期枯死。防治方法：选择健康球茎并消毒，种球用 0.5％福尔马林液浸泡 2h，温水洗净晾干冷藏。播种时用 5％多菌灵可湿性粉剂 500 倍液消毒后再行播种。灰霉病常发生在叶及花瓣上，发病初期常出现灰褐色小斑点，以后逐渐扩大，并在病斑表面出现灰霉。防治方法：合理贮存球茎、保持环境干燥、通风透光，发病时可喷洒 80％代森锌可湿性粉剂 500～700 倍液。

唐菖蒲虫害较少，主要害虫为花蓟马和蚜虫，前者可埋施涕灭威颗粒剂防治，后者常用 50％的辛硫磷乳油 1000～1500 倍液喷施防治。

第三节　文竹

文竹别名云片竹，为天门冬科天门冬属常绿草本植物，文竹枝叶纤细，状如云片，翠绿轻盈，宁静秀丽，给人以生机盎然、柔和舒适之感。通常矮化作盆栽，置于案头、台架上，美化居室。4～5 年生植株，可用大盆栽植，用来美化、会议室、展厅等公共场所，或供攀援成景。小枝剪下，为优美的切花配叶。配以玫瑰、香石竹、菊花、大丽花等鲜花作为瓶插或制作成花束，使之红绿相映，协调美观。

一、生物学特性

文竹茎柔细伸长具攀援性，枝叶平出，小叶鳞片状。花小，两性，白色，花期多在 2～3 月或 6～7 月。文竹原产于非洲南部，我国早有引种，有的已逸为野生。文竹喜温暖、湿润气候。耐寒力性差，忌霜冻。略耐阴，怕干旱。喜疏松肥沃、富含腐殖质、排水良好的土壤。

二、品种选择

目前文竹的栽培品种主要有'矮文竹'、'大文竹'、'细叶文竹'、'圆锥文竹'和'柏叶文竹'。'矮文竹'又名'密叶文竹'、'西洋文竹'，茎丛生，矮小，直立叶状枝细密而短；'大文竹'生长势强，叶状枝较原种短，整片叶状枝较长，排列不规则；'细叶文竹'叶状枝稍长，淡绿色，具白粉；'圆锥文竹'姿态疏松，圆锥状；'柏叶文竹'又名'猫竹'，叶如柏枝，密生。

三、繁殖方法

1. 分株繁殖

文竹可采用种子或分株繁殖。4 年以上的大株可进行分株繁殖，一般常于春季气温回升时，结合换盆进行。用利刀剖切株丛，每小丛保留植株 2～3 条，分株后置阴凉处，喷雾保湿，培育 1 年后可供观赏。但分株繁殖获得的新株株形不整，因此，生产中多采用播种育苗的方式进行繁殖。

2. 种子繁殖

首先要培养结实母株，一般盆栽营养面积太小，故多开花不结实。通常将 2～3 年生的健壮植株移栽到温室或露地，或用较大的容器栽植。施以充足的基肥，搭设支架，任蔓生枝向上攀援。适当遮阴，及时通风，冬季至春季即可开花结实，第二年春天种子陆续成熟。播种时要适当浅播，播种后保持 20℃的室温，土壤湿润，25～30d 即可发芽。发芽后施草木灰或过磷酸钙促进幼苗生长，苗高 5～6cm 时可以分苗，8～10cm 时即可定植。

四、栽培管理

文竹莳养管理中的关键是水分管理。浇水过多，盆土过湿，易引起根部腐烂，叶黄脱落。浇水过少，土壤长期干旱，又易引起叶尖发黄，小叶枝脱落。生长期间的浇水量和浇水次数要视天气、植株长势和盆土墒情而定。文竹较喜肥，一般春、秋季可每隔 20d 左右施一次充分腐熟的稀薄液肥，夏季气温高少施肥，避免烧苗。培养低矮植株时，要少施液肥。文竹喜阴，在室内散射光下即可生长良好。冬春季节阳光不太强烈，可将其放在光照充足的地方，入夏后要适当遮阴或置于室内有明亮的散射光处。文竹不耐寒，北方地区 10 月上旬应移入室内，室温保持 10℃以上，即可安全越冬。越冬期间停止施肥，控制浇水，浇水时尽量选择温度较高的中午。当植株发出长枝条时应及时搭架绑缚并适当修剪，保持株形美观。文竹生长较快，为扩大营养面积应每隔 1～2 年换盆一次。换盆时间以早春发芽前为宜。盆土可按腐叶土∶园土∶沙土∶腐熟堆肥以体积比 5∶2∶2∶1 混合配制。

五、病虫害防治

灰霉病和叶枯病主要危害叶片，可用 50％多菌灵可湿性粉剂 1000 倍液喷洒，或 50％硫菌灵可湿性粉剂 1000 倍液。夏季易发生介壳虫、红蜘蛛和蚜虫危害，可喷洒 40％氧化乐果乳油 1000 倍液防治。

第四节　芦荟

芦荟别名白夜城、中华芦荟、库拉索芦荟等，为阿福花科芦荟属多年生常绿多肉植物。芦荟株形丰满，叶片翠绿，花茎挺立，顶部着生总状橙红色花序，颇为鲜艳，是一种性状优良的盆栽观赏植物。此外，芦荟是一种药食两用植物，其花、叶、根均可入药，叶可食用。芦荟含有蒽醌类、多糖等多种活性成分，具有增强免疫功能，抗辐射、抗癌、抗炎、保肝等作用。芦荟还可用于食品加工和化妆品行业，具有很高的经济价值。1996 年联合国粮农组织会议将芦荟誉为"新世纪最佳保健食品"，具有广阔的开发、利用前景。

一、生物学特性

芦荟茎较短，叶长披针形，簇生于茎上，呈螺旋状排列，叶片肥厚而多汁，黄绿色，两面有长矩圆形的白色斑纹，边缘有小齿。总状花序，从叶丛中抽出，花葶 60～90cm，花黄色或橙红色。蒴果，种子多数。芦荟原产于南非等地，耐旱性极强，性喜温，要求阳光充足的环境，也耐半阴。不耐寒，温度低于 5℃停止生长，低于 0℃时发生冻害，生长适宜温度为 15～30℃，空气湿度为 45%～80%。喜疏松肥沃、排水良好的土壤。

二、品种选择

芦荟品种很多，包括变种有 500 余种，根据用途可分为药用芦荟、食用芦荟和观赏芦荟，药用芦荟有库拉索芦荟、开普芦荟、木立芦荟等；食用芦荟有库拉索芦荟、木立芦荟；观赏性芦荟有不夜城芦荟、草芦荟、珍珠芦荟。常见的药食两用的芦荟有库拉索芦荟、中华芦荟、开普芦荟及木立芦荟。库拉索芦荟叶片肥厚、多汁，富含叶肉与凝胶，是我国大规模种植和用于加工生产的品种。中华芦荟是库拉索芦荟的变种，其性状与库拉索芦荟相似，茎短，但叶片的顶端更尖，叶片表面从幼株到成株均布有白色斑点，与库拉索芦荟相比，叶片较薄，但叶片分生能力很强，生长速度较快。

三、繁殖方法

1. 种子繁殖

芦荟种植 3～4 年后才开花结籽，且种子小、有茸毛、寿命短，采种后应立即播种，生产上应用较少。品种选育时用种子繁育，春、秋两季都可以播种。

2. 分株繁殖

芦荟会从根部分蘖出来很多小苗，连根挖取，并切断与母茎连接的地下茎，即可定植。

3. 芽插繁殖

从母茎的叶腋处，取 5～10cm 的新芽，放在阴凉处。待切口稍干，扦插在设有阴棚的苗床上。一般扦插后 20d 生根，2～3 个月即可定植。这种繁殖方式成活率可达 100%，且繁育周期短、速度快、成本低，生产上应用较多。

四、栽培管理

芦荟较耐旱，浇水太多易烂根。视季节、天气和植株生长情况浇水。一般夏季浇水要充足，并经常向叶面上喷水，其他季节都应适当控制浇水。芦荟可以不追肥，但适当的追肥可促进芦荟生长，增加叶厚，可以在快速生长期追施一些复合肥。

芦荟喜光，生长过程中需要充足的光照，但刚定植的芦荟要适当遮阴。春、秋季节放在阳台或室外窗台上接受阳光直射，夏季可移至通风良好的半阴处，冬季放在室内光照充足的地方，室温不宜低于 10℃。

五、病虫害防治

芦荟主要病害有炭疽病、褐斑病、叶枯病、白绢病及细菌性病害。发病初期可用50%多菌灵可湿性粉剂 1000 倍液、70%甲基硫菌灵可湿性粉剂 800 倍液、25%甲霜·锰锌可湿性粉剂 1200 倍液喷洒芦荟叶片表面，常见虫害有介壳虫和红蜘蛛，介壳虫可用 25％喹硫磷乳油 1000 倍液喷雾防治，红蜘蛛可用 73％炔螨特乳油 2000 倍液喷雾，每隔 7d 喷 1 次，连喷 3 次。

第五节　茉莉花

茉莉花别名茉莉、奈花、玉麝，为木樨科素馨属常绿直立灌木。茉莉花因其翠玉般的叶色、素净洁白的花朵以及馥雅浓郁的怡人花香而深受人们喜爱。除观赏、庭院装饰、居室盆栽外，茉莉花也可用于日化、食品、化妆品等行业。茉莉花在食品中不仅有调香作用，还可开发成饮料、酸奶、糖果、糕点等，或用于料理和烹调，或腌制茉莉花酱。茉莉花除了可食用外，还具有清热解表、清火祛毒、止痢止痛，治外感发热、腹胀腹痛等功效。

一、生物学特性

茉莉花枝柔软，叶翠绿有光泽。顶生聚伞花序，花朵小，常 2～4 朵一束，花白色有浓香，花朵将要凋谢时有淡紫色晕，单瓣或重瓣。花期 6～10 月，陆续开花不断。茉莉花原产于印度和阿拉伯一带，引入我国已有 1700 多年的历史。茉莉属于热带植物，喜温暖湿润和阳光充足的环境，不耐寒，生长适温为 25～35℃，当气温在 20℃ 以上时就开始孕蕾而陆续开花，气温高于 30℃ 时，花蕾的形成和发育速度大大加快，而且花香更加浓烈；气温降到 10℃ 以下则生长缓慢，并开始进入休眠期。茉莉对光照要求较严格，阳光充足的条件下则叶色碧绿，枝条粗壮，花蕾多而香气浓。相反，若光照不足，则枝叶徒长，叶片淡绿色，枝条细，着花少而香气淡。茉莉喜疏松肥沃的微酸性沙质壤土，怕潮湿，忌水涝，土壤积水易引起落叶、烂根。

二、品种选择

茉莉花在生产上的栽培品种主要为‘单瓣茉莉’、‘双瓣茉莉’和‘多瓣茉莉’，其中‘双瓣茉莉’因其花朵基部呈覆瓦状联合排列成两层而得名，且其花瓣比‘单瓣茉莉’厚，表面具有明显的蜡质、洁白油润，香味浓烈。此外，‘双瓣茉莉’的枝条比其他茉莉更具韧性，且抗旱和耐寒性也更强，产量更高，是我国茉莉花的主栽品种。茉莉在我国很多地区均有种植，其中广西横县是我国茉莉花生产和加工的最大基地，茉莉花和茉莉花茶产量占全国总产量的 80％ 以上，被誉为“中国茉莉之乡”。

三、繁殖方法

多用嫩枝或根段扦插繁殖，室内扦插时间为 3～4 月，室外扦插时间为 6～7 月，操作如下。

1. 枝条准备

选取生长健壮，长势旺盛，无病虫害的 1～2 年生嫩枝和根系，直径 2mm 以上，截成 8～10cm 的小段，上段剪成平口、下段为 45°～60°斜口，茎段扦插时每个小段保留 2～3 个节，1～2 片叶。剪除根系上多余或过长须根，放到阴凉处保湿备用。

2. 基质准备

基质选用干净的细河沙，用 0.1％高锰酸钾溶液消毒，覆膜 3d 后揭开，晾干，待用。

3. 扦插

扦插前将插穗基部蘸一下生根粉，或将生根粉配成一定浓度的溶液，将枝条、根段在溶液中浸泡 10min。将处理好的插穗斜 45°角扦插于基质中。

4. 扦插后管理

扦插后浇定根水，并覆盖塑料薄膜或遮阳网遮阴保湿，保持空气湿度 85％以上，基质湿度在 50％左右，温度 25～30℃，30d 左右即可生根。如管理得好，当年即可开花。

四、栽培管理

茉莉定植后要浇透水，以后视盆土墒情及时浇水。茉莉怕旱忌涝，盆土不干时不浇水，浇的时候要浇透水。茉莉是一种可多次抽梢、多次孕蕾、周年开花的植物，对肥水的需求很大，要求盆土有充足的肥力。除了选用有机质含量高的营养土外，还要施用有机肥做底肥。营养生长期间，平均 15～20d 追施一次肥料，追肥以有机液肥为好，可以采用腐熟的粪尿肥，或是尿素。现蕾后定期喷施花朵壮蒂灵，促使花蕾强壮、花瓣肥大、花色艳丽、花香浓郁、花期延长。花前及花期可追施磷、钾肥，或追施 0.2％磷酸二氢钾叶面肥，以促花繁味香。茉莉喜微酸性土壤，在生长期间应每半月左右浇一次 0.2％硫酸亚铁液。花后逐渐控制肥水，以免植株徒长。

茉莉 3～6 年生苗为开花盛期，以后逐年衰老，需要对植株进行修剪更新。一般在春季发芽前进行，将老枝剪掉，保留基部 10～15cm，以促进植株多发新枝。如新枝生长旺盛，则在长至 10cm 时进行摘心，促进再发新梢。修剪时应在晴天进行，修剪后伤口可涂抹防腐膜，防止病菌侵染。结合整枝修剪将枯枝老叶剪掉，并及时疏叶，以利通风透光。

五、病虫害防治

茉莉花主要病害有叶枯病、枯枝病、炭疽病和白绢病。叶枯病和枯枝病发病初期可喷施 70％代森锰锌可湿性粉剂 600～800 倍液，7～10d 喷 1 次，或 65％代森锌可湿性粉剂 600～800 倍液，或 1∶1∶100 的 1％等量式波尔多液。炭疽病发病初期喷施 2～3 次 70％代森锰锌可湿性粉剂 600～800 倍液，7～10d 施 1 次，发病较重时，喷 50％硫菌灵可湿性粉剂或 75％百菌清可湿性粉剂 800～1000 倍液，或 50％多菌灵可湿性粉剂 1000 倍液，或 65％代森锌可湿性粉剂 500 倍液。白绢病发病初期用 70％五氯硝基苯药土对周围土壤进行消毒，或喷施 1％波尔多液进行防治。发病较重时，可喷施 75％百菌清可湿性粉剂 800～1000 倍液，或 65％代森锌可湿性粉剂 800 倍液。

主要虫害有叶螟、朱砂叶蛾、介壳虫、蚜虫、红蜘蛛、卷叶蛾、蓟马等。发病时以农业防治、物理防治、生物防治为主，严重时可进行化学防治。

第六节　月季花

月季花为蔷薇科蔷薇属多年生直立灌木，别名长春花、月月红、四季花、玫瑰、月季、胜春、胜花等，原产于我国，各国多有栽培。月季是我国十大名花之一，其花姿秀美，色彩绚丽，香味浓郁，有"花中皇后"的美称。月季花期长、种类多、栽培管理容易，是我国广泛栽培的花卉之一。多用于布置花坛、装饰庭院或盆栽美化阳台及做切花点缀居室。

一、生物学特性

月季新枝紫红色，枝刺弯曲尖锐；叶互生，奇数羽状复叶，小叶 3～5 枚，叶表面平展无皱纹；花单生或数朵簇生，伞房花序或圆锥花序，花瓣 5 枚或重瓣，花径 3～15cm，有白、粉、红、黄、橙、紫等色，具香味。开花后，花托膨大，即成为蔷薇果，有红、黄、橙红、黑紫等色，呈圆、扁、长圆等形状。月季花期 4～9 月，果期 6～11 月。月季喜温、畏热、忌严寒，在平均气温 5℃时开始生长，平均气温 20℃时枝叶茂盛、花朵丰硕。气温超过 30℃，生长开花均受抑制，花小，花色不正，且花期短。4℃以下植株休眠。春秋季节生长旺盛，开花率高，且花色艳丽，富有观赏性。月季喜光，适应范围广，在我国南北地区均能种植，露地栽培时间依各地的气候环境而定，一般北方露地栽培月季宜在春季 3 月上、中旬，秋季栽植在 10 月下旬至 11 月上旬。月季喜有机质含量高、疏松肥沃、通气性和排水性良好的沙壤土，土壤 pH 6～7 为宜。沙土、黏土和碱性土壤不宜种植。

二、品种选择

月季在园艺上的分类，按照其来源及亲缘关系分为自然种月季、古典月季和现代月季三类，类之下再分种、群或品种。自然种月季，指未经人为杂交而存在的种或变种，故又称野生月季。如野蔷薇，因其抗性强，在繁殖上常做砧木。古典月季，又称古代月季，指 18 世纪以前，即现代月季的最早品系育成之前庭院中栽培的全部月季（不论是野生引入还是人工育成）。古典月季许多是现代月季的亲本。现代月季是指 1867 年第一次杂交育成茶香月季系新品种'天地开'以后培育出的新品系及品种，是当今栽培月季的主体，新品种层出不穷。现代月季几乎都是反复多次杂交培育而成的，其主要原始亲本有我国原产的月季花、香水月季、野蔷薇、光叶蔷薇及西亚和欧洲原产的法国蔷薇、百叶蔷薇、突厥蔷薇、察香蔷薇、异味蔷薇 9 个种及其变种。现代月季是当今栽培月季的主体，按植株习性、花单生或多生及花径大小可以划分成大花月季群、聚花月季群（即丰花月季系）、壮花月季群、攀援月季群、蔓性月季群、微型月季群、现代灌木月季群和地被月季群 8 类。

三、繁殖方法

一般采用扦插、压条、嫁接等无性繁殖方式，培育新品种可用种子繁殖。

1. 种子繁殖

月季的种子繁殖主要应用于杂交育种。由于月季种子具有休眠特性，发芽率较低，播种前需要进行种子处理，如低温沙藏处理、植物生长调节剂处理、酸处理、酶解处理和无菌播种处理等，其中低温沙藏处理操作简单，成本低，生产上应用较多。缺点是周期较长，即先将采收的种子置于湿润的沙子中，0℃低温处理 2～3 个月，撒播、条播于基质中，播种后覆盖 1 层素沙并浇透水，约 40d 后开始出苗。

2. 扦插繁殖

嫩枝或硬枝扦插均能成活，一年四季均可进行，其中以春末、秋初扦插成活率最高。夏季温度高、生根快，但插条伤口处易感染病原菌导致腐烂，扦插时枝条要注意消毒。春季扦插，当年秋季即可开花，生产上应用较多，一般每年 5 月中旬～6 月中旬进行。秋季扦插 10 月下旬进行。具体操作如下：

（1）枝条的准备　选取带有 2～3 个节点的半木质化或尚未木质化的枝条，将枝条剪成 10～15cm 的茎段。剪去插条最下部叶片，第一和第二个复叶各保留两个小叶，其余叶片全部剪去。

（2）扦插　扦插基质可用蛭石、纯沙或净沙土。扦插深度以插条全长的 1/3～1/2 为宜，春秋季节，扦插深些，夏季宜浅，早春扦插越冬的插条，只留最上端一芽露出土面即可。株间距为 5～6cm。为促进生根，扦插前可以采用生根粉蘸根或浸根处理。

（3）扦插后管理　扦插后浇透水并加盖塑料薄膜和遮阳网保湿、遮阴。插后管理主要是浇水，每天早上用喷壶或喷雾器喷水 1 次。天气炎热的下午可以再喷 1 次，或在塑料薄膜外喷水降温。插条在 20～25℃的条件下，20～35d 生根。此后应早晚打开薄膜通风。过50～60d 后，便可移出栽植。家庭少量育苗也可用水插法，即将枝条放在水中培养，环境温度 20～30℃、水温 16～20℃，注意保持光照，通常 30d 后开始生根。

（4）扦插苗越冬处理　秋插苗因生长期短，幼苗抗寒能力弱，越冬前需要进行防寒处理。如果是育苗盘或花盆扦插，可以将育苗盘或花盆放在向阳避风的地方，在盆土上铺 1层稻草。越冬期间保持土壤湿润，防止干冻。如果是露地育苗床扦插，可在苗床上铺 1 层稻草，1～2 周浇水 1 次。

3. 嫁接繁殖

嫁接繁殖具有操作简单、根系生长快、抗病能力和适应性强的优势。宜在春秋进行，温度适宜，成活率更高。利用蔷薇、月季、玫瑰作砧木，选择生长健壮、枝桠饱满的接穗。采用芽接法时，先清除嫁接位置的芽和刺，将与枝条相连的接芽插入砧木"T"形切口中，芽眼朝上，并用嫁接带固定。7d 后若芽呈绿色，叶柄呈黄色且触摸时会掉落，表明月季已成活。采用切接法时，在砧木顶端截面位置切 1 个 2cm 的切口，将接穗两面削成楔状，并插入切口中，用塑料薄膜包裹。

四、栽培管理

月季喜光，不耐荫蔽。在荫蔽的环境里，枝条细长，叶薄色浅，花少而小。故栽培月季要选择阳光充足的地方且不宜栽植过密。月季适合在富含腐殖质的壤土或沙壤土中生长，土壤 pH 为 6～7。月季根系的生长能力较弱，主要分布在 30～40cm，土壤耕层应保持在 50～60cm。如果土质过于黏重或含石灰质过多，可以多施有机肥加以改良。栽植前深翻地，清除杂草及砖石，结合翻地施用复合肥或农家肥做底肥。选择生长健壮、没有病虫害、根系发达的月季苗，定植株行距以 40cm×50cm 为宜，栽植后浇透水。

根据月季品种、生长季节、生长期、土壤环境的差异做好水分管理工作，保持土壤"见干见湿、浇则浇透、不干则不浇"的原则。盛夏季节需要勤浇水，冬季休眠期内少量浇水，保持半湿润即可。月季生长期间需要追肥，一般分春季 6 月和秋季 9～10 月两次进行。春季月季生长速度较快，可以结合灌溉追施有机肥和磷酸二氢钾。肥料施用不宜过多，防止烧苗。秋季盛花期，追肥能够延长花期，可以喷施叶面肥，每隔 10d 施肥 1 次，能够加快花芽分化速度。

修剪是月季栽培管理中最重要的环节，目的是对植株进行整形，提高观赏价值。其次清除过多枝条，可以避免养分竞争，利于通风透光，减少病虫害。月季修剪分为冬季修剪和生长季节修剪。冬季修剪宜在休眠之后，选择晴天的上午进行。修剪时从茎部开始，将枯死枝、病枝剪去，再剪去老枝、弱枝、内膛枝和过密枝，让上级枝条和下级枝条之间呈现为主从关系。一般留 2～3 个向外生长的芽，并要注意植株整体形态，以便向四面展开生长，通风透光。大花月季宜留 4～6 枝，适当剪短特别强壮的枝条，以加强弱枝的长势。生长季节修剪一般在每批花谢后进行，及时将与残花相连的枝条上部剪去，不使其结果，以减少养分消耗，保留中下部壮实的枝条，促使其萌发新枝再次开花。还可以疏去多余的花蕾，使养分集中供应，促使开花整齐、开大花，如春季第一季花就可以除去主花之外的花蕾，从而使花开肥大、艳丽。为使株形美观，可剪去 1/3 或 1/2 长枝，中枝剪去 1/3，在叶片上方 0.5～1.0cm 处斜剪，斜口偏向有腋芽的方向，若修剪过轻，植株会越长越高，枝条越长越细，花也越开越小。修剪的同时还要注意剪除嫁接砧木的萌发枝。

五、病虫害防治

月季病害主要有黑斑病、白粉病、枝枯病等。黑斑病主要危害月季的叶片，常在叶片的表面出现紫褐色或褐色小点，扩大后多为近圆形或不规则形状的黑褐色病斑。严重时整个植株枝条下部的叶片枯黄脱落，甚至造成枝条枯死的现象。生长期可用 50% 多菌灵可湿性粉剂 500 倍液或甲基硫菌灵可湿性粉剂 1000 倍液预防和治疗，或者二者交替使用，以防止病原菌产生抗药性。正常情况下 7～15d 喷药 1 次，梅雨季节黑斑病高发时增加至每周 1～2 次。白粉病主要危害月季的叶片、花蕾和新梢等，受害部位的表面布满白粉，生长期可用甲基硫菌灵可湿性粉剂 1000 倍液或吡唑醚菌酯悬浮剂 800 倍液防治。枝枯病主要危害月季茎秆，在茎秆上出现溃疡性病斑，发病初期为红色小斑点，逐渐扩大，颜色变深为褐色。后期随着病斑的发展，茎秆的表皮会出现纵向开裂，出现黑点，湿度较大时涌现出黑色孢子堆。危害严重时，病斑迅速蔓延到整个枝条而引起枝条萎缩枯死，而后逐渐蔓延到整个植株，导致整个植株萎缩枯死。生长期可喷施 50％多菌灵可湿性粉剂 500 倍液或甲基硫菌灵可湿性粉剂 1000 倍液。

月季虫害主要有蚜虫、红蜘蛛和介壳虫。蚜虫聚集在新芽、嫩叶、花蕾上吮吸汁液，量较大时有蜜油状黑色分泌物，可用吡虫啉可湿性粉剂 1000 倍液防治。红蜘蛛一般以口器刺入月季叶片吮吸汁液，常常寄生在叶的背面，被危害叶片叶绿素合成受阻，严重时叶片正面会出现很多细小密集的白黄色斑块或斑点，叶片逐渐变黄、枯萎脱落，进而导致植株叶片全部脱落，红蜘蛛甚至会为害幼枝、花蕾等。红蜘蛛常在高温高湿的季节发生，因此在炎热的夏季来临之时要及时喷药预防或者治疗，主要用阿维菌素 2000～4000 倍液或丁氟螨酯悬浮剂 2500 倍液喷施，每周 1 次。介壳虫常在月季枝条上越冬，经常聚集在枝条上吸食汁液，不但影响植株生长，而且对植株危害颇大，可用马拉硫磷乳油 1000 倍液或啶虫脒 1000 倍液预防或者治疗。

第九章

庭院食用菌栽培技术

第一节　概述

食用菌属于真核生物的菌物界，绝大多数属于担子菌亚门，少数属于子囊菌亚门。由于菌体较大，又称大型真菌，由菌丝体和子实体组成。食用菌的营养器官为菌丝体，靠其分解基质，吸收营养。在一定条件下，由其产生繁殖器官——子实体，子实体是由菌盖、菌褶、菌柄、菌环和菌托组成。食用菌的生活史，包括担孢子萌发到担孢子再形成的整个生长发育过程。

一、食用菌的营养方式和营养源

1. 食用菌的营养方式

食用菌可以分为腐生、共生、寄生、兼性寄生或兼性腐生几种营养方式。目前栽培的食用菌多为腐生菌，其生长在死亡动、植物残体上；其中有的食用菌生长在以木材为原料的基质中称木腐菌，如香菇、平菇、黑木耳等；生长在以草、粪为原料的基质中称草腐菌，如蘑菇、草菇等。

2. 食用菌的营养源

（1）碳素　碳是食用菌最重要的营养来源，占菌体成分的 $50\%\sim60\%$，不仅是合成碳水化合物和氨基酸的原料，同时又是重要的能量来源。自然界中的碳分有机碳和无机碳两大类，食用菌只能吸收有机态的碳，而不能利用无机态的碳。但对高分子碳水化合物——纤维素、木素等，要由菌丝分泌出各种相应的酶，将其分解成葡萄糖后才能吸收利用。

（2）氮素　氮是构成蛋白质的主要成分之一，遗传物质核酸中也有氮，许多维生素的组成也必须有氮。没有氮，食用菌就不能生长繁殖。自然界中的氮素也分有机态氮和无机态氮两种。蛋白质是高分子化合物，不能直接被菌丝体利用，必须经蛋白酶分解成氨基酸，甚至进一步降解为氨才能被菌丝体吸收。食用菌在不同生长发育时期，对氮素的要求有所不同。在营养生长阶段（菌丝生长），培养基中含氮量以 0.016%～0.064% 为宜，如果低于 0.016%，菌丝生长受阻；在生殖生长阶段（子实体发育），培养基含氮量在 0.016%～0.032% 之间，高浓度的氮反而有碍于子实体发生和生长。此外，碳氮（C∶N）的比例也要适宜。营养生长阶段为 20∶1，生殖生长阶段以（30∶1）～（40∶1）为好（但不同的菌在不同的发育阶段碳氮比有所不同）。如果培养基中氮素过多，碳素过少，就会出现营养生长过旺而使子实体形成迟缓；如果氮素过少，碳素过多，则营养生长少，菌丝不旺盛，致使子实体小，产量低。因此，在栽培中要合理搭配各种原料，使培养料碳氮比适宜。

（3）无机盐　主要是磷、钙、镁、钾、锌等无机盐，虽然需要量少甚至极少，但在食用菌的生长发育过程中不可缺少。

（4）生长素　维生素、核酸碱基类物质，对食用菌的生长有显著的影响。在马铃薯、麦芽、酵母和糠中生长素含量较高。

二、食用菌的分类

食用菌的分类主要是以食用菌菌丝形态、子实体形态、孢子形态、结构、生理生化、遗传特性等为主要依据。了解食用菌的分类关系，对于识别采集、驯化鉴别、菌种选育和开发利用食用菌资源有重要作用。在分类学上常将生物划分为界、门、纲、目、科、属、种七个分类等级，其中种是食用菌基本的分类单位。食用菌划归为菌物界，属于真菌门中的子囊菌亚门和担子菌亚门。

1. 按生态环境分类

食用菌的分布极广，凡是有生物残体存在的地方（高山、湖泊、森林、草原、沙漠等）都有食用菌的踪迹。按大型真菌的生态环境，可将其分为林地真菌、草原真菌、土壤真菌、菌根真菌、粪生真菌、木材腐生菌等。

（1）林地真菌　林地真菌的种类与分布与林地植被有关。在不同的树种下，产生不同的真菌。例如，在针叶林中，经常产生松针菇、灰口蘑、红铆钉菇，混交林地常产生蜜环菌、豹斑鹅膏、银耳、木耳等，在山毛榉和标属林地，常有美味牛肝菌、鸡油菌、毒鹅膏等；在阔叶林内，通常出现皂味口蘑、褐黑口蘑、硫色口蘑等。林地内地形及林地土壤类型等也会影响林地中食用菌的种类及分布。

（2）草原真菌　草原上的真菌大致可分为两个类群：一类是草本植物的地下部寄生菌，这类菌往往能够形成蘑菇圈；另一类是以草原动物的粪便为主要营养物质的腐生性粪生真菌。一般草原牧场上可能出现的大型真菌有杯伞、斜盖伞、粉褶菌、蜡伞、高环柄菇、马勃、蘑菇、口蘑等。在粪草较多较肥的草场中，则常出现下列种属：毛头鬼伞、粗柄白鬼伞、脆伞、硬柄斑褶伞、小脆柄菇、半球盖菇等。蘑菇圈是由于菌丝体向四周辐射扩散，一旦生态条件适宜，形成圈状分布的子实体，子实体腐烂后，菌丝仍在草地下蔓延，向四处扩展，来年又重新在外形成一圈子实体。大约有 50 种大型真菌可以形成蘑菇圈，分类上包括伞菌、牛肝菌和马勃菌等。

2. 按营养方式分类

（1）木腐菌　香菇、滑子菇、木耳等，多以阔叶木本植物的木屑（材）作为栽培基质。野生条件下，常生长于干枯木上。

（2）草腐菌　草菇、姬松茸等，不能利用木质材料，而主要以草本植物特别是禾本科植物的秸秆（如麦秸、稻草、玉米芯等）为主要碳源。在野外常见于腐熟的厩肥和腐烂的草堆中。

（3）粪生菌　双孢菇、大肥菇等，野生条件下，常见于发酵后的牛粪、马粪的粪堆上；栽培时只可利用草本秸秆，而且需要添加大量的马粪、牛粪、鸡粪、厩肥、化肥等含氮量丰富的原料。

（4）土生菌　野生条件下，多发生于林地、坡地、水沟旁的地面上，有的其发生处土层下面有其生存的基质（枯枝、腐根等），如鸡腿菇、竹荪等，这类菌较容易人工栽培；而有的则距其生长基质很远，如羊肚菌，这类菌多数不易人工栽培。

3. 按食用意义分类

（1）食用种类　人工栽培的种类多是作为食物直接食用，采集的野生菌也多是如此，该种类占食用菌的大多数。如人工栽培的香菇、双孢菇、木耳等；野生的牛肝菌、鸡油菌等。

（2）药用种类　药用种类是指子实体或菌丝体直接或经加工提取后的产品可作为药用。如灵芝、天麻等子实体均可切片后作为饮片服用；云芝、茯苓的子实体和菌丝体都可提取加工成中成药；槐耳、冬虫夏草和蛹虫草工业发酵的菌丝体也都可加工成多种药剂等。

（3）食药兼具种类　多数食用菌类均有一定的食疗作用。如猴头菇对消化系统疾病有很好的疗效，密环菌对肝炎有较好的辅助疗效，榆耳对痢疾有特效。

4. 按子实体形成和发育所要求温度分类

（1）高温菌类　子实体形成和发育需要较高的温度（常在25℃以上），菌丝体的生长要求温度也高于其他菌类。如草菇子实体形成和发育的适温为30～32℃，其菌丝生长的适温达32～35℃。

（2）中温菌类　子实体形成和发育的适宜温度在15～25℃，这类菌的菌丝体生长适温一般在20～25℃，食用菌中这类温型比较多，如香菇、银耳、鸡腿菇、猴头菇等。

（3）低温菌类　子实体形成和发育需要较低的温度，一般低于15℃，高于这一温度则不易形成子实体或不能正常发育。如金针菇和滑菇等。

5. 按子实体形态结构分类

（1）伞菌类　顾名思义，伞菌是具有伞状子实体的那些种类，这些伞状的子实体明显分化出菌盖和菌柄两大形态结构，且菌盖的下方生有刀片状的菌褶，菌褶的两侧生有"种子"，即担孢子。大多数常见的食用菌为伞菌类，如双孢菇、香菇、金针菇、滑菇等，伞菌多为肉质。

（2）多孔菌类　多孔菌类的子实体形态多样，有伞状、扇形、块状等多种形状，质地有肉质、半纤维质和木柱质等，但其形态学上的共同特点是：在菌盖下方都有管孔状的繁殖结构。如肉质伞状的牛肝菌、鸡油菌，木柱质扇形的灵芝，肉质块状的猴头菇和齿菌。

（3）胶质菌类　胶质菌类的子实体多耳状或叶状，有的呈脑状，质地上多为胶质，如木耳、毛木耳、银耳、金耳、榆耳、血耳等。其繁殖体为担孢子，都着生于子实体的表层内，有的生于耳片的一侧，有的则生于两侧。

（4）子囊菌类　除上述形态学上的几大类群外，尚有一些种类，很难划分形态类群，这些多是人工尚未栽培的种类，如钟形菌盖表面凹凸不平的酷似羊肚的羊肚菌，菌盖酷似马鞍形的马鞍菌，还有不规则块状的块菌。这些菌从分类地位上都距上述三大类群较远，属于子囊菌亚门。

6. 按原基形成和发育对光的需求分类

（1）喜光型　在散射光的刺激下，促进子实体分化、发育，如香菇、草菇、滑菇、猴头菌、侧耳类、木耳类。

（2）中间型　对光线反应不敏感，有无散射光均可发育，如双孢菇、大肥菇。

（3）厌光型　无需散射光刺激均可形成子实体，如茯苓、块菌等地下生的菌类。

三、无菌操作技术

1. 物理灭菌方法

（1）干热灭菌法　是利用干燥箱中热空气造成高温环境灭菌。温度升至 160～180℃，保持 2h 就达到灭菌目的。此法适用于玻璃器皿、金属用具等固体器具的灭菌。

（2）高压蒸汽灭菌法　高压蒸汽的温度可以超过常压下沸点的温度，另外，高压蒸汽的热穿透力很强，所以灭菌效果好于一般蒸汽。使用时应注意：升压前要排尽锅内冷空气。也就是在锅内水沸腾后可继续排冷空气 5min 左右，或者升压至 0.3～0.5 个大气压再放气，使高压锅压力降至 0，再关闭排气阀升压。这种方法在食用菌生产中往往用于灭菌制备一、二级菌种用的培养基。

（3）蒸锅灭菌法　常压灭菌的温度要达到 98～100℃，而且最好在 3～4h 之内达到，并且维持 100℃达 8～10h，之后再焖 5～6h 即可。

（4）巴斯德灭菌法　是一种采取 60℃ 以上 100℃ 以下的温度保持一定时间的灭菌方法。食用菌生产采用的堆料发酵灭菌法，就是利用了这一原理。

（5）紫外线灭菌　紫外线波长为 200～300nm 具有杀菌作用，一般紫外线灯为253.7nm。所以在食用菌生产中，多在无菌室、无菌箱中安装紫外线灯进行灭菌。

（6）过滤除菌　其原理是利用没有上釉的陶瓷、石棉板、火棉胶、硅藻土及硝化纤维素滤膜或灭菌棉花等材料阻止灰尘和微生物通过，从而净化空气或培养基。

2. 化学灭菌方法

（1）酚类　常用的是石碳酸，又叫苯酚，通常使用 3%～5% 的水溶液作为喷雾剂处理无菌室、无菌箱，或对器械浸泡消毒。另外还有来苏尔，其杀菌效力比苯酚大 4 倍，常用 3%～5% 的水溶液来消毒皮肤、桌面及用具。

（2）甲醛　甲醛是气体，易溶于水，通常使用 37%～40% 甲醛溶液（即福尔马林）

来消毒空罐、无菌室和无菌箱等。大约 4m³ 无菌室，用 40～50ml 甲醛溶液熏蒸就可达到消毒的目的。方法是在坩埚内加入甲醛溶液，用酒精灯熏蒸，或在培养皿内加入甲醛溶液，再加入少许（约 1.5g/m³）高锰酸钾，任其反应挥发，关上门窗闷一夜即可。

（3）高锰酸钾　0.1%～0.8%的浓度都具有杀菌作用。高锰酸钾在酸性溶液中杀菌作用增高，如用 1%高锰酸钾和 1%盐酸溶液能在 30min 内破坏炭疽芽孢，高锰酸钾不能用于食用菌生产原料灭菌，因其遇有机物时就被还原成无杀菌作用的二氧化锰；其只局限于皮肤、黏膜及玻璃器皿消毒用。

（4）酒精　一般用 70%～75%酒精，高浓度酒精杀菌能力反而降低。在酒精中加入稀酸或稀碱其杀菌效力增加。例如在 70%酒精中加入 1%硫酸或氢氧化钠，可在 1～2d 内杀死枯草芽孢杆菌。酒精一般用于皮肤、器械消毒，也常在菌种分离时作为表面接触杀菌剂。

（5）石灰　一般配成 1%～3%的石灰水，具有很好的杀菌作用。如果发现食用菌的栽培床或菌砖上有霉菌污染，也可将生石灰直接撒到污染菌面上。

（6）内吸杀菌剂　苯菌灵、多菌灵、噻菌灵、麦穗宁、甲基硫菌灵等内吸杀菌剂只能抑杀霉菌。一般是 0.02%～0.1%浓度的上述农药，添加到培养料中来抑制杂菌。食用菌种类不同，选择药物的种类与浓度也不同。

四、培养料的制作

1. 熟料制作

木腐菌类用的培养料可采用熟料法，通称灭菌法。一般采用高压蒸汽灭菌及蒸锅灭菌制作培养料。其配方可为：硬杂木屑 80%（添加 15%秸秆或 15%玉米芯时，可适当减少为 65%），麦麸 20%，1%硫酸钙（即石膏）。含水量约为 65%。

2. 发酵料制作

其原理是在堆肥过程中，粪草中的嗜热微生物将食用菌不能消化的营养分解转化为可利用态营养，发酵升温并可杀死有害杂菌及虫卵。

（1）草腐菇类培养料的堆制　常规发酵是采用一次发酵法堆制培养料。原料用各类粪肥和麦草、稻草或蒿草。我国通常采用 6∶4 配方，即猪、牛粪（干）58%，稻草或麦秆 40%，石膏 1%，过磷酸钙 1%，水 160%。如果铺菇床 111m²，铺料 15cm 左右厚，约需猪、牛粪（干）3800kg（或湿粪 16000kg），麦秆或稻草 2600kg，石膏 70kg，过磷酸钙 70kg。

堆制方法：为了湿润原料可建大堆进行预堆或假堆 1d，用 0.5%敌敌畏或 1%～2%的石灰水洒地面以杀死害虫等。正式建堆是在播种前 25～40d 进行。堆料时先铺一层厚 16～20cm、宽 2.0～2.3m，长一般 13m 左右的草，然后铺粪肥 5～6cm。再这样铺一层草一层粪。除第一层不浇水外，以后各层都浇水，下层少浇，上层多浇，直堆到 15 层左右，高 1.5m，料堆四边上、下垂直，堆顶呈半圆形，这样堆积大约需浇水 6000kg。为了保证堆制质量，在堆期 25d 左右一般需要翻堆 5～6 次，将下面的料翻到上面，四边的料翻到中间，中间的料翻到外面，把粪和草，干料和湿料都抖松拌匀。并通过翻堆，及时调水、散热、散气，补充营养及调节 pH。堆制好的培养料以半腐熟为宜，无臭味，呈棕褐色，含水约 60%。

为了提高堆料质量，可采取二次发酵法堆制培养料。具体方法是：先按常规堆肥方法在室外堆制 12~15d，称为前发酵，然后把培养料搬入蘑菇房，用人工加温方法进行发酵，称为后发酵，这种后发酵方法称为培养料二次发酵法。二次发酵法是使有机物既能分解，又不损失养分的一种好方法。其需要趁热将前发酵料搬入室内进行巴斯德消毒和发酵，方法可采取集中后发酵法，即专门有一个后发酵室，可用箱子装料发酵，保持 60~65℃ 2~6h，然后降温保持 52℃ 3~6d 即可。也可采取固定床架式后发酵法，即用原有床架进料，使其尽快升温 60℃ 以上，保持 4~6h，然后降温至 52℃，再保持 4~6d。二次发酵料要注意湿一点，如果偏干，可用 pH 8~9 的消石灰水调节。

（2）木腐菇类培养料的堆制　堆积地点应在培养畦附近，就地发料。选择地势稍高而平坦、不积水、光照较好的清洁地段作为堆制场所。培养料的配方一般是将硬杂木屑 57%，麦麸 20%，玉米芯 20%，石膏 1.5%~2.85%，过磷酸钙 1%，拌匀，然后将甲基硫菌灵 0.06%（或乙基硫菌灵 0.1%）悬浮于水中，再按常规方法拌料，使其含水量为 65%，堆成高 1~1.3m，宽 1.5~1.7m 的长形堆。在堆制过程中，隔 0.5m 远左右立放一束草捆或管壁带有若干孔洞的空心管，以利通气，之后用塑料膜覆盖保温保湿。当料堆 40cm 处温度为 55℃ 以上时，24~48h 后进行翻堆，当新堆 40cm 处温度再上升 55℃ 以上，24h 后，再一次翻堆。经几次翻堆后，培养料 pH 值为中性或微碱性，料色为茶褐色，无异味，并具有一种发酵香味，即为发酵适度，经散堆降温 24h，即可调水（65%~68%）使用。

以上培养料制成后，可用作三级菌种料，也可用于栽培蘑菇。

第二节　黑木耳

黑木耳又名木耳、云耳、黑菜，为木耳科木耳属食用菌，为我国珍贵的药食兼用胶质真菌，也是世界上公认的保健食品。我国是黑木耳的故乡，早在 5000 多年前的神农时代便认识、开发了黑木耳，并开始栽培、食用。《礼记》中也有关于帝王宴会上食用黑木耳的记载。黑木耳在我国的东北、华北、中南、西南及沿海各省份均有种植。黑木耳干品中蛋白质、维生素和铁的含量很高，其蛋白质中含有多种氨基酸，尤以赖氨酸和亮氨酸的含量最为丰富。黑木耳不仅营养丰富，而且其胶体有巨大的吸附能力，能起清胃和消化纤维素的作用，因此也是纺织工人不可缺少的保健食品。另外，黑木耳还有补血、强精、镇静等功能，是一种很有价值的药用菌。在林区，一般是将采伐的阔叶树截成 1~2m 长的木段，经堆晒后成为耳木，再接种进行黑木耳生产。但是，由于木材来源的限制，在非林区就难以大量发展黑木耳生产，因此利用代料栽培黑木耳，对发展黑木耳生产具有很重要的意义。

一、生物学特性

黑木耳菌丝洁白、浓密、粗壮,有气生菌丝,但短而稀疏。放置一段时间能分泌黄色至茶褐色色素,不同品种色素的颜色和量不同。黑木耳子实体的形状、大小、颜色随外界环境条件的变化而变化,其大小为 0.6~12cm,厚度为 1~2mm,红褐色,晒干后颜色更深,子实体中色素的形成与转化受到光的制约。新鲜子实体呈胶质状,是由菌丝瓦解和菌丝体原生质分泌产生,是黑木耳的一大特征。黑木耳分背腹两面,腹面光滑颜色深,成熟时担子在表面整齐排列,称为孕面;而背面长有许多毛,称为不孕面。

黑木耳属腐生性真菌,主要分布于北半球温带地区的东北亚,尤其我国北方地区。我国野生黑木耳分布在东北、华北、西北及西南地区,以东北黑木耳为最好。黑木耳喜欢温暖、潮湿的气候,一般在雨后发生,最常见于秋季。在自然条件下,生于枯死的阔叶树枝干、树桩上,对垂死的树木有一定的弱寄生能力。

二、栽培技术

1. 培养料配制

适合黑木耳栽培的原料有很多,林区的木屑、枝头粉碎物等均可,应以无杂质、无霉变的阔叶硬杂木为主。辅助原料包括麦麸、米糠、豆粉、豆粕、石灰、石膏等,用以充当栽培料氮源、平衡酸碱。常用高产配方如下:

① 硬杂木屑 86.5%,麦麸 10%,豆饼粉 2%,生石灰 0.5%,石膏粉 1%。

② 硬杂木屑 64%,玉米芯 20%,麦麸 12%,豆饼粉 2%,石膏粉 1%,生石灰 1%(pH 调至 8~9 为宜)。

③ 锯木屑(硬杂木)86.5%,麦麸 10%,豆饼粉 2%,生石灰 0.5%,石膏粉 1%。

2. 菌袋制作

可选用 34cm×17cm 聚丙烯薄膜袋,袋口套上内径 3.5cm、高 3.5cm 的硬塑料,将配好的料装满培养袋,然后打眼,盖牛皮纸盖或塑料薄膜。以 $9.80665×10^4$ Pa 压力灭菌 1h 或用大锅蒸 5~6h。一般需要避开夏季高温、高湿环境,而在春秋两季栽培较好。

3. 发菌期管理

袋内温度降至 35℃左右即可接种。接种后移入 25℃培养室培养 26~30d,菌丝即可长满袋。菌丝长满袋后可移入栽培室,整齐排列,揭起塑料膜一角。室温保持在 20~28℃,空气相对湿度控制在 80%~85%。若湿度不足,可向室内地面和空间喷雾状清水,但不要使袋内料块充水过多,以免菌丝体窒息。

当袋内已长出大量子实体时,室内温湿度可适当增大。为促进子实体形成与生长,要保持空气清新,每天应在中午前后开窗换气,并给予大量的散射光。用此法生产黑木耳,每袋能产湿耳 100~150g。

为了降低成本,也可从生产菌种单位购买原种,自己扩大繁殖生产用的栽培种。培养料配方及装袋与上述相同,但灭菌必须严格,于 25℃培养室培养 28d 左右,即可在生产中应用。

4. 出耳期管理

可采用耳房架栽的方式。耳房要选在光照充足、通风良好的地方。发好菌的栽培袋进入耳房前，必须将耳房清洗干净，并布置好栽培架。架宽 80cm 左右、高 240～280cm，分成 5～6 层，上层与下层间距 40～50cm，每层各拉上 5 条 10 号铁丝（间距 19～20cm），架长按耳房大小而定，两架之间留 50～60cm 的通道，栽培架可用木杆或角钢制成。

当菌袋有少许耳芽时，移入耳房。但在移至耳房时，要用 75% 酒精将袋擦洗干净，当菌袋外壁晾干后，即可用刀片在菌袋侧壁轻轻开一个 $2cm^2$ 的长方形洞口，开时，要尽量避免伤害洞口上的菌丝。为了防止杂菌污染，在开洞前的前 3～5d，应将耳房再清洗 1 次，同时要用药物进行消毒。菌袋开洞后应及时上架。将培养袋平放在栽培架上。

子实体形成阶段要通风降温，温度 18～20℃，湿度 80%（不要直接向洞口喷水），增加光照，促使耳芽形成。子实体原基形成到耳芽形成阶段需要 3～5d，耳芽形成到长至大耳需 10～20d，温度应掌握在 20～25℃，空气湿度 85%～95%，加强通风换气，增加光照，同时辅以少量直射光，要经常少量多次喷水，以满足水分需要。采收前要停水 1～2d，耳根收缩后再采。要先采成熟的，即耳片展开，耳根由大变小，耳片有弹性。注意不要留下残耳，不要强拉耳片，以免腐烂而引起杂菌。采摘方法很简单，以拇指和食指沿着子实体的边缘插入耳根，稍加揪动耳片就会掉落下来。

第三节　银耳

银耳也称白木耳、雪耳、银耳子、川耳等，为花耳科银耳属食用菌，有"菌中之冠"的美称。银耳一般呈菊花状或鸡冠状，直径 5～10cm，柔软洁白，半透明，富有弹性。银耳作为我国传统的食用菌，历来都是深受广大人民所喜爱的食物，银耳作为一种木腐型药食兼用真菌，具有美容、补脑、补气、补肾、强心健体、延年益寿等功效。银耳主要分布在我国和日本。目前只有我国进行大面积栽培，产量与质量均占世界首位。银耳人工栽培有段木栽培、袋装栽培等。段木栽培需要原木，但段木资源匮乏且获取难度大。袋装栽培简便易行，管理方便，经济效益高，是目前最广泛使用的栽培手段。

一、生物学特性

银耳菌丝体呈白色，极细，依靠伴生菌香灰菌菌丝提供的营养生长繁殖，并在适宜的条件下形成子实体。银耳菌丝为多细胞分枝分隔的菌丝，分为单核菌丝、双核菌丝和结实性双核菌丝，结实性双核菌丝可产生子实体并易胶质化。子实体单生或群生，胶质、叶状，新鲜时白色半透明，或略带黄色，直径 5～16cm 或更大，基部呈黄色至浅橘黄色。成熟子实体的瓣片表层有一层白色粉末，为担孢子。

银耳属于中温型菌类，适宜春秋两季生长。整个生长期需要适宜的温度、湿润的环境以及充足的氧气和一定的散射光照。银耳孢子萌发适温为 20～25℃，菌丝生长适温为

20~28℃。银耳是典型的由伴生菌协同完成生活史的食用菌。银耳不能自己制造养分，几乎没有分解复杂碳源的能力，只能利用简单的碳源，如单糖（葡萄糖）、双糖（蔗糖）等。因此银耳生长需与香灰菌伴生，借助香灰菌菌丝分解基质，提供营养物质，才能正常完成生长发育过程。银耳菌丝有较强的耐寒能力，但伴生的香灰菌不耐旱，需要在潮湿条件下生长，因此空气相对湿度应保持在80%~90%。银耳属于喜光好氧型菌类，室内栽培散射光即可满足光照度需求，但需经常通风保持空气新鲜。银耳对pH适应范围较广，但以pH值为5.2~5.8最适宜。

二、栽培技术

1. 培养料配方

袋栽银耳的栽培原料十分广泛，主料以木屑、棉籽壳、玉米芯、甘蔗渣等农副产品适当添加麸皮、米糠、黄豆粉、石膏、蔗糖等辅料。

① 木屑76%、米糠19%、黄豆粉1.5%、蔗糖1%、过磷酸钙1%、石膏粉1.5%；

② 木屑40%、棉籽壳37.6%、麸皮20%、石膏粉2%、硫酸镁、尿素0.2%；

③ 棉籽壳73%、麸皮22%、黄豆粉2.2%、石膏粉1.4%、蔗糖1%、硫酸镁0.4%；

④ 甘蔗渣74%、麸皮20%、石膏粉2%、蔗糖1.2%、黄豆粉1.2%、硫酸镁1.6%；

⑤ 玉米芯（粉碎）70%、麸皮25%、石膏粉1.5%、蔗糖1.5%、黄豆粉1.5%、硫酸镁0.3%、磷酸二氢钾0.2%。

2. 菌袋制作

选择适当的培养料充分拌匀后即可装料。秸秆类原料要粉碎过筛，配方中蔗糖、硫酸镁、磷酸二氢钾、尿素等要先用少许热水融化。含水量50%~55%为宜，不能超过60%。装好袋后用打孔器在正面等距打4~6个接种孔，打孔用胶布贴封穴口。装袋后要及时灭菌，灭菌时培养袋要保持一定缝隙，利于蒸汽流通，提高灭菌效果。灭菌结束后培养袋趁热移入接种室，呈"井"字摆放，利于散热、冷却接种。

接种时要严格遵守无菌操作规程，先用75%酒精对菌种瓶表面进行消毒。用无菌接种铲伸进孔内将培养料搅匀。拌匀后用接种枪接种，菌种要略低于料面1~2mm，有利于原基形成。接种后要立即用胶布封严孔穴。

3. 发菌期管理

接种后前三天培养室温度应调节至25~28℃以促进菌丝生长。3天后菌丝向周围伸展，要结合翻堆控制室温至25~26℃，约3d翻堆一次。空气相对湿度要控制在70%以下。发菌期每天开窗通风1~2次，每次30min，通风的同时也要保持湿度以免菌种失水。

（1）胶布揭角　银耳是好气型真菌，随着生长对新鲜空气的需求与日俱增。一般以孔穴的菌圈相连为准，约接种后8~9d。揭角指原来密封空穴的胶布朝对角揭起一个角，注意不要向上揭起。捏成"凸"形拱起，对幼嫩子实体起到保护作用。未揭角前先盖纸喷水，空气相对湿度保持在80%~85%，温度控制在23~25℃。

（2）揭开胶布　接种后14d左右，孔穴中出现白色毛团状菌丝，孔穴中白毛团上会出现浅黄色小水珠，应将菌袋翻转使孔口缝隙向下，让黄水流出穴外，室内温度可降到20～23℃，同时注意保湿。

（3）扩孔　用锋利的小刀以接种穴为圆心，向外环割一圈，半径比原来增加5cm。扩孔时间可在接种后16d，利于原基生长。

4. 出耳期管理

（1）幼耳期　接种后19～27d达到幼耳期，此时银耳展幅达到黄豆至蚕豆大小，温度要求调节至23～25℃，不能超过25℃，温度过高耳片易腐烂，温度过低耳片会变薄。湿度以80%为宜，控湿是使银耳生长壮实、整齐一致的重要措施。湿度低于75%会出现幼耳萎缩发黄的现象。

（2）成耳期　接种后28d起，银耳开始陆续成熟，此时期应促进耳片展开和生长。第一要注意防止高温，以25℃为宜，超过27℃应结合喷水保湿开窗通风。子实体长到5cm左右，要加大空气相对湿度（达到95%），使耳片迅速展开。喷水次数和喷水量可根据气候和出耳情况灵活控制。33d起揭掉覆盖报纸，直接于银耳耳片上喷水，使耳形生长更为饱满。室内湿度增加，需加大通风力度使室内有流动的新鲜空气，一方面满足银耳对空气的需求，一方面防止室内杂菌污浊，引起烂耳。同时也要给予充足的散射光照。

5. 采收期管理

采收时用锋利刀片从基部整朵割下，耳基尽量保留呈半球状。采收后3d内室内不喷水、湿度保持在85%左右，温度保持在23～25℃，不通风换气，为下潮出耳创造条件。割耳3d左右耳基会吐出黄水，要及时将其放掉，防止积存。一般加强管理后培养15～20d即可采收第二潮。

第四节　杏鲍菇

杏鲍菇因具有杏仁香味、肉肥厚且具有鲍鱼的口感而得名。为耳匙菌科侧耳属的一种木腐性食用菌，能够利用纤维素和木质素，对碳源和氮源需求很高，氮源越丰富菌丝生长越旺盛，产量也越高。作为典型的亚热带草原、干旱沙漠地区的野生食用菌，因杏鲍菇于春末至夏初腐生、兼性寄生于大型伞形花科植物刺芹的根上和四周土中，故也称为刺芹侧耳。杏鲍菇分布于中国新疆、青海和四川西部，也分布于意大利、西班牙、法国、德国、捷克、斯洛伐克、匈牙利、摩洛哥、印度、巴基斯坦等国的高山、草原和沙漠地带，同时也是欧洲南部、非洲北部以及中亚地区高山、草原、沙漠地带的一种品质优良的大型肉质伞菌。杏鲍菇的营养十分丰富，植物蛋白含量高达25%，含18种氨基酸和具有提高人体免疫力、防癌抗癌的多糖，还具有降血脂、润肠胃以及美容等功效。杏鲍菇菌肉肥厚，质地脆嫩，特别是菌柄组织致密、结实、乳白，可全部食用，且菌柄比菌盖更脆滑、爽口，被称为"平菇王"、"干贝菇"。

一、生物学特性

杏鲍菇菌丝洁白、茸毛状、均匀，菌落舒展边缘整齐，不分泌色素。子实体单生或群生，菌盖宽 2～12cm，初呈拱圆形，逐渐平展，成熟时中央浅凹至漏斗形、圆形至扇形，表面有丝状光泽，平滑、干燥、细纤维状，幼时浅灰墨色，成熟后浅黄白色，中心周围常有近放射状黑褐色细条纹，幼时盖缘内卷，成熟后呈波浪状或深裂；菌肉白色，具杏仁味，无乳汁分泌；菌褶延生，密集略宽，乳白色，边缘及两侧平滑，有小菌褶。菌柄偏心生至侧生，棍棒状至球茎状，横断面圆形，表面平滑，无毛，近白色至浅黄白色，中实，肉白色，肉质纤维状，无菌环或菌幕。

温度是杏鲍菇生长和发育的最主要环境因素，也是产量能否稳定的关键。正常温度生长范围是 5～33℃，最适宜温度在 25℃；培养料含水量以 65%～70% 更适合子实体发生和生长，空气相对湿度要求 60%；杏鲍菇最适 pH 为 6.5～7.5。

二、栽培技术

1. 培养料配制

杏鲍菇培养料可广泛选择杂木屑、棉籽壳、玉米芯、黄豆秆、废菌糠等。仅用木屑和菌糠栽培效率极低，使用棉籽壳栽培效率较高，但成本也高，用作物秸秆栽培产量不够稳定。因此，应全面考虑杏鲍菇的营养特性，因地制宜选择较好的原料及配方。杏鲍菇栽培中常见的配方如下：

① 杂木屑 36%，棉籽壳 36%，麸皮 20%，豆秆粉 6%，过磷酸钙 1%，石膏粉 1%；

② 杂木屑 30%，棉籽壳 25%，玉米芯 18%，麸皮 15%，玉米粉 5%，豆秆粉 5%，过磷酸钙 1%，石膏粉 1%；

③ 杂木屑 22%，棉籽壳 22%，麸皮 20%，玉米粉 5%，豆秆粉 29%，过磷酸钙 1%，石膏粉 1%；

④ 杂木屑 73%，麸皮 25%，石膏粉 1%，石灰粉 1%。

2. 袋栽

拌好的培养料应立即装袋，料袋可用规格为 17cm×30cm 的塑料袋，一头扎紧不透气，装袋时边提袋边压实，扎口要系活扣，一般每袋可装干料 0.30～0.35kg。装袋要松紧适宜，过紧透气不良，影响菌丝生长；过松薄膜间有空隙，容易被杂菌污染。拌料装袋必须当天完成，以防酸败。

3. 发菌期管理

接种后的料袋采用墙式排放，每堆 5～6 层，堆与堆之间留出间隙，以便通气。如 8 月下接种时气温尚高，需要降低堆放层数，同时上袋与下袋之间应放小竹竿或干净木条相隔，以防"烧苗"。发期间保持温度 25℃ 左右，空气相对湿度 70% 以下，充足的氧气和光能使苗丝健壮生长。培养期间 10d 左右翻堆 1 次。发黄过程中不可进行制孔增氧，否则很容易在刺孔处形成原基。管理得当，30～40d 后菌丝可发满菌袋。

4. 出菇期管理

出菇期掌握好开袋时间，在菌丝扭结形成原基并已出现小菇蕾时开袋，将袋膜向外翻卷至高于培养料 2cm 为宜。在菌丝尚未扭结时开袋，难以形成原基或原基形成很慢，会使出菇不整齐，菇体经济性状差；在原基形成或出现小菇蕾时开袋，原基分化和小菇发育正常，出菇整齐，菇体的经济性状好；如果在子实体已长大时开袋，在袋内会出现畸形菇，严重时长出的菇会萎缩、腐烂。

菇房温度应控制在 13～15℃，这样出菇快，菇蕾多，出菇整齐，15d 左右可采收。温度直接影响原基的形成和子实体生长发育。当气温低于 8℃时原基难以形成，即使已伸长的菇体也会停止生长、萎缩、变黄直至死亡；当气温持续在 18℃以上时，已分化的子实体突然迅速生长，品质会下降，小菇蕾开始萎缩，原基停止分化；当气温达 21℃以上时，很少现原基，已形成的幼菇也会萎缩死亡。不同生态型的菌株，造成幼菇死亡的临界温度有所不同，造成的损失也有差别。若温度较高，则导致子实体生长快，菇体小，开伞快，产品质量差。

第五节 香菇

香菇也称香信、冬菇、北菇、厚菇、薄菇、花菇等，为小皮伞科香菇属的一种木腐性食用菌。香菇起源于我国，截至 1989 年，中国香菇总产首次超过日本，一跃成为世界香菇生产第一大国。香菇也是我国久负盛名的珍贵食用菌，分布于山东、河南、浙江、福建、台湾、广东、广西、安徽、湖南、湖北、江西、四川、贵州、云南、陕西、甘肃等地。野生香菇一般在秋冬春季节生长于阔叶枯木上，群生、散生或单生。我国最早栽培香菇，已有 800 多年历史。香菇肉质肥厚细嫩，味道鲜美，香气独特，营养丰富，是一种食药同源的食物，具有很高的营养、药用和保健价值。香菇含有丰富的食物纤维，经常食用能降低血液中的胆固醇，防止动脉粥样硬化等。香菇性寒、味微苦，有利肝益胃的功效。我国古代学者早已发现香菇类食品有提高脑细胞功能的作用，如《神农本草》中就有服饵菌类可以"增智慧"、"益智开心"的记载；现代医学认为，香菇的增智作用在于含有丰富的精氨酸和赖氨酸，常吃可健体益智。香菇中所含的 β-葡萄糖苷酶具有明显的加强机体抗癌的作用，因此，人们将香菇称为"抗癌新兵"。

一、生物学特性

香菇子实体单生、丛生或群生，子实体中等大至稍大。菌盖直径 5～12cm，有时可达 20cm，幼时半球形，后呈扁平至稍扁平，表面浅褐色、深褐色至深肉桂色，中部往往有深色鳞片，而边缘常有污白色毛状或絮状鳞片。菌肉白色，稍厚或厚，细密，具香味。幼时边缘内卷，有白色或黄白色的茸毛，随着生长而消失。菌盖下面有菌幕，后破裂，形成不完整的菌环。老熟后盖缘反卷，开裂。

香菇菌丝生长的温度范围在 5～24℃，最适宜温度 24～27℃，但由于木材的保护作用，在气温低于-20℃的高寒山地或高于 40℃的低海拔地区，菇木也能安全生存，菌丝不会死亡。香菇是低温和变温结实性的菇类，香菇原基在 8～21℃分化，在 10～12℃分化最好；子实体在 5～24℃范围内发育，8～16℃为最适。在恒温条件下，香菇不形成子实体。在锯木屑培养基中，菌丝生长的最适含水量是 60%～70%；在菇木中适宜的含水量是 32%～40%。子实体形成期间菇木含水量保持 60%左右，空气湿度 80%～90%为宜。香菇属好气性菌类，足够的新鲜空气是保证香菇正常生长发育的重要环境条件之一，栽培环境过于郁闭易产生畸形的长柄菇、大脚菇。香菇是需光性真菌，强度适合的漫射光是香菇完成正常生活史的一个必要条件。但是，菌丝生长不需要光线。适于香菇菌丝生长的 pH 值为 5～6。pH 值在 3.5～5.0 适于香菇原基的形成和子实体的发育。在段木腐化过程中，菇木的 pH 值不断下降，从而促进子实体的形成。香菇生长发育需要充足的碳源、氮源、矿质元素和维生素。阔叶树木屑是最常用的碳源物质；氮源主要由豆饼粉、黄豆粉、麦麸、米糠等含氮有机物提供。木屑含氮量常低于香菇正常生长所需要的总氮量，所以，若以木屑作为主料栽培香菇时需补充适量富含有机氮的米糠、麦麸等，可促进菌丝生长，提高香菇产量。

二、栽培技术

1. 培养料配制

① 78%杂木屑，16%麦麸，1.2%葡萄糖（或蔗糖），2%石膏，0.3%尿素，0.5%过磷酸钙，2%玉米粉；

② 66%杂木屑，20%棉籽壳，10%麦麸，2%葡萄糖（或蔗糖），1.2%石膏，0.3%尿素，0.5%过磷酸钙；

③ 43%杂木屑，43%棉籽壳，10%麦麸，1.2%葡萄糖（或蔗糖），2%石膏，0.3%尿素，0.5%过磷酸钙。

2. 栽培方法

（1）装袋及灭菌　塑料袋可选择厚度 0.04cm 的低压聚乙烯筒袋，规格为 15cm×(50～55) cm，可装培养料 1.9～2kg，干料约为 1kg（装袋时注意使培养料松紧适中）。装袋前将一端用线扎回形口，用尼龙草把袋口先扎两道，再把袋口薄膜反折回头捆扎牢固，使之密封。将调制好的培养料装入袋内。也可采用相应的折角袋。培养料配制好后，要在当天装完灭菌，防止变质腐败。灭菌选择常压蒸汽灭菌 12h 或高压蒸汽灭菌 2～2.5h 均可。

（2）打穴接种　灭菌后的培养料温度降到 28℃以下时，先用酒精棉球擦去袋面残留物，用酒精消毒过的打孔器在袋面等距离打 3 个接种穴，再翻至背面错开打 2 个接种穴，接种穴直径 1.5cm、深 2cm。打完孔后立即接种，可用接种刀挖去菌种表面菌膜和上层老菌丝，取蚕豆粒大的菌种块，迅速移入接种穴内，立即用胶布将穴口密封。目前采用的液体菌种高效栽培技术也得到大规模应用，得到的菌种菌丝生长迅速、成品率高。

3. 发菌期管理

栽培袋放在 25℃ 左右的室内条件下培养，即可使菌丝迅速萌发、定植、生长，直到长满整个菌袋。菌袋可以以"井"字形堆叠，留出通风道。温度高时要降低堆叠层数，以免高温烧菌。勤翻堆检查是否有杂菌污染，5～7d 翻堆检查一次。接种 20d 左右，菌丝圈直径一般可达 8～10cm，此时应将封口的胶带揭开一个缝隙通风，利于菌丝向培养料深层生长。此时室内温度应低于料袋温度，室内湿度保持在 75% 以下，保持通风。一般 60～90d 菌丝可长满全袋。

当菌丝长满整个培养料，就交织收缩，培养料与塑料袋交界处呈现空隙，并在菌袋表面大量形成瘤状凸起，约占整个袋面 2/3，用手按瘤状物有弹性，接种穴四周有浅棕褐色出现，说明菌丝已积累了丰富的养分，达到脱袋标准。

脱袋上架后要加强管理，为使菌丝适应环境变化应罩上一层塑料薄膜，白天喷水降温、夜间如温度高于 25℃ 应揭膜通风。菌筒长满白色气生菌丝后需每天通风 2～3 次，每次 20～30min，增加氧气和光照。

菌筒发生转色后，很快就会出菇，需要在干湿交替、温差刺激的环境中变温结实。白天盖紧塑料薄膜，减少通风换气；晚上掀开薄膜，使菌筒温度骤降。3～4d 即可产生原基。从出菇到结束可收 5～6 次。

第六节　平菇

平菇也称侧耳、北风菌、秀珍菇，为侧耳科侧耳属食用菌。平菇在世界各地均有分布，中国绝大部分地区都有生产地，尤以河南、河北、山东、黑龙江等省份最多。多生于阔叶树种的枯木、朽树桩或活树的枯死部位上。平菇作为一种常见的食用菌，含有丰富的营养物质，无论是清炒还是配其他蔬菜肉类，都十分鲜嫩诱人，是家庭餐桌上的常见菜品。平菇具有祛风散寒、舒筋活络等功效，可用于腰腿疼痛、手足麻木、筋络不通等病症的辅助食疗；平菇含有多种维生素及矿物质，可以改善人体新陈代谢，增强体质。平菇适用于多种原料和条件栽培，且栽培技术简单、周期短，目前已经成为我国生产量最大、普及最广的食用菌品种。

一、生物学习性

平菇的子实体丛生或叠生，菌盖呈覆瓦状丛生，呈扇状、贝壳状、不规则的漏斗状；菌盖肉质肥厚柔软；菌盖表面颜色受光线的影响而变化，光强色深，光弱色浅。幼菇菌盖表面为淡紫色、黑灰色、灰白色、白色、浅褐色、浅黄色和粉红色等，长大以后变为黑灰色、浅灰色、白色、黄色或红色等（图 9-1）。在人工代料栽培条件下，平菇菌盖直径一般为 5～18cm；覆土栽培，若培养料适宜，养分充足，管理得当，菌盖直径最大可达 20～25cm。菌褶一般白色延生，有时在菌柄上形成隆起的脉络，白色至灰白色。平菇菌丝体白色，粗壮有力，气生菌丝发达，生长速度快。

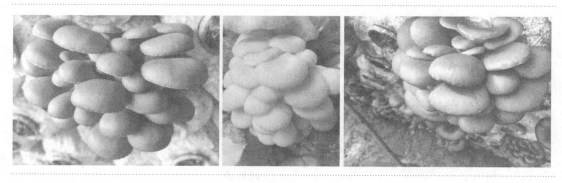

图 9-1　平菇

　　平菇是变温结实性真菌，适当的温差刺激有利于原基形成。菌丝生长温度范围为 3～35℃，最适温度为 28℃左右。不同品种在子实体生长温度上也有所差异，但最适温度均在 8～17℃。在适宜温度范围内，温度越低，子实体生长越慢，但菌肉越厚实，品质越好。根据不同品种原基形成阶段对温度的要求，可将平菇品种划分为低温型、中温型、高温型和广温型。春季可栽培中温型（出菇温度 10～20℃）和广温型平菇（出菇温度 4～30℃）；夏季栽培高温型（出菇温度 20～30℃）和广温型平菇；冬季一般栽培低温型平菇（出菇温度 3～15℃）。平菇生长菌丝体阶段空气相对湿度为 65%～70%，子实体生长阶段空气湿度为 85%～90% 比较适宜。

二、栽培技术

1. 培养料配制

　　① 棉籽壳 92%，豆饼 1%，麸皮 5%，过磷酸钙 1%，石膏 1%；

　　② 玉米芯 70%，棉籽壳 25%，过磷酸钙 3%，石膏 2%；

　　③ 杂木屑（阔叶）70%，麦麸 27%，过磷酸钙 1%，石膏 1%，蔗糖 1%；

　　④ 豆秆粉 88.2%，麦麸（玉米面）5%，过磷酸钙 1.5%，尿素 0.3%，石膏 2%，石灰 3%；

　　⑤ 甘蔗渣 80%，麦麸 15%，过磷酸钙 1%，石膏 1%，石灰 3%。

　　平菇可采取生料栽培或熟料栽培，或发酵料栽培等方式。其中，生料栽培只适宜晚秋或冬季栽培，否则易污染杂菌，pH 要适当提高，含水量 60% 左右；熟料栽培一般在高温季节和病虫害高发区使用；发酵料栽培是目前平菇大面积栽培最常用的栽培方式，堆料过程中既杀灭了杂菌和虫卵，同时又促进堆内有益微生物大量繁殖。

2. 栽培方式

　　平菇适用于袋装栽培、菌柱栽培、脱袋覆土栽培等多种方式栽培。袋栽可有效控制发菌条件，减少杂菌污染，提高成功率；菌柱栽培培养料一般用发酵料，菌柱栽培可扩大出菇表面积；脱袋覆土栽培管理方便、产量高，但占地面积较大，也是生产中常见的栽培方法。

3. 发菌期管理

平菇发菌期适宜菌丝生长的料温为 26℃ 左右，最高不超过 32℃，最低不低于 15℃。空气相对湿度要求在 60%～70%。发菌期间应尽量避免光照，尤其不允许强光直射。长时间的光照刺激，可使菌袋一旦完成发菌就会现蕾，根本无法控制出菇时间。生料栽培可控制在 20℃ 左右，经 3～4d，接种点四周长出整齐而浓密的菌丝。

刺激出菇的方法有以下几种：

① 播种 20d 后，应揭开塑料布检查，如菌丝已吃透料，可将覆盖物如报纸拿掉，使菌丝受白光刺激及早出菇。

② 阻碍刺激：当铺料压实后，以（10～15）cm×（10～15）cm 的距离，插入直径 1～1.5cm 粗的灭过菌的小木棍，木棍略高出料面。揭开薄膜以后，可轻轻搅动一下每个小木棍，然后覆土浇水。凡有小木棍阻碍刺激的地方，均能提前出菇。

③ 挠菌和刺菌：在掀开塑料膜后，用小耙子挠破料表皮，称为挠菌。小耙子是在木板上以间距 3cm 左右，钉上 1.6cm 以上的竹钉或铁钉。用这种小耙子在料面上扎孔，称为刺菌。经挠菌和刺菌处理后可提前出菇，并多出菇。

④ 惊菌：用弹性较强的木板条，对料面进行挤压、拍打和振动，称为惊菌。这是一种传统的刺激出菇方法。

⑤ 激素刺激：可使用 1～2mg/kg 三十烷醇刺激菌丝生长，用 2～5mg/kg 三十烷醇可刺激子实体（菇）形成。

⑥ 温、湿度落差刺激：就是在平菇栽培的温、湿度管理中，将温度或湿度由高降低，以刺激出菇。

菌种萌发后，要求迅速生长占领料面，管理以散热、通风为主。接种后 5～7d 倒袋，床栽及时揭膜，同时检查污染情况，对于污染处及时处理。料温一般比袋外高 3～5℃，所以袋表面温度不可超过 25℃，一般以 20℃ 左右为宜。当菌丝长满全部培养料后，菌丝还要继续生长，表现为进一步浓白。此期管理的重点：降低温度，增大温差；增加湿度，空气相对湿度达 85% 以上；增加光照，去掉遮阴物，用光抑制菌丝生长，促使菌丝扭结。第一茬平菇采收后，为了使第二茬平菇出得好，还应再盖上塑料布，停水一周用以复壮，然后浇透水，不久后第二茬平菇即可生成。由于第三茬平菇质量差，产量低。一般只收两茬。

平菇在庭院中进行开放型生产，可与其他蔬菜生产结合进行。例如，春季和初夏这批平菇生产后，可接茬种植夏秋蔬菜；秋季这批平菇可在春季和早夏季结束后作畦生产。

4. 出菇期管理

菌袋按成熟度分开堆放，以便使出菇整齐一致，利于同步管理。菌丝浓白、菌袋变硬时，就可进行出菇管理。先解开两头扎口，不需要撑开，防止表面失水干燥。菌丝开始扭结时需增加散射光照，增湿降温至 15℃ 左右，增大温差，促使原基分化形成。一般催菇 5～7d 后，菌丝团表面出现米粒大小半球体，颜色增深时应采取保湿措施，向空中喷雾，要勤喷、少喷，不能把水直接喷向料面和蘑菇。菇盖生长成型阶段是子实体发育最旺盛的时期，此时要求湿度保持在 85％～90％。

当平菇伞盖欲开又未开伞，直径 10cm 左右即可采收；当平菇菌盖基本平展颜色变淡时，达到最佳采收期，此时产量高、口感好、不易破损。若是簇生则应成簇扭下，群生或散生的平菇可单个采收，采大留小，并注意不要碰伤小菇。采收时要扭转采下，不可薅拔，以免破损育成的菌丝。采收前应喷一次水，喷水量不宜过大，提高空气湿度使菌盖保持新鲜。采收时注意轻轻摇动即可采收，不要把培养料带起。菇体表面可盖一层湿布，以保持菇体的水分。采收后清理干净料面，停止喷水并提高温度至 22～25℃。

第七节　大球盖菇

大球盖菇也称赤松茸、皱球盖菇、酒红球盖菇，为球盖菇科球盖菇属食用菌。大球盖菇在自然界中分布于欧洲、北美洲、亚洲等地；在欧洲国家，如波兰、德国、荷兰、捷克等均有栽培；中国野生大球盖菇分布于云南、四川、西藏、吉林等地。1922 年美国首先发现并报道了大球盖菇，1930 年在德国、日本等地也发现了野生的大球盖菇；1969 年在当时的德意志民主共和国进行了人工驯化栽培，20 世纪 70 年代发展到波兰、匈牙利、苏联等地区，逐渐成为许多欧美国家人工栽培的食用菌。1980 年上海市农业科学院食用菌研究所赴波兰考察，引进菌种并试栽成功。大球盖菇生于林中、林缘的草地或路边，具有很强的抗杂能力，可直接采用简便粗放的生料栽培方式；大球盖菇作为典型的草腐菌，其栽培原料来源丰富，可生长在各种秸秆培养料上（如稻草、麦秸、亚麻秆等），在中国广大农村，可以当作处理秸秆的一种主要措施，而且栽培后的废料可直接还田，改良土壤，增加肥力；大球盖菇抗逆性强，适应温度范围广，可在 4～30℃ 范围出菇，在闽粤等地区可以自然越冬。大球盖菇是国际菇类市场上突出的十大菇类之一，其肉质细嫩，有清香味，口感极好。

一、生物学特性

大球盖菇菌丝形态茸状、毡状和絮状，菌丝生长旺盛、浓密，菌落平坦、圆形；子实体单生、群生或丛生，幼嫩子实体为白色，长大后逐渐变为红褐色或暗褐色（图 9-2），老后变为灰褐色；菌盖近半球形，后期扁平，直径 5～15cm，单个菇大的可达 30cm，上有鳞片，湿时稍有黏性，随子实体生长成熟而消失；菌柄粗壮较长，向上渐细，早期菌柄实心，成熟后中空；菌环位于柄中上部，上面有辐射状沟纹。

菌丝培养阶段要求温度 21～27℃、培养料含水量 70％～75％、二氧化碳浓度大于 2％、不需要光照；原基分化阶段要求温度 10～16℃，相对湿度 95％～98％，二氧化碳浓度小于 0.15％，光照 100～500lx，14～21d 形成菇蕾；子实体发育阶段（即长菇阶段）要求温度 16～21℃，相对湿度 85％～95％，二氧化碳浓度小于 0.15％，光照 100～500lx。营养物质是大球盖菇生命活动的物质基础，也是获得高产的根本保证，大球盖菇对营养的要求以碳水化合物和含氮物质为主，碳源有葡萄糖、蔗糖、纤维素、木质素等，氮源有氨基酸、蛋白胨等，此外，还需要微量的无机盐类。土壤 pH 值以 5.7~6.0 为宜。

图 9-2 大球盖菇

二、栽培技术

1. 培养料配制

① 玉米秸秆（粉碎）50%，稻壳 50%，营养土适量；

② 稻壳 85%，木屑 15%，营养土适量；

③ 稻壳 70%，大豆秸秆（粉碎）30%；

④ 稻壳（稻草）85%，草炭土 15%。

培养料的原料要求植物秸秆不能霉变，同时使用两种以上原料混合能够使得养分均衡，提高产量。

2. 发菌期管理

播种培养料要根据季节调整方法。早春温度低，覆草后发菌容易，夏秋温度高，要用雾化喷水降温增湿。草料和土层都要湿润，但不能浇大水，防止水渗入或淹没培养料。播种后料温升高时可用铁叉挖开料垄散热通氧。菌丝长到培养料的 2/3 时，要保证土层湿润便于菌丝生长上土。秋季高温发菌，要给作业道沟灌水降温，但水量要适当，防止流到垄畦底部。30~40d 后菌丝可布满覆土层，覆土层内和基质表层菌丝束分枝增粗，通过营养后熟阶段后即可出菇。

3. 出菇期管理

覆土层中出现菌丝扭结成米粒大小的幼菇菇蕾时是出菇的前兆，此时要保持覆土层湿润，相对湿度保持在 90%~95%，喷水时应勤喷、少喷。大球盖菇出菇适宜温度为 10~25℃，温度太低子实体生长缓慢，菇体肥厚不易开伞；温度过高虽然子实体生长快，但朵小、不健壮。天气冷时应加强覆盖管理，争取上冻前出最后一潮菇。

大球盖菇子实体内菌膜尚未破裂前应及时采收，若采收过迟，菌盖展开，商品价值将大打折扣。采摘时要注意不要松动旁边未成熟的幼菇，采收后裸露部分及时用土填平。采摘后菇畦应停水 2~3d，让菌丝有充分的养分转潮。停水后注意补水，不可大水长时间浸泡。

第八节　食用菌常见病害及其防治

食用菌生产中常见的病害有真菌病害、细菌病害和病毒病。真菌病害主要由霉菌类引起，在一定的侵染时期会在寄主表面形成病斑和孢子，喜欢高温、高湿和酸性环境，主要通过气流和水传播；细菌病害主要由各种假单孢杆菌引起，喜欢高温、高湿、近中性的基质环境，可以通过气流、基质、水流、工具、操作、昆虫等传播；病毒病是由专性寄生的病毒引起，其中引起食用菌发病的病毒多是球形结构。

一、真菌性病害

1. 软腐病

软腐病又称蛛网病、树枝状轮枝孢霉病、树枝状指孢霉病、湿腐病等，是由树枝状轮枝孢霉引起的真菌病害，常常引起子实体柔软腐烂，主要危害双孢蘑菇、平菇和金针菇等。染病后培养料上出现一层灰白色蛛网状病原菌菌丝，扩散极为迅速。病原菌先从子实体的菌柄基部入侵，逐渐向上延伸覆盖整个子实体。染病处不畸形，但逐渐变为淡褐色水渍状软腐，一碰就倒。树枝状轮枝孢菌多存在于土壤中，多为覆土时引入的病原菌，在25℃、pH 3～4的环境下最易发病。培养料和覆土的含水量过高，或空气相对湿度较高的情况下均易发生此病。

防治措施：确保培养料和覆土灭菌彻底，可用0.1%的多菌灵拌料，覆土可用4%的甲醛熏蒸消毒。pH调整至7左右，耐碱品种pH可调至9左右。若在栽培过程中发病，应停止补水并及时通风，在发病区可喷施500倍液的甲基硫菌灵或1%～2%甲醛，及时清理掉病菇，更换培养料和覆土。

2. 褐腐病

褐腐病又名白腐病、湿泡病、水泡病、疣孢霉病等，是由疣孢菌引起的真菌性病害。主要危害双孢蘑菇、草菇、平菇等。病症主要表现在子实体上，但不尽相同。子实体分化未完全时受到侵染，会抑制子实体的分化，产生不规则褐色组织块状畸形，上有一层茸毛状菌丝，并会在组织块中渗出暗褐色汁液；子实体分化后被侵染，先是菌柄变褐，基部一层茸毛状菌丝，逐渐扩散到菌盖，产生淡褐色病斑，无菌丝；完全被侵染时则全株变褐并流出褐色汁液，伴有腐烂的恶臭气味。

疣孢菌既能够在土壤中传播，又能在空气中传播，高温、高湿、通风不良的条件下容易导致该病发生，10℃以下不易发病，根据品种特性选择出菇季节，尽量避开25℃以上的高温。病原菌发病一般早于出菇，因此防治措施十分重要，注意多消毒通风，防治方法可参照软腐病。

3. 黑霉病

黑霉病是由毛霉引起的真菌性病害，是一种食用菌生产中普遍发生的病害。毛霉是一种喜湿的真菌，能在培养料上快速生长并形成菌丝垫，抑制食用菌的生长，最后在菌丝垫上形成灰褐色至褐色的孢子囊。毛霉广泛存在于土壤、空气、粪便、陈旧草堆及堆肥上，其孢子数量多，可以通过气流传播。毛霉在潮湿条件下生长迅速，因此，如果菌瓶或菌袋的棉塞受潮，或接种后培养室的湿度过高，都容易受到毛霉的侵染。

防治措施：保持环境卫生，及时处理废料，严格执行清洁消毒规定，确保灭菌彻底，轻拿轻放菌种以防塑料袋破裂，及时剔除受污染的菌种，发现菌种受污染时应及时通风干燥并控制室温在 20～22℃，适当提高 pH 值，可在拌料时加入 1%～3% 的生石灰或喷 2% 的石灰水，以及使用药剂拌料，如可用干料重量 0.1% 的甲基硫菌灵拌料防治。

4. 根霉病

根霉病是由根霉引起的真菌性病害。根霉是食用菌菌种生产和栽培中常见的杂菌，由于根霉没有气生菌丝，其在培养基上的扩散速度较毛霉慢。当培养基受到根霉的侵染后，初期会在表面看到匍匐菌丝向四周蔓延，每隔一定距离，就会长出与基质接触的假根，通过这些假根从基质中吸收营养物质和水分。后期根霉会在培养料表面 0.1～0.2cm 高的地方形成许多圆球形、颗粒状的孢子囊，颜色会从最初的灰白色或黄白色变为黑色，整个菌落的外观就像一片林立的大头针，这是根霉污染最明显的症状。根霉菌落初期为白色，老熟后变为灰褐色或黑色，匍匐菌丝弧形、无色，向四周蔓延，假根发达且多枝、褐色，孢囊梗直立，顶端形成初期黄白色、成熟后黑色的孢子囊，孢囊孢子为球形或卵形，有棱角或线状条纹。根霉与毛霉同属好湿性真菌，其生长特性相近，都喜欢在 20～25℃ 的湿润环境中生长。根霉孢子主要靠气流传播，传播速度非常快。根霉的菌丝分解淀粉的能力强，因此，在适宜的环境条件下，可以在 3～5d 内完成一个生活周期。

防治措施：一是选择合适的栽培场地，应尽量远离含有大量有机物的物质，如牲畜粪便等，因为这些物质可能会成为根霉的生长基地；二是加强栽培管理，包括适时通风透气、保持适当的温湿度、清理周围的废弃物以减少病源的存在；三是选用新鲜、干燥、无霉变的原料做培养料，在拌料时，麦麸和米糠的用量应控制在 10% 以内，过多的麦麸和米糠可能会增加根霉的生长机会。

5. 青霉病

青霉病也称蓝绿霉病，是由黄青霉菌、圆弧青霉菌等引起的常见病害。可危害平菇、香菇、草菇、双包蘑菇、黑木耳等。青霉病初次发生时，污染部位会出现白色或黄白色的绒毯状菌落，1～2d 后，这些菌落会逐渐变为浅绿色或浅蓝色的粉状霉层。霉层的外圈呈白色，扩展较慢，具有一定的局限性。老的菌落表面常常形成一层膜状物，覆盖在培养料表面，使其与空气隔绝，并能分泌毒素，对食用菌菌丝体产生致死效果。在生产过程中，如果青霉发生严重，可能会导致菌袋腐败报废。青霉的菌丝无色，具有隔膜，菌丝初呈白色，大部分深入培养料内，气生菌丝少，呈绒毯状或絮状。分生孢子梗的先端呈扫帚状分枝，当分生孢子大量堆积时，会形成青绿色、黄绿色或蓝绿色的粉状霉层。

青霉病的发病规律主要有两个方面：侵染途径和发病条件。青霉广泛分布在各种有机物上，产生的分生孢子数量多，通过气流传入培养料是初次侵染的主要途径。致病后产生新的分生孢子，可以通过人工喷水、气流、昆虫传播，成为再侵染的途径。在 28～30℃

的温度下，青霉最容易发生。培养基含水量偏低、培养料呈酸性、菌丝生长势弱等条件，都有利于青霉的生长。

防治措施：做好接种室、培养室及生产场所的消毒灭菌工作，保持环境清洁卫生，加强通风换气，防止病害蔓延；调节培养料适当的酸碱度，如栽培蘑菇、平菇和香菇的培养料可选用1%～2%的石灰水调节至微碱性。采菇后喷洒石灰水，刺激食用菌菌丝生长，抑制青霉菌发生；局部发生此病时，可用5%～10%的石灰水涂擦或在患处撒石灰粉，也可先将其挖除，再喷3%～5%的硫酸铜溶液杀死病菌。

6. 木霉菌病

木霉菌病主要是由绿色木霉菌和康氏木霉菌引起的一种真菌性病害，广泛分布在各种环境中，如土壤、空气、植物残骸枯枝落叶、各种发酵物上，或是植物根圈、叶片、种子及球茎表面。当木霉菌侵染培养料后，初期会形成无固定形状的白色、纤细、致密的菌丝，随后菌丝会逐渐产生分生孢子，形成由浅绿色变成深绿色的霉层。在高温潮湿条件下，木霉菌的菌落扩展非常快，几天内就可能将整个料面覆盖。木霉菌的发病规律主要有两个方面：侵染途径和发病条件。木霉菌多为腐生或弱性寄生，存在多种有机物上，产生的分生孢子数量多，通过气流传入培养料是初次侵染的主要途径。致病后产生新的分生孢子，可以多次重复再侵染，尤其是高温潮湿条件下，再次侵染更为频繁。在15～30℃的温度下，木霉菌孢子的萌发率最高，菌丝体在4～42℃的范围内都能生长，而以25～30℃生长最快。木霉菌喜欢在微酸性的条件下生长，特别是pH在4～5之间生长最好。

防治措施：保持制种和栽培房清洁干净，适当降低培养料和培养室的空间相对湿度，栽培房要经常通风；杜绝菌源上的木霉，接种前要将菌种袋（或种瓶）外围彻底消毒，并要确保种内无杂菌，保证菌种的活力与纯度；选用厚袋和密封性强的袋子装料，灭菌彻底，接种箱、接种室空气灭菌彻底，操作人员保持卫生，操作速度要快，封口要牢，从多环节上控制木霉菌侵入；发菌时调控好温度，恒温、适温发菌，缩短发菌时间也能明显地减少木霉菌侵害；对老菌种房、老菇房内培养的菌袋，可用多菌灵药剂拌料。

7. 链孢霉病

链孢霉病也称红链孢霉病、红面包霉病、粉霉病，危害食用菌的主要是链孢霉引起的真菌性病害。链孢霉是食用菌生产中常见的杂菌，高温下其危害性有时比木霉更为严重。链孢霉是一种顽强、速生的气生菌，培养料受其污染后，即在料面迅速形成橙红色或粉红色的霉层。链孢霉的侵染主要是因为培养室环境不洁净、培养料的高压灭菌不完全、棉塞的潮湿和过松、菌袋的破损等。一旦培养料受到侵染，新产生的分生孢子就会成为再次侵染的主要来源。链孢霉在25～36℃的温度范围内生长最快，孢子在15～30℃的温度下萌发率最高。当培养料的含水量在53%～67%时，链孢霉的生长非常迅速，特别是在棉塞受潮的情况下，链孢霉能够迅速通过棉塞伸入瓶内，并在棉塞上形成厚厚的粉红色霉层。此外，链孢霉在pH值为5～7.5的环境中生长最快。

防治措施：栽培场所应经常保持清洁卫生，使用前应按照要求消毒；培养料要严格灭菌，严格按照无菌操作规程进行；创造适合食用菌菌丝生长而不利于链孢霉繁殖的生态环境，可使用高效低毒的杀菌剂如苯并咪唑类、丙烯酰胺类等防治；瓶外、袋外已形成橘红色块状孢子团的，切勿用喷雾器直接对其喷药，以免孢子飞散而污染其他菌种瓶或菌袋；发生红色链孢霉污染的菌室，也不要使用换气扇。

二、细菌性病害

细菌性病害常由灭菌不彻底或覆土所引起，对食用菌危害较为常见的种类有芽孢杆菌属、假单胞杆菌属、黄单胞杆菌属和欧文氏杆菌属等。污染食用菌菌种和培养料的细菌种类很多，尤其在高温季节，在灭菌和接种过程中，常因无菌操作不当而被细菌侵入，接入的食用菌菌种块被细菌包围，导致报废。培养料在低温下发酵，由于水分偏高，堆温难以上升而造成细菌性发酵。

1. 细菌性褐斑病

细菌性褐斑病的致病菌是荧光假单胞杆菌属的托拉斯假单胞杆菌，是国内外蘑菇栽培中较普遍发生的一种斑点病，典型的症状是在菌盖上形成褐色病斑，严重时引起菌盖变形和干裂。采后贮藏期，当贮藏条件有利于病菌增殖时，病斑仍会出现。病原菌可生活在土壤或不清洁水中，病原菌主要来自覆土、培养料或老菇房的床架、用具。病菌可通过喷水、采菇、菇床害虫、害螨等扩大传播，温度20℃左右，菌盖表面较长时间潮湿，会导致菇体表面病原菌大量繁殖而出现褐色菌斑，此病的发生和流行，将造成严重减产。

防治措施：保持菇房清洁卫生，提倡二次发酵，覆土材料进行消毒，喷水的水源干净，菇房相对湿度保持在85%～95%之间，每次喷水后都要通风换气1h左右，采后的鲜菇及时存入5℃左右的冷库（房）中。

2. 黄菇病

黄菇病的致病菌是黄色单胞杆菌，主要发生在平菇上。发病初期在菇体表面局部出现零星的淡黄色斑点，斑点不断扩大使整朵菇黄化，病菇上分泌黄色水滴同时停止生长，湿度大时发病部位有黏湿感，并向组织内部渗透，导致菇体腐烂，伴有黏稠分泌物，散发出恶臭气味。严重时整丛菇发病，多潮菇均发病。培养料、覆土、管理用水是菇床病菌的主要来源，空气、昆虫、人和溅水也可帮其传播。高温高湿极利于发病，且生长繁殖较快，尤其当温度稳定在20℃以上，湿度95%以上，且二氧化碳浓度较高的条件下几个小时就能侵染菇类而产生病斑。春、秋两季温度变化幅度较大的时期，黄菇病也极易流行。

防治措施：老场地不宜连年使用，选用无虫、无霉腐、无污染的优质原助辅料，加强栽培袋发菌管理，提高菌丝的抗杂能力；合理喷水与通风，所用水源要清洁，采用雾状水喷雾，并加强通风，既要避免菌盖积水及棚室闷湿，又要保持菇棚湿度适宜，有小菇蕾时，不要直接对菇蕾喷水，可适当喷水于空间；菇体发生过密时或每潮采收后，应及时清理菇床上的死菇，加强检查，及早发现并清除病菇，注意环境清洁，以延缓病害蔓延、减轻病害；一旦发病后，立即摘除病菇，集中焚烧处理，停止浇水，加大通风量，向床面喷洒1∶600倍的消毒液或5%的石灰水，可收到良好的防治效果。

三、病毒病

病毒病又称菇脚渗水病、顶枯病、褐色病等，可危害双孢蘑菇、香菇、平菇等。食用菌病毒病目前还没有有效的药物可以治疗，主要采取预防措施。

1. 病毒病病症

双孢蘑菇病毒病表现为菌丝体生长缓慢、稀疏、变褐色，菌落边缘不整齐。带病毒的菌种播种后，菌丝生长慢、发菌不均匀。覆土后出菇数量少，分布不均匀。已长出的菇体出现各种畸形，如菌盖小，或菌盖细长，或菌盖平展，或菌盖呈半球形，或菌柄膨胀呈球状，或菌柄上粗下细呈"钉头菇"。有的早开伞，一开就释放孢子，且萌发较快。

香菇病毒病表现为母种菌丝体生长不整齐，局部有缺刻；原种表现为吃料慢，菌丝体生长不整齐，前沿呈锯齿状，在长好菌丝的培养料中出现花斑。带病毒菌块长出的子实体，有的外观正常，有的表现为畸形，开伞早，菌盖薄，菌柄、菌盖、菌褶发育不完整，菌柄组织疏松。

平菇感染病毒病后，菌丝表现症状不明显，但会显著影响平菇产量，对出菇期影响较大，菇体小、皱缩、色泽变淡，失去光泽，菌柄有时会肿胀近球形，菌盖很小甚至不会形成菌盖。长出的菌盖有流状（或隆起状）突起条纹，突起处对着光看为透明状。当水分、养分等条件良好，症状表现较轻，菇体大小、色泽正常，产量基本不受影响时，也会出现隆起状或凸状突起。

2. 预防措施

① 选育无病毒、抗病耐病的菌种，母种生长阶段要经常检查，凡有菌丝缺刻或带斑块的要及时剔除。

② 菇棚、接种工具要严格仔细消毒，培养料和覆土更要严格灭菌。每次栽培前菇房、床架、工具均可用甲醛熏蒸、消毒。

③ 感染了病毒病的菇菌袋要挑出并销毁，以防感染其他菌袋。

庭院药食兼用植物栽培技术

第一节　概述

一、药食同源的含义

"药食同源"原指中药和食物的来源是相同的，即中药多属于天然药物，包括植物、动物和矿物，而人类的食物，同样来源于自然界的动物、植物及部分矿物质，两者来源相同，其中大多数既有药物功效，又能当作食物，因此也称药食两用，或药食兼用。

"药食同源"这一概念实际是对中国传统医学中食疗、药膳、养生等方面的思想反映，体现的是中国传统对药物和食物起源联系上的认识，表现在药物的发现上。一些药品本身就是食物，如生姜、大枣；而一些食物却有某些治疗功能，如大蒜。药食兼用植物从狭义上讲普遍以卫生部颁发的名单为准，从广义上讲，具有医疗保健功效的都可称为药食兼用植物。

二、药食同源的理论渊源

"药食同源"的思想最早出自《黄帝内经》中，之后在《黄帝内经·素问》之脏气法时论篇中明确提出了"五谷为养，五果为助，五畜为益，五菜为充，气味合而服之，以补精益气"的药与食相结合的理念。意思是说作为主食的五谷是人们赖以生存的根本，而水果、蔬菜和肉类等都是作为主食的辅助、补益和补充。《黄帝内经·太素》一书中写到"空腹食之为食物，患者食之为药物"，反映了"药食同源"的重要思想。孙思邈的《备急千金要方》中"食治"篇，是现在最早的中医食疗专论，也是第一次全面系统地阐述了食疗、食药结合的理论。宋、金、元时期，药食同源的理论和应用有了更进一步的发展。如今，药食同源的思想被现代大多数人所熟知。

三、药食兼用植物资源种类

《中华人民共和国药典》2015 版共收载药品 5608 种，包括药材、提取物、成方制剂、单味制剂等；中国药用植物数据库收录药用植物 1068 种；2014 年国家卫计委公布了"既是食品又是药品的物品名单"，从原有 2002 年的 86 种药食同源物品增加至 101 种，新增加的 15 种都来源于植物（表 10-1）。2020 年 1 月 2 日，国家卫健委、国家市场监督管理总局发布《关于对党参等 9 种物质开展按照传统既是食品又是中药材的物质管理试点工作的通知》。根据《食品安全法》规定，经安全性评估并广泛公开征求意见，对党参、西洋参、黄芪、灵芝、铁皮石斛、肉苁蓉、山茱萸、天麻、杜仲叶这 9 种物质开展按照传统既是食品又是中药材的物质的生产经营试点工作。2023 年 11 月 9 日，由国家卫健委和国家市场监督管理总局颁布了关于党参等 9 种新增按照传统既是食品又是中药材的物质公告。

✤ 表 10-1　既是食品又是药品的物品名单

物品种类	包含物品
动物类（6 种）	乌梢蛇、牡蛎、阿胶、鸡内金、蜂蜜、蝮蛇（蕲蛇）
植物类（95 种）	丁香、八角、茴香、刀豆、小茴香、小蓟、山药、山楂、马齿苋、乌梅、木瓜、火麻仁、代代花、玉竹、甘草、白芷、白果、白扁豆、白扁豆花、龙眼肉（桂圆）、决明子、百合、肉豆蔻、肉桂、余甘子、佛手、杏仁（苦、甜）、沙棘、芡实、花椒、赤小豆、麦芽、昆布、枣（大枣、黑枣）、罗汉果、郁李仁、金银花、青果、鱼腥草、姜（生姜、干姜）、枳子、枸杞子、栀子、砂仁、胖大海、茯苓、香橼、香薷、桃仁、桑叶、桑椹、桔红（橘红）、桔梗、益智仁、荷叶、莱菔子、莲子、高良姜、淡竹叶、淡豆豉、菊花、菊苣、黄芥子、黄精、紫苏、紫苏子（籽）、葛根、黑芝麻、黑胡椒、槐花（槐米）、蒲公英、榧子、酸枣（酸枣仁）、鲜白茅根（或干白茅根）、鲜芦根（或干芦根）、橘皮（或陈皮）、薄荷、薏苡仁、薤白、覆盆子、藿香、人参、山银花、芫荽、玫瑰花、松花粉、粉葛、布渣叶、夏枯草、当归、山柰、西红花、草果、姜黄、荜茇

第二节　蒲公英

蒲公英是菊科蒲公英属多年生草本植物，又名黄花地丁、婆婆丁、华花郎等。蒲公英加工产品多样，如蒲公英饮料、蒲公英酱、蒲公英酒、蒲公英糖果、蒲公英茶、蒲公英花粉、蒲公英根粉，以及用于饮料、罐头、糖果和化妆品的蒲公英黄素。作为一种传统的中草药，蒲公英以全草入药，性寒味甘、无毒入肝、胃两经，具有清热解毒、健胃消炎、消肿的功效，被誉为中草药的"八大金刚"之一。

一、生物学特性

蒲公英全株有白色乳汁。基生叶莲座丛状，平展，基部成狭叶柄；叶片倒披针形或长圆状披针形，长 5～15cm，宽 1～5.5cm，羽状深裂，侧裂片 4～5 对，长圆状披针或三角形，有齿，顶裂片较大，戟状长圆形，羽状浅裂或有波状齿，有蛛丝状毛或无毛。主根垂直，圆锥状，肥厚。花葶数个，顶生，与叶近等长，头状花序；总苞钟状，淡绿色，外层总苞片披针形或卵状披针形，边缘膜质，有白色长毛，顶端无或有小角，内层狭披针形，内层条状，长于外层 1.5～2 倍，顶端有小角。瘦果倒披针形，褐色，长约 0.4mm，上半部有小尖瘤；冠毛白色。4～5月采挖嫩苗，花期5～8月，果期6～9月（图10-1）。蒲公英适应广泛，抗逆性强，既抗寒又耐热，抗旱、抗涝能力也较强。早春地温1～2℃时即可萌发，种子发芽最适温度为15～25℃，30℃以上发芽缓慢。生长最适温度为20～22℃。

图 10-1 蒲公英植物学特性　　　　　　　　　　　　彩图

二、活性成分与保健功效

蒲公英具有很高的营养价值，不仅富含蛋白质、脂肪酸、氨基酸、维生素及微量元素，同时还含有多种生物活性物质，如黄酮类、酚酸类、甾醇类、多糖类等物质。蒲公英全草、根、茎、叶和花等部位，均含有酚酸类物质，其中叶片中含量较高，目前已从蒲公英中分离出30多种酚酸类物质，如羟基苯甲酸、对羟基苯乙酸、绿原酸、菊苣酸、原儿茶酸、香荚兰酸、对香豆酸、咖啡酸、阿魏酸等。蒲公英茎、叶和花中的黄酮类物质含量丰富，目前，已分离鉴定出17种黄酮单体，如水飞蓟素、芸香苷、柚皮苷、木犀草素及其衍生物、芹菜素及其衍生物、槲皮素及其衍生物等约32种。蒲公英多糖具有保肝、抗癌等功效，其主要由菊糖、葡萄糖、半乳糖、树胶醛糖以及鼠李糖和葡萄糖醛酸组成。此外，蒲公英根和茎叶中还含有萜醇类物质，包括植物甾醇、倍半萜内酯等。

蒲公英具有广谱抑菌作用，其根、茎、叶和花均有抑菌效果，蒲公英富含的多酚和黄酮具有很好的体外和体内抗氧化活性，能够通过清除自由基、抑制酪氨酸酶活性而减少自身机体损伤。蒲公英中的甾醇、酚酸、黄酮类化合物具有抗癌作用。研究表明，蒲公英对乳腺癌、肝癌、肺癌、胃癌、胰腺癌等均有抑制活性的作用。此外，蒲公英提取物具有提高人体免疫力的作用，能减轻抗肿瘤药物的副作用。

三、露地栽培技术

1. 选地与整地施肥

选择地势平坦、排灌方便、保水保肥能力强、弱酸性至中性土壤的地块，以耕层深厚的沙壤土为宜。结合旋耕，每667m^{2}撒施腐熟农家肥3000～5000kg再加磷酸氢二铵30kg。深翻土壤30～35cm。起垄，垄距50～65cm。

2. 选种与种子处理

选择适应性广、抗病性强、生长势旺盛、高产、优质的种子。可用 50～100mg/kg 赤霉素浸种 10～12h，投洗 2～3 遍后播种，如果种子湿可与细干沙混匀后播种，或者种子阴干后进行播种；也可以将种子放在 2～5℃低温条件下 7～10d，备用。

3. 播种

一般从春到秋均可播种。虽然早春地温 1～2℃时即可萌发，但种子发芽最适温度为 15～25℃，30℃以上发芽缓慢。因此蒲公英常常在早春土壤 10cm 温度达到 15℃时开始播种，此时出苗较快。可采用直播方式，垄上条播。播种时要求土壤湿润，播后覆土厚度以种子不外露为宜，播种后轻轻镇压。机械直播用种量为 $500～1000g/667m^2$，人工直播用种量为 $250～500g/667m^2$。

4. 田间管理

幼苗长至 3 片真叶时按照株距 4～6cm 一次性定苗。第一年根据蒲公英长势及田间杂草情况适时中耕除草，以后每年除草 3～5 次。每年生长期应追施 2 次速效肥料，夏季生长期进行第 1 次追肥，一个月后第 2 次追肥，每次可追施氨基酸类肥料。视天气情况及土壤墒情适时灌水，涝时及时排水。采收前 5～7d 以及采收后 2～3d 不宜浇水，上冻前浇一遍封冻水。

5. 病虫害防治

蒲公英生长季节主要病害有白粉病、叶斑病、褐斑病、锈病和根腐病，可通过合理的肥水管理、清洁田园等措施提高植株抗性，减少病原菌的传播。严重时可喷施 40% 多硫悬浮剂 500 倍液，每 10～15d 喷施 1 次，连续 1～2 次，采收前 15d 停止用药。主要虫害有蚜虫、蝼蛄、小地老虎等，可利用黄板诱蚜，利用毒饵诱杀蝼蛄，或用马粪、黄板、糖醋液进行诱杀。

6. 采收

（1）茶用或菜用　待叶片长到 20～35cm 时，距地表 2～3cm 收割幼嫩叶片，并注意避免伤及根部，也可直接掰叶采收，扎捆上市。收割后 10d 内不宜浇水，防止烂根。以后每隔 30d 即可再次采收，通常可连续采收 2～3 次（图 10-2）。蒲公英的花可以做花菜，当花朵完全展开时采收，晒干后可泡茶。

图 10-2　蒲公英采收

彩图

（2）药用　蒲公英全株可入药，一般在种植后第 2 年采收。秋末，植株枯黄前，采挖带根的全草，去除须根、泥土以及烂叶、黄叶等，晒干后存放于阴凉干燥处。

四、冬季温室多茬次栽培技术

1. 温室条件

温室结构标准能够达到越冬生产条件，最低温度≥8℃。

2. 播种育苗

（1）配制营养土　营养土配制遵循三个原则：一是疏松、通气、保水、透水，要求具有良好的物理性；二是肥力好，营养全，酸碱度适宜，要求具有良好的化学性；三是无病虫，无杂草种子，要求具有良好的生态性。常用配方为：40％田土 ＋ 40％腐熟牛粪或草炭土 ＋ 10％优质肥料（猪、鸡、羊、大粪等）＋ 10％炉灰＋0.3％磷酸氢二铵＋0.3％硫酸钾。基质含水量为 60％。营养土混匀后装至塑料育苗盘中备用。

（2）播种时间及播种方式　一般 6 月中下旬播种育苗，可采用干籽直播的方式。播前浇透底水，将种子均匀撒播于育苗盘中。对于新采收的种子，在播种后用 50～100mg/kg 赤霉素喷洒土壤表面至湿润状态。播后覆土以刚盖住种子为宜，播种后可覆盖无纺布保湿。播种量 10～15g/m²，可获籽苗约 1.5 万株。

3. 分苗及苗期管理

一般播后 25d，幼苗长至 2 片真叶时可以进行分苗，可分苗至 8cm×8cm 的营养钵或 50 孔穴盘中，每钵或每穴移 1 株，苗小时也可每钵移 2～3 株，分苗后浇透水。夏季育苗时注意防雨和遮阴降温，视土壤墒情及时浇水，并及时除草。根据植株生长状态，及时追肥，苗期可叶面喷施 0.1％尿素 1～2 次，0.3％磷酸二氢钾 1～2 次。

4. 休眠与简易贮存

霜冻前浇一次"封冻水"，蒲公英叶枯萎后于上冻前将穴盘进行移动，使扎入土中的根断开，促进植株休眠。可采取一次断根或两次断根以促进植株休眠，使地上部的营养回流到根部。若用营养钵分苗养根，可在上冻前一次将扎入土中的根断开。植株休眠后可就地覆盖草苫以防止风干。可就地或集中堆积于背阴处简易贮存，以备冬季温室生产使用（图 10-3）。

5. 分批立体栽培

根据上市时间，提前 25～30d 将备用的蒲公英穴盘苗或营养钵中的苗挪入温室架子上以及地面上进行立体栽培（图 10-4）。清除枯叶，当营养土化透后浇 1 次透水，添加营养土覆平，待蒲公英萌芽后浇水。生长过程中及时清除杂草，白天控制室内温度 15～25℃，当白天气温高于 25℃进行通风，低于 15℃时关闭通风口。视天气情况，及时浇水。

6. 采收

待植株生长充分，个别植株顶端现蕾时及时采收，一般 20～30d 可采收一茬。采收时应保留 3～5cm 的主根进行活体销售。根据生产需求，可分批次将休眠的蒲公英拿到温室生产。

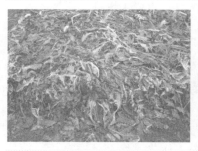

图 10-3　蒲公英休眠　　　　　图 10-4　蒲公英立体栽培　　　　　彩图

第三节　紫苏

　　紫苏为唇形科紫苏属一年生草本植物，因叶片多为紫红色，也称赤苏、红苏，有些紫苏全株为绿色，故也称青苏或绿苏。紫苏原产于中国，在印度、缅甸、日本、朝鲜、韩国、俄罗斯等国家也有分布。我国西北、西南、华北、华中、华南及台湾省均有野生种和栽培种。在我国，紫苏已有 2000 年的栽培历史。紫苏叶、嫩梗可生食、炒食、做汤、制酱、做即食小菜、加工成茶叶等。明代李时珍曾记载："紫苏嫩时有叶，和蔬茹之，或盐及梅卤作菹食甚香，夏月作熟汤饮之。"可见紫苏在中国人的饮食中很常见。紫苏子可榨油，出油率高达 45％左右。现代营养学发现紫苏油主要成分为 α-亚麻酸、棕榈酸、亚油酸、油酸、硬脂酸、维生素 E、18 种氨基酸及多种微量元素。紫苏油中富含人体所需的 α-亚麻酸，有增强智力和记忆力、保护视力、护肝养颜等作用。紫苏油是目前所知 α-亚麻酸含量最高的食用植物油，而以紫苏籽油品质最好，油中 α-亚麻酸含量高达 50％～70％。紫苏是一种古老的香料，一般是在七八月份采摘其开花初期的地上部分，进行干燥后便可作香料使用。

一、生物学特性

　　紫苏植株高 50～200cm，茎为四棱形，为紫色或绿紫色或绿色，分枝能力强，密生细柔毛。叶片对生，卵形或阔卵形，边缘具锯齿，顶端锐尖。种子近球形，棕褐色或灰白色。根据叶片颜色可分为三种，第一种是叶两面全紫色，第二种是叶两面全绿色，第三种是叶正面绿色、叶背面紫色（图 10-5）。

　　紫苏喜温暖湿润的气候，种子在 5℃以上时即可萌发，发芽适温为 18～23℃，苗期可耐 1～2℃的低温。开花期适宜温度为 22～28℃，相对湿度 75％～80％。紫苏耐涝不耐旱，尤其是在产品器官形成期，如空气过于干燥，茎叶粗纤维多、品质差。紫苏对土壤的适应性较广，在较阴的地方也能生长。

图 10-5 紫苏　　　　　　　　　　　　　彩图

二、活性成分与保健功效

紫苏的营养成分包括蛋白质、氨基酸、脂肪、碳水化合物、磷、铁、胡萝卜素、维生素、黄酮、不饱和脂肪酸等，而富含的 α-亚麻酸为 3 个双键的多元不饱和脂肪酸，是构成细胞膜和生物酶的基础物质，对人体健康起决定性作用。

紫苏具有抗氧化、降血脂、抗血栓、抗菌、护肝养颜、改善记忆，保护视力、缓解过敏反应等功效。春季食用紫苏叶，有助于阳气升发，而夏季天气炎热潮湿，易使人感觉胃胀闷不舒服，此时也适合采紫苏叶做汤吃，有消胃胀的功效。紫苏叶、紫苏梗和紫苏子都是常用的中药。紫苏叶味辛，性温，有解表散寒，行气，养胃之效，常治风寒感冒、咳嗽、妊娠呕吐等症。紫苏梗味辛、甘，性温，有理气宽中和安胎的作用。紫苏子味辛，性温，有降气化痰、止咳平喘、润肠通便之效。

三、露地栽培技术

1. 品种选择

根据种植目的选择适宜的品种，如果是用于采收种子，则要求在初霜前种子成熟，因此对于黑龙江省第一至第三积温带的地区可选用生育期≤120d 的品种，第四积温带的地区选用生育期≤105d 的品种。如果是以采收叶片为主，则可以选用生育期较长的品种。

2. 种子处理

紫苏新种子有休眠现象，一般采种后 4~5 个月才能萌发。播种前利用赤霉素浸泡种子可以打破休眠（方法同蒲公英）。播种前可用杀菌剂、杀虫剂浸种或拌种对种子进行消毒。

3. 整地、施肥

紫苏对土壤要求不严，但以疏松、肥沃、排水良好的沙质壤土为宜。基肥可采用有机肥 3000kg/667m^2，磷酸氢二铵、农用硫酸钾各 15～20kg/667m^2。

4. 播种

黑龙江省南部地区，于 4 月末～5 月中旬进行播种，直播方式可采用垄上条播或撒播。为了春抢早，也可先育苗，苗龄期 30d。于定植前 30d 播种育苗，播种量 10～15g/m^2。籽用或兼用紫苏保苗数为 4000～5000 株/667m^2，叶用紫苏可适当密一些，保苗数在 5000～6000 株/667m^2。

5. 水肥管理

营养生长期间保持土壤湿润，开花结籽期适当控制水分，避免落花落果。生长过程中追肥 2～3 次。营养生长期间主要追施氮肥，施用尿素 5～7.5kg/667m^2。采种用紫苏，可在开花前至整个花期喷施 2～3 次 0.3％的磷酸二氢钾叶面肥。

6. 病虫害防治

紫苏的常见病害有斑枯病与锈病。可以用三唑酮可湿性粉剂进行喷雾处理，也可用多菌灵进行拌种。紫苏种植中主要虫害为红蜘蛛与菜青虫，可以用 5％高氯氰菊酯乳油喷雾处理防治菜青虫，用 4％阿维·高氯乳油或者 16％哒螨灵乳油 2500 倍杀虫液防治红蜘蛛。

7. 采收

根据不同目的适时采收。紫苏有两种采收方式：一是以嫩叶或嫩枝为产品器官，当其叶片充分展开时，掐或剪收嫩叶或嫩枝，可进行多次采收，每次均保留 1～2 对叶片。二是以种子为产品器官，则在紫苏种子转变成褐色或棕褐色，且紫苏叶呈黄褐色时开始采收。

第四节 老山芹

老山芹也称短毛独活、兴安牛防风、东北牛防风、兴安独活（大兴安岭种子植物名录）、独活（安徽）、水独活（浙江）、臭独活（陕西）、大活（山东）、毛羌、小法罗海（四川）等，为伞形科独活属多年生草本。老山芹是黑龙江省重要的山野菜之一，鄂伦春人称之为"恩都力"，曾把老山芹作为供品，与狍肝、熊掌、鹿筋、飞龙、玛瑙、貉皮、狼油等组成"黑水把宝"。老山芹主要分布在中国、朝鲜、蒙古、俄罗斯。我国黑龙江、吉林、辽宁、内蒙古、河北、山东、陕西、湖北、安徽、江苏、浙江、江西、湖南和云南等省份均有分布。老山芹幼嫩地上部可食用，可用来做馅、煲汤，或与排骨、鱼等肉类炖食，营养美味。除了鲜食外，老山芹还可以腌制成小菜，可酱渍、酱油渍、糖醋渍、料酒渍等，产品种类多样。老山芹鲜菜、盐制菜或干制菜均可制成罐头制品，以软包装、金属罐、玻璃瓶、铝罐等罐藏容器为主。老山芹富含维生素和膳食纤维，榨汁后可制成单汁液或与其他果蔬搭配制成复合果蔬汁原料。随着加工技术的发展，老山芹深加工产品越来越丰富，如老山芹营养挂面、老山芹腐竹和老山芹营养米等特色产品。以老山芹为原料制成的老山芹茶、老山芹复合茶等产品越来越受到大众喜爱。此外，老山芹还含有挥发性物质，可用来提取精油，用于化妆品研发，可开发成化妆水、乳液、美容精油等产品。

一、生物学特性

老山芹生育期主要包括宿根萌发期、展叶期、现蕾期、抽薹期、开花期、种子发育期及种子收获期七个阶段（图 10-6）。以黑龙江省南部为例，一般 4 月上旬，土壤解冻后，老山芹宿根休眠芽开始萌动、生长，新芽陆续出土，即宿根萌发期。4 月下旬进入展叶期，植株快速生长。5 月下旬，主茎顶端和基部第三个叶鞘内出现黄绿色花蕾，老山芹由营养生长转为生殖生长，即现蕾期。6 月初花柄伸长，植株进入抽薹期，6 月中旬进入开花期。老山芹花期较长，一般持续 20d 左右，黄绿色花蕾打开，花色由浅黄色变成白色，花有特殊香味。落花后即进入坐果期，种子开始发育，种子发育过程中表皮颜色由深绿色变成翠绿色，然后变成枯黄色和褐色，种子成熟期为 35~40d。7 月下旬，种子成熟，在散落前及时采收。老山芹为耐阴植物，喜温和、冷凉、潮湿的自然环境，野生资源多生于山坡林下、天然林中、林缘、河边湿地以及草甸等处，喜含腐殖质多的微酸性壤土与沙壤土。

(a) 老山芹现蕾期、抽薹期　　　　　(b) 老山芹开花期、种子发育期

图 10-6　老山芹生育期部分阶段　　　　　　　　　　彩图

二、活性成分与保健功效

老山芹幼嫩茎叶可食用，全株可入药。含有粗纤维、粗蛋白、维生素、氨基酸等营养成分及皂苷、黄酮、香豆素、多糖、不饱和脂肪酸等有效活性成分。老山芹植株和果实富含香豆素，具有抗氧化和清除自由基的功能，同时具有抗辐射、抗抑郁、止咳平喘、抗高血压、抗心律失常等辅助功能。植株中含有的黄酮，具有提高免疫力、改善血液循环、降低胆固醇及改善心脑血管疾病的辅助功能。老山芹种子中富含不饱和脂肪酸，可降低血液黏稠度，提高大脑神经细胞的活力，改善记忆功能、增强思维能力等。

三、繁殖方法

1. 采种与种子清选

当老山芹果实由绿色变成褐色时可分批次采收，采收的种子放在通风处晾干。种子发育过程中成熟度不同，因此，为了出苗整齐，提高出芽率，播种前应挑选籽粒饱满的种子。

2. 种子消毒

老山芹生产过程中白粉病危害严重，生长过程中，全株包括种子都会感染白粉病。因此，播种前应进行种子消毒。可采用温汤浸种消毒法，即用 50～55℃ 温水消毒 15～30min。也可以采用药剂浸种消毒法，先用清水浸种 1～4h 后，再用 50% 多菌灵 500 倍液，浸种 1～2h，用清水冲洗后晾干备用。

3. 层积处理（沙藏处理）

自然生长状态下，老山芹种胚发育经历了心形胚、鱼雷形胚初期、发育到鱼雷形胚中期时种胚发育停滞（图 10-7），此时尽管种子外观达到了成熟状态，但种胚并未发育到具有萌发能力的子叶胚状态，表现为种胚发育不完全。有研究表明，外观成熟的老山芹种子内存在大量的如脱落酸、酚类、不饱和脂类等发芽抑制物质，另外种子富含的香豆素也可能是抑制老山芹种子萌发的物质之一。因此老山芹种子属于同时具备形态休眠和生理休眠特征的形态生理休眠类型。为此，采用层积处理（沙藏处理）结合赤霉素处理有利于解除老山芹种子休眠，层积后种胚可以达到具有萌发能力的子叶胚状态（图 10-8）。

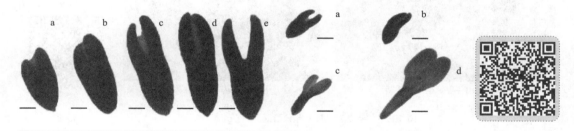

图 10-7 自然状态下老山芹种胚　　　　**图 10-8** 老山芹层积过程中种胚　　　　彩图
　　　　结构的动态变化　　　　　　　　　　结构的动态变化

a—心形胚；b—鱼雷形胚初期；c～e—鱼雷形胚中期　　a、b—鱼雷形胚；c、d—子叶期胚

老山芹种子在成熟脱落时种胚发育不完全，导致种子存在休眠现象。播种前需采取一些措施来打破休眠。生产中常采用的方法有低温层积处理或变温层积处理。层积处理是指在适宜的环境条件下，完成种胚后熟、结束休眠、促进萌发的一项措施。一般将种子和湿沙混合后置于 1～10℃ 环境中，贮藏 1～3 个月即可有效解除休眠。具体操作如下：种子和细河沙按照体积比 1：3 进行混匀，为了防止层积过程中感染病原菌，可用 1200～1500

倍液噁霉灵或 500 倍液多菌灵处理种沙。将种沙装入透气性好的纱布袋中放入冷窖中进行层积处理，温度保持在 -20～5℃ 之间，或直接埋藏于室外地下，深度 20cm 左右即可，室外层积过程中注意防止积水。第二年春天土壤解冻后，将种子取出。

4. 播种

常规的播种方式为土壤化冻后播种。首先，整地做高畦，畦宽 80～120cm，畦高 25～30cm。耙细搂平后，浇透底水，将种子连同河沙均匀撒播于畦面。也可开沟条播，沟深 2cm 左右，播种量为 80～100g/m²。播后盖细土，覆土厚度约 1cm。播后覆盖不织布、草苫或松针等进行保湿，出苗后及时撤掉覆盖物。以上播种方式比较繁琐，为了简化播种程序，也可以采用不经过层积处理的秋季播种方式，即在秋季土壤上冻前，将消毒处理后的种子直接播种，播种方式同上。采用这种秋播简化育苗时应注意以下三点：一是秋季播种越早越有利于第二年早春出苗；二是上冻前需浇灌封冻水，降雪后也可覆盖一层积雪，可以避免种子吹干，起到保墒的作用；三是为了提高出苗率，播种前可采用一些植物生长调节剂如赤霉素等处理种子（方法同蒲公英），有利于种子萌发。

5. 苗期管理

苗期可采取微喷方式保持土壤湿润，棚室育苗时控制白天温度 18～22℃，夜间温度 12℃ 以上，当光照强时需适当遮阴。幼苗长至 1～2 片真叶时，结合中耕除草进行第 1 次间苗，株距 4～5cm。幼苗长至 3～4 片真叶时第 2 次间苗，株距 8～10cm。也可分苗至 50 孔穴盘或 8cm×8cm 营养钵中。

6. 病虫害

主要病害为白粉病，可用 1200～1500 倍液噁霉灵，或 500～800 倍液百菌清交替预防，每隔 15～20d 喷一次，连续 2～3 次；一旦有白粉病发生可用锰锌·腈菌唑、苯甲·嘧菌酯或苯醚甲环唑、氟硅唑等药剂喷施。

虫害主要是红蜘蛛和蛞蝓，其中红蜘蛛可选用哒螨灵或阿维菌素等防治，蛞蝓可用阿维菌素或四聚乙醛等防治。

四、露地栽培技术

1. 整地施肥

旋耕整地，耕深 30～40cm，结合旋耕撒施腐熟农家肥 3000～5000kg/667m²，磷酸氢二铵和硫酸钾各 10～15kg/667m²，或磷钾复合肥 20～25kg/667m²，或施入商品有机肥和氮磷钾复合肥。耙细整平后起垄，起 55cm 或 60cm 的垄，垄间距 60～65cm。

2. 定植

一般土壤解冻后，气温稳定通过 5℃ 时即可定植。可选用 2 年及以上幼苗，种根直径 1cm 以上为宜。采用垄上双行定植，行距 20cm，株距 10～15cm。定植后浇透缓苗水。

3. 田间管理

缓苗后视土壤墒情及时浇水，遇涝则及时排水。封垄前及时清除田间杂草。植株进入快速生长期时进行追肥，整个生长季需追肥 2 次，第 1 次可追施尿素，第 2 次追施三元复合肥。

4. 病虫害防治

病害主要为白粉病，高温干旱与高温高湿交替环境下，容易发生。可适量增施磷钾肥或叶面喷施氨基酸类肥料提高植株抗性。发病后要及时清除病叶以防病害传播。发病初期及时喷药，药剂可选用40%腈菌唑可湿性粉剂4000～5000倍液，或25%乙嘧酚磺酸酯微乳剂500～650倍液，或430g/L的戊唑醇悬浮剂2500倍液，或75%肟菌·戊唑醇水分散粒剂3000～4000倍液，或30%氟菌唑可湿性粉剂3500～5000倍液，或40%硫黄·多菌灵悬浮剂500～600倍液，每6～7d喷施1次，连续3～4次。白粉病易产生抗性，不应长期使用一种药剂，最好在一个生长季节内连续使用几种作用机制不同的药剂，交替使用。

老山芹生产中主要虫害为蛞蝓，又称"鼻涕虫"，为夜行动物，主要危害嫩苗茎、叶，常躲避在阴暗潮湿、腐殖质较多的地方，由于蛞蝓较怕强光，多在夜间的近地面范围活动，至清晨陆续停止取食，潜入阴暗潮湿环境。蛞蝓强日照下2～3h即死亡，夜间10点至11点达活动高峰，因此可在蛞蝓高发期，借助手电筒、矿灯等光源进行人工捕杀，严重时可采用阿维菌素或四聚乙醛等药剂防治。

5. 采收

作菜用应采收幼嫩叶片和叶柄，一般叶长30～40cm，叶柄纤维化之前时采收。作茶用可以在叶片纤维化后采收。采收时距地面3～4cm处割收或擗收。二年及以上植株会出现抽薹，采收时距地面3～4cm平茬，可以延长采收期，一个生长季可采收4～5茬。

五、温室冬季栽培技术

1. 温室条件

温室标准能够达到越冬生产条件，最低温度≥8℃。

2. 整地施肥

清洁田园后，旋耕整地，结合旋耕撒施腐熟农家肥3000～5000kg/667m²，磷酸氢二铵和硫酸钾各10～15kg/667m²，或磷钾复合肥20～25kg/667m²。根据温室拱架间距进行起垄或作畦。常见的温室拱架间距为110cm或120cm。因此，可起55cm或60cm的垄，垄台宽40～45cm，或110～120cm的高，畦面宽80～90cm。为了便于浇灌，可铺设滴灌带。

3. 种根准备

露地土壤封冻前，可采挖2年及以上老山芹种根，根直径≥1cm为宜。剪除老山芹的老叶，保留短缩茎。定植前用200mg/kg赤霉素浸根16h（图10-9）。

4. 定植

可采用垄上双行定植，或高畦4行定植。株行距10cm×20cm，插花栽，定植密度为15000～20000株/667m²。覆土厚度以不盖住生长点为宜。定植后浇透水。

5. 田间管理

温度保持在 15～25℃，当气温高于 25℃ 及时通风，低于 15℃ 时关闭通风口。视土壤墒情及时浇水。结合中耕进行人工除草。

6. 采收

当叶长 30～40cm 时，距地面 3～4cm 处掰收或割收。冬季生产的老山芹可以根据下一茬蔬菜种植时间确定其采收结束期。一般为了不影响下一茬蔬菜早春种植，老山芹可以在 3 月底前结束采收（图 10-10）。

7. 病虫害防治

冬季生产的老山芹基本没有病害发生，一般在 4 月份时会出现白粉病危害，所以要在 3 月末结束采收。虫害主要是蝼蛄，防治方法见老山芹繁育技术部分。

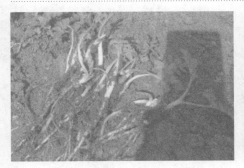 

图 10-9　老山芹种根　　　　　　图 10-10　老山芹温室冬季生产　　　　　彩图

第五节　落葵

落葵俗称软姜子、篱笆菜、软浆菜、紫果叶、豆腐菜、胭脂菜等，因其叶状如木耳，较厚嫩，又称木耳菜，属落葵科落葵属一年生蔓性草本植物。落葵原产于亚洲热带地区，我国南北各地均有栽培，长江流域以南栽培较多，在南方热带地区可作多年栽培，在北方地区多采用一年栽培。落葵耐高温高湿，夏季栽培可以缓解我国北方地区绿叶菜供应不足的问题。此外，落葵生长势强，易管理，栽培极易成功。

一、生物学特性

茎长可达数米，无毛，肉质，绿色、淡紫色或紫色，分枝能力强。叶片卵形或近圆形，顶端渐尖，基部微心形或圆形，背面叶脉微凸起，全缘，单叶互生，无托叶，下延成柄，长 3～9cm，宽 2～8cm；叶柄长 1～3cm，上有凹槽。穗状花序腋生，长 5～20cm，一个花序上着生花 10～30 朵；花两性，无梗，无花瓣，萼片 4 枚，萼片下部白色，上部淡紫色至浅红色，或上、下萼片均为白色，萼片茎部连合成管状。雄蕊 4 枚，着生在萼片管口处，雌蕊有花柱 3 枚，基部合生。花期 5～9 月，果期 7～10 月，果为浆果，广卵形或扁圆形，直径 5～10mm，成熟时呈紫红色（图 10-11），多汁。果实内有种子 1 粒，球形，直径 4～6mm，紫褐色，千粒重 25g 左右。

落葵喜温、耐热、耐湿，不耐寒，15℃以上种子开始发芽，发芽适温 25℃，生长适温 25～30℃，低于 20℃生长缓慢，在高温多雨季节也能生长良好，可越夏栽培。喜光照充足，但也耐阴，在短日条件下开花结实。对土壤要求不严，在中性或偏酸性疏松肥沃的沙质土壤中生长良好，适宜 pH 为 4.7～7.0。喜肥，以吸收速效氮肥为主，缺铁时生长不良。

二、活性成分与保健功效

落葵营养价值高。每 100g 鲜落葵中含蛋白质 1.7g，脂肪 0.2g，维生素 C 102mg，胡萝卜素 4.55mg，维生素 A 8000 国际单位，烟酸 1.0mg，钙 205mg，磷 52mg，铁 2.2mg。此外，落葵的叶和果实中还含有丰富的多糖、多酚、色素、果胶等成分。落葵为低热量、少脂肪、富含维生素的蔬菜，除作菜用以外，全株可入药，其味甘、微酸、性寒，无毒，具有清热解毒、润燥滑肠、利尿凉血的功效，民间多用于治疗胸膈烦热、大便秘结、小便短涩、阑尾炎、痢疾、便血、斑疹、疔疮等症，捣烂外敷可治外伤出血、烧烫伤及痈毒。

三、露地栽培技术

1. 品种选择

落葵根据花色可分为红花落葵、白花落葵和黑花落葵 3 种，其中红花落葵和白花落葵主要作为菜用栽培。红花落葵茎淡紫色至粉红色或绿色，叶长与宽近乎相同，侧枝基部的几片叶较狭长，叶基部心脏形。根据茎、叶的主要特征又可分为红梗落葵、青梗落葵和广叶落葵 3 个品种。白花落葵又叫白落葵、细叶落葵。茎淡绿色，叶绿色，卵圆形至长卵圆形，基部圆，顶端尖或微钝尖，叶型小，穗状花序有较长的花梗，花疏生，以采收嫩梢为主，栽培较多。

2. 整地施肥

选择排灌方便、土层深厚、疏松肥沃的沙质壤土地块，结合旋耕施入腐熟有机肥 2000～3000kg/667m²、过磷酸钙 20～30kg，深耕细耙后，作平畦或高垄。

3. 种子处理

落葵种子种皮坚硬，出芽困难，春播前需要用 35℃温水浸种 1～2d，然后置于 28～30℃的温度条件下催芽，每天用温水淘洗两次，当种子露白时即可播种。夏、秋季由于温度高，播种时只需浸种，不需要催芽，一般播种 5d 后即可出芽。

4. 直播或播种育苗

（1）直播　北方地区多在 5 月中上旬，土壤温度稳定通过 15℃时即可播种。以采摘幼苗为主的可采用撒播的方式。以采收叶片为主的，可以采用条播或穴播，株行距为 20cm×15cm，每穴播种 3~4 粒，播后覆细土 2~3cm，浇透底水。播后可以覆盖稻草或地膜以保温、保湿，利于出苗。出苗后及时撤掉覆盖物。

（2）育苗移栽　以采收嫩叶及嫩梢为主时，多采用育苗移栽方式。根据茬口安排，提前 40d 播种育苗。种子处理后均匀撒播于育苗盘中，幼苗长至 2 片真叶时分苗至穴盘或营养钵中，当幼苗长出 4 片真叶、高 8~10cm 时，即可定植。育苗也可采取子母苗方式，即用 8cm×8cm 的营养钵，每钵播 3~4 粒种子，一次定苗，每钵 1~2 株。

5. 田间管理

结合中耕及时除草，并适当培土。生长期间保持土壤湿润，注意排水防涝。生长前期生长量小，需要肥、水量较小。当植株进入快速生长期或者每次采收后，结合灌水，追施尿素 10~20kg/667m²，或叶面喷施 0.3% 的磷酸二氢钾溶液。

6. 病虫害防治

落葵病虫害主要有灰霉病、褐斑病、蚜虫等，褐斑病可采用代森锌或百菌清等防治。灰霉病可采用腐霉利或嘧霉胺等防治。蚜虫可用除虫菊素、苦参碱或鱼藤酮乳油防治。

7. 采收

（1）采收嫩苗　一般播种后 40d、幼苗长至 5~6 片真叶时，即可陆续采收。

（2）采收嫩梢　苗高 30~35cm 时，保留基部 3~4 片叶采收嫩梢，采收后基部即可长出 3~4 个侧枝，之后再收侧枝并保留侧枝基部 1~2 片叶，以后按此法进行多次采收。

（3）采收嫩叶　待植株长到 25~30cm 时，进行搭架，保留主蔓和 2~3 个侧蔓，当主蔓长至架顶时摘心（图 10-12）。

图 10-11　落葵果实

图 10-12　落葵架式栽培

彩图

四、水稻育秧棚后茬栽培技术

黑龙江省是我国粮食的主产区，水稻种植面积较大，目前超过了 400 万公顷。由于黑龙江省地处高寒地带，无霜期短，水稻种植多是在水稻育秧棚内提前育秧，然后定植到大田中，水稻育秧后大量的育秧棚闲置，造成了极大的资源浪费。水稻育秧结束后种植下茬作物时正处于夏季高温季节，适合种植耐热蔬菜落葵，主要栽培技术要点如下。

1. 环境消毒与整地施肥

（1）环境消毒　可用多菌灵等进行土壤消毒，并结合连续晴天进行高温闷棚 2～3d；也可利用病虫害防治弥雾机或药剂熏蒸方式进行棚内环境消毒。

（2）整地施肥　水稻育秧结束后及时旋耕、耙细。结合旋耕可撒施腐熟农家肥 2000～3000kg/667m²，配施三元复合肥（N∶P_2O_5∶K_2O＝15∶15∶15）为 25～35kg/667m²，也可配施微生物复合肥。肥料使用应符合 NY/T 496 的要求。作高畦，畦面宽 60～70cm，畦间距 30～40cm。

2. 播种

播种前造墒，畦上双行干种条播，行距 20～30cm，覆土厚度 1.5～2.5cm。播种量为 3～4kg/667m²。播后覆黑色地膜。

3. 田间管理

（1）破膜与间苗　出苗后沿播种行破膜并固定地膜。间苗 1～2 次，保苗 15000～20000 株/667m²。

（2）水分管理　视天气情况和土壤墒情适时浇水。

（3）温度管理　棚温 20～35℃为宜，温度高于 35℃进行通风，低于 20℃时封闭保温。

4. 采收

当植株长到 20～25cm 时保留茎部 2～3 节采收嫩叶梢，侧枝嫩梢长至 15～20cm 保留 1～2 节采收。

5. 土壤恢复

上冻前 7～10d 清园、旋耕、压平、压实，达到可以摆盘状态。

第六节　苦瓜

苦瓜为葫芦科苦瓜属一年生草本，原产于亚洲热带地区，广泛分布于热带、亚热带和温带地区。中国南方栽培面积较大。苦瓜因味苦而得名；瓜面有瘤状凸起，类似荔枝，又称锦荔枝；又类似癞蛤蟆身上的凸起，也称为癞瓜或癞葡萄。在民间传说中，苦瓜有一种"不传己苦与他物"的品质，所以有人说苦瓜"有君子之德，有君子之功"，誉之为"君子菜"。

一、生物学特性

苦瓜根系较发达，不耐涝。茎攀援，蔓生，侧蔓多，节上易生不定根，卷须单生。雌雄同株异花，植株一般先生雄花，主蔓发生第一雌花的节位因品种和环境而不同，侧蔓发生雌花的节位较早。浆果纺锤形、短圆锥形或长圆锥形，表面有瘤状突起（图 10-13），浓绿、绿或绿白色，成熟时黄色。种子盾形、扁、淡黄色，表面有花纹（图 10-14）。

苦瓜喜温，耐热，不耐寒。通过长期的栽培和选择，适应性较强，10～35℃均能适应。种子发芽适温为 30～35℃，20℃以下发芽缓慢，13℃以下发芽困难，在 25℃时 15～20d 便可育成 4～5 片真叶的幼苗。开花结果期适于 20℃以上，以 25℃左右最适宜。苦瓜属于短日照植物，幼苗期较低温度和短日照，可提早发生雌花。苦瓜喜光不耐阴，开花结果期需要较强的光照，充足的光照有利于光合作用，多积累有机养分，提高坐果率，增加产量，提高品质。光照不足常引起落花落果。

图 10-13　苦瓜表面瘤状凸起　　　　图 10-14　苦瓜种子　　　　　　　彩图

二、活性成分与保健功效

苦瓜食用部位主要是果肉；苦瓜的种子藏于肉质果实之中，成熟时有红色的囊裹着，红色囊具甜味，也称为假种皮，可以食用。苦瓜药用部位为根、藤及果实。苦瓜体内的苦味素能增进食欲，健脾开胃。生物碱类物质奎宁有利尿活血、消炎退热、清心明目的功效；富含蛋白质和大量维生素 C，能提高机体的免疫功能，使免疫细胞具有杀灭癌细胞的作用。苦瓜的新鲜汁液含有苦瓜苷和类似胰岛素的物质，具有良好的降血糖作用，是糖尿病患者的理想食品。

三、露地栽培技术

1. 品种选择

苦瓜形状上有长圆锥形、短圆锥形和纺锤形，颜色上有浓绿色、绿色和白色等，瘤状凸起上有稀型和密型。按照结果习性分为主蔓和侧蔓结果品种。

2. 培育壮苗

苦瓜种皮厚（图 10-14），嗑种后浸种 12～24h，30～35℃条件下催芽。日历苗龄 40～50d，因此可在 4 月中旬播种育苗，对于大粒种子可采取育子母苗的方式，即直接将发芽的种子播种于 50 孔穴盘或 8cm×8cm 的营养钵中，不需要再移苗直接育成成苗。

3. 整地施肥

虽然苦瓜对土壤的要求不太严格，适应性较广，但一般以在肥沃疏松、保水保肥能力强的土壤上生长良好，产量高。苦瓜对肥料要求较高，如果底肥充足，则植株生长粗壮，茎叶繁茂，开花结果多，品质好。因此结合旋耕整地，每 667m² 施入 5000kg 腐熟农家肥，同时施入磷酸氢二铵和硫酸钾各 20～25kg。起垄或作高畦。

4. 适时定植

土壤 10cm 温度稳定在 15℃ 以上时定植，一般在 5 月底 6 月初。保苗 1800～2200 株/667m²。

5. 肥水管理

分别在根瓜坐住后以及结果盛期追施三元复合肥 25～30kg/667m²，结果后期根据植株生长情况追施尿素 10～15kg/667m²，每次追肥均需肥水结合。在苦瓜生长后期，若肥水不足，则植株衰弱，叶色黄绿，花果少，果实细小，苦味增浓，品质下降。

苦瓜喜湿而怕雨涝，涝时及时排水。在生长期间要求 70%～80% 的土壤相对湿度。

6. 及时搭架及整枝

及时搭高架。30cm 以下侧枝及时打掉，30cm 以上侧枝见瓜摘心，若无瓜则留 1～2 片叶打尖，长出的侧枝见瓜再打尖，若再无瓜仍留 1～2 片叶打尖，依次类推。当主枝爬满架后及时摘心，以后适当疏枝。

苦瓜作为攀援状柔弱草本，可根据架式的不同进行合理整枝或者确定合理的种植密度。

7. 人工授粉

苦瓜属于雌雄同株，一般先分化雄花，然后分化雌花。从结实性上看，苦瓜与黄瓜不同，黄瓜属于单性结实，不经过授粉受精，果实可以正常膨大，但苦瓜则属于非单性结实。为了果实充分膨大，特别是在结果前期，蜜蜂、苍蝇等昆虫尚未出现时或很少时可进行人工授粉。人工对花时，可将雄花花粉涂抹到雌花柱头上。对于未授粉受精的雌花则会出现化瓜现象。随着外界气温升高，蜜蜂、苍蝇、蝴蝶等各种昆虫越来越多，通过虫媒进行授粉，则可以不用进行人工授粉。

8. 适时采收

7 月 10 日前后开始采收，若春季较暖，7 月 5 日即可采收。9 月上中旬当最低气温降至 10℃ 结束。

第七节　辽东楤木

楤木俗称龙牙楤木、刺老芽、刺嫩芽，是五加科楤木属的一种多年生落叶小灌木或小乔木，其嫩芽是一种名贵的山野菜，俗称"刺嫩芽"，其根皮、茎皮和叶片可入药，是我国传统的中药材之一。楤木生于森林、灌丛或林缘路边，分布广，垂直分布从海滨至海拔 2700m，北起我国甘肃、陕西、山西、河北等地，南至云南、广西、广东和福建，西起云南西北部，东至海滨的广大区域，均有分布。辽东楤木是楤木的一个变种，主要分布于我国东北三省，在日本、朝鲜、韩国、俄罗斯等地也有分布。辽东楤木喜冷凉、湿润气候，多生长在针叶林和阔叶林的混交林以及阔叶杂木林之中，在林下、林缘、林间空地均能生长。辽东楤木嫩芽具有清火健胃、增进食欲、安神降压、壮肾利尿、解热驱虫等功效，在东北地区被誉为"山菜之王"，可以炒食、作馅料、作汤料，或调制凉拌菜肴。种子中油脂含量较高，可榨取工业用油，或用于制作肥皂。

一、生物学特性

辽东楤木高度为 1.5～6m，根为肉质根（图 10-15），粗壮，横生，根茎下方散生许多圆柱形的根。茎皮呈灰色，小枝颜色为灰绿色，茎上长有大而细的刺（图 10-16），刺长 1～2cm，基部膨大。嫩枝上有大而细的刺，刺长 1～3mm。叶子为 2～3 回羽状复叶；花为圆锥花序或伞状花序，花黄白色，有萼片，5 片花瓣。果实是黑色的 5 棱球形果，直径为 4mm（图 10-17）。花期 6～8 月，果期 9～10 月。种子呈肾形，为深褐色，千粒重为 1.4g 左右。

辽东楤木属于半耐阴植物，能耐 −35℃ 的低温，在 0℃ 以上就能缓慢生长，10℃ 以上可以正常生长，生长的适宜温度范围在 15～25℃ 之间，温度超过 30℃ 生长缓慢。喜肥沃、有机质含量高的微酸性土壤，土壤有机质含量高、疏松透气，排水良好有利于其生长。喜湿怕涝，土壤含水量以 60%～90% 为宜。株龄为 1～2 年时不开花，3 年及以上植株开始开花，7 月中旬为始花期，7 月末进入盛花期，8 月中上旬开始坐果。8 月中下旬至 9 月上旬果实陆续成熟。10 月中旬叶片开始脱落，11 月中旬植株进入休眠期，直到翌年 4 月末解除休眠。

　图 10-15　辽东楤木的根　　　图 10-16　辽东楤木的茎　　图 10-17　辽东楤木的果实　　　彩图

二、活性成分与保健功效

辽东楤木是一种药食两用植物，含有丰富的生物活性物质，目前辽东楤木活性成分的分离与鉴定主要集中在三萜皂苷类物质，现已分离出三萜皂苷类化合物百余种。鉴定结果表明辽东楤木主要的皂苷种类为齐墩果烷型三萜皂苷，其含量是人参的 3～5 倍。除了含有皂苷类化合物外，辽东楤木还含有黄酮类化合物，如槲皮素、山柰酚等。对楤木多糖研究发现，楤木芽中多糖含量达 20.21%、叶为 13.29%。日本学者从辽东楤木的根皮中分离出十五酸甲酯等 8 种脂肪类化合物。目前从辽东楤木的根中分离出 α-姜黄素等 37 种芳香油类化合物，以及 β-丁香素等 167 种挥发油类物质。此外，辽东楤木嫩芽中含有天冬氨酸、苏氨酸、丝氨酸和甘氨酸等多种人体必需氨基酸，还含有铁、钴、锰、锌等 16 种无机元素。

药理学研究表明辽东楤木提取物具有一定的抗炎、镇痛作用。辽东楤木皂苷能够预防肝纤维化，对乙醇所致的急性肝损伤有保护作用。叶总皂苷对人肺癌、胃癌、肝癌等细胞增殖有明显的抑制作用。辽东楤木多糖也有显著的抗肿瘤活性，水溶性多糖成分具有保护心肌的作用，总皂苷对糖尿病所引起的心功能障碍也有一定的保护作用。此外，皂苷类成分还具有抗糖尿病、延缓衰老、抗病毒和抗应激、提高缺氧能力等药理作用。

三、繁殖方法

辽东楤木的繁殖方式分为两种：有性繁殖和无性繁殖。有性繁殖是利用种子进行实生繁殖。这种繁殖方式的优点是繁殖系数高，存在遗传多样性，可利于种质资源筛选。缺点是种子存在休眠现象，育苗周期长。无性繁殖主要是利用辽东楤木的根段、嫩枝进行扦插繁殖。此外，利用组织培养的方式也可以进行种苗繁育。利用根段繁殖可以保持母株的优良性状，生长快，当年可成苗。缺点是取材困难，繁殖系数低。嫩枝扦插繁殖也可以保持母株的优良性状，但这种方法生根困难。辽东楤木组织培养技术目前基本成熟，这种方法可以保持遗传的一致性，繁殖系数高，但是成本高，要求技术高，驯化困难。目前生产上用得最多的是种子繁殖技术和根段繁殖技术。

1. 种子繁殖

（1）种子采集与处理　9 月下旬至 10 月上旬当果实由绿转黑时及时采集。采集回来的果实晾晒 1 周，除去果柄和杂质，用清水浸泡。反复揉搓，使种子与果皮果肉脱离，漂去漂浮在上面的种子、果肉、果柄。将种子淘洗干净后捞出，晾干后播种或者将种子与湿润的细沙以 1∶3 的比例混匀后沙藏，翌年播种（图 10-18）。

（2）整地做畦　选择水源充足、地势平坦的地块，土壤以壤土或沙壤土为宜。土层厚度≥30cm，pH 6.0～7.0。秋季 10～11 月间土壤封冻前整地，结合旋耕整撒施腐熟农家肥 2000～2500kg/667m²，同时加入 25kg 硫酸亚铁，2kg 多菌灵用于防治苗期病害。土壤深翻 30～40cm，耙细搂平，拣去杂草、砖石瓦块等。做高畦，畦宽 100～120cm，畦高 15～20cm，作业道宽 40～50cm。畦面土壤耙细耙平。

（3）播种　播种前将种子用 0.1% 高锰酸钾溶液消毒 6h，用清水冲洗干净后用 200mg/kg 的 6-苄基腺嘌呤（6-BA）或赤霉素（GA₃）浸种 12h，目的是打破种子休眠，提高种子发芽率和出苗的整齐度。于土壤上冻前进行播种，可以条播或撒播。条播开沟深 1.0～1.5cm，沟距 15～20cm，播种量 3～5g/m²，撒播播种量为 8～10g/m²。辽东楤木种子较小，播种时可与细沙按 1∶3 的比例混匀后播种。播后覆土压实，浇透水，覆盖不织布、草帘或松针叶等保湿物品。降雪后也可在畦面上覆盖一层雪，既可以保湿，又能防止种子风干（图 10-19）。

（4）苗期管理　播种后视土壤墒情及时浇水。如果冬季降水量少，要及时浇水，防止种子风干。第二年春季土壤解冻后，浇一次解冻水，之后视土壤墒情浇水。出苗后，及时撤掉不织布或草帘等保湿物品，保证土壤见干见湿，避免湿度太大引起苗期猝倒病。出苗后搭建遮阳棚，控制透光率在 50% 左右。苗高 10～15cm 时及时撤掉遮阳棚。幼苗长到 2～3 片真叶时进行间苗，株距 4～5cm。6～8 片真叶期定苗，株距 8～10cm。保苗为 40～50 株/m²，结合间苗及时除草。6 月中旬苗木进入快速生长期，要加大浇水量，每隔 5～7d 浇 1 次水。8 月下旬苗木生长减慢，要控制浇水，防止苗木徒长，促进苗木木质化。结合灌水，追肥 1～2 次。一般出苗后 30d 左右，追施磷酸钙 150～200kg/hm²、硫酸铵 100～150kg/hm²，7 月份进行第 2 次追肥，施过磷酸钙 250～300kg/hm² 和硫酸铵 150～200kg/hm²。

（5）病虫害防治　苗期低温高湿会引发猝倒病，可用代森锌、百菌清、多菌灵、克菌丹等药剂防治。7 月下旬，雨水多、湿度大，辽东楤木易患立枯病，可用代森锰锌防治。出现蛴螬、蝼蛄等虫害时，可用氯氟氰菊酯、阿维菌素等药剂防治。

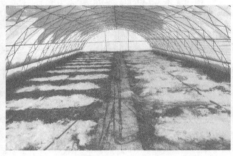

图 10-18　种子沙藏　　　　　图 10-19　播种后覆盖雪　　　　　彩图

2. 根段繁殖

（1）整地做畦　选择地势平坦，排水良好，土层深厚，土质疏松且肥沃的地块。土壤深翻 20cm 以上，同时结合深翻施入有机肥，旋耕后耙细耙平。起垄或做畦，垄宽 60～70cm，垄间距 30cm，作高畦，畦宽 100～120cm，畦高 10～20cm。

（2）采集根段　一般在 4 月初，春季发芽前或结合移栽，以 1～3 生的幼树为母树，以树干为中心点，距树干 30cm 处，向外挖取侧根。选择直径在 0.5cm 以上的侧根，如根段太细，根内贮藏的营养物质少，且易蒸腾失水，不利于新根的发生和发芽。将根段剪成 5～10cm 小段，插条两端切口平齐，用清水漂洗干净后浸泡于 1000 倍多菌灵溶液中消毒 10min。为促使根段早萌发，提高出苗的整齐度，可以用 100mg/kg 的 ABT 生根粉浸泡 1h，清水冲洗干净后备用。

（3）扦插　一般在 4 月中下旬，地表 10cm 处地温达到 10～15℃时进行扦插。采用平埋的方法，将根段顺向摆放，株行距为 20cm×25cm，覆土厚 4～5cm，踩实，浇透底水，覆透明地膜或无纺布保湿。

（4）扦插后管理　埋根后浇一次透水，使根段与土壤密切接触。然后保持土壤湿润，床土最大持水量 60%～70% 为宜，切忌床土湿度过大引起烂根。夜温高于 15℃，日温低于 30℃条件下，20d 左右幼苗便可出土。出苗后视苗木生长情况、气候条件和土壤状况，适时、适量灌溉。其他管理方法同种子繁殖。根段繁殖平均一个根段可生出 3～8 个芽，当年可成苗，平均苗高 40cm，与实生苗相比，苗粗壮，生长速度快。

四、露地栽培技术

1. 苗木准备

一般在 4 月中旬，辽东楤木发芽前采集苗木。采集苗木时要先看地上部茎杆，如果是表皮光滑、刺少、芽苞丰满，就将其根系挖出。然后进行检查和筛选，选择 1～2 年、直径粗 1～3cm，没有病斑、表皮发白、肉质根柔韧，苗高 10～30cm 的苗木。未达此标准的，可在苗圃再育一年。

2. 苗木处理

栽植前用甲霜灵·锰锌 200 倍液和 200mg/L 的赤霉素浸根 1～2h，用甲霜灵·锰锌浸根的作用是防治辽东楤木立枯病，赤霉素的作用是打破休眠，促进根系早发芽，捞出后立即栽植。

3. 选地与整地

在 4 月中上旬，土壤解冻超过 20cm 时即可进行整地。辽东楤木苗木根部肉质，喜富含腐殖质、肥沃、湿润、排水良好的松软土层，以棕色森林土为宜。土壤深翻 30cm，然后耙平，除去地内石块、杂草等，然后起垄，垄距 80cm。结合翻地每 667m² 施磷酸氢二铵 40kg，硫酸钾镁肥 8kg。

4. 定植

选择生长健壮，根系发达，无病虫害或无机械损伤的苗木，然后蘸泥浆或保湿剂，以提高栽植成活率。采用穴状栽植法，种植穴的规格为 30cm×30cm×50cm，株行距为 1m×1m。将苗放入挖好的穴内，培土至幼苗的根茎部，踩实、扶正、不露根、不窝根。栽后如果有春旱迹象发生，要及时灌水（图 10-20）。栽植时注意以下几点：一是要随起苗、随运输、随栽植，切不可风吹日晒；二是栽植时要求土壤湿润，栽后要浇透水；三是挖种植穴时，把穴内的黑土层和腐殖质挖出放到穴的一侧，把生土挖出后放到穴的另一侧，取腐殖质和黑土返回穴内添满，通过换表土，使穴内的土壤均为腐殖土与黑土，这样不但能增加有效养分的含量，还有利于幼树根系的生长。

5. 定植后管理

栽植成活后，要在 6 月上旬进行除草、追肥，主要以磷酸氢二铵为主，施肥时要在远离苗木根系 3cm 处撒施，切忌把肥直接撒在茎基部，每 667m² 施肥 10kg。追肥后用土覆盖。第 3 年，为了不影响芽菜和种子的质量，最好系红绳标记，把采完芽菜的树苗和采种的树苗区分开。为了促进枝条多发和根系发育，提高嫩芽产量，可在休眠期或采收后对枝条进行短截修剪，同时清除弱枝和过密枝，创造适宜辽东楤木生长的光照、通风条件，促进地上枝条生长和地下根系发生。当植株长到第 5 年时，要进行老树更新。即在春季化冻后，用铁锹在老树周围切断部分树根，促使根系萌发新芽长出新的植株，待新株发出后再将老枝从基部剪掉。

6. 病虫害防治

露地辽东楤木生产尚未见虫害发生，主要病害有叶斑病。主要是 6～9 月份温度较高、湿度过大引起的，因此在生产过程中要及时清除杂草和其他灌木，利于通风透光，密度小于 1m×1m 的于栽植后 6 月中旬和 7 月中下旬分别进行一次割灌除草，控制温湿度。发病时，可用 50％多菌灵可湿性粉剂 600 倍液喷雾，5～7d 一次，连防 2～3 次。

7. 采收

一般栽植 3 年后即可采收嫩芽。4 月末、5 月初，树体发芽不久，叶片尚未展开时进行采摘，顶芽长至 15～20cm、嫩叶尚未展开时是最佳的采收期。由于辽东楤木顶端优势较强，只有顶芽采摘后侧芽才开始萌芽。因此，顶芽采收后还能采收一次侧芽。采收前不能浇水，需要等露水消失后再进行采收，以免在保存过程中腐烂。采收时用果树剪在距芽鳞片基部 1～2cm 处平剪，或者用手直接掰下嫩芽（图 10-21）。

图 10-20　辽东楤木定植　　　　　图 10-21　辽东楤木嫩芽采收　　　彩图

五、温室冬季反季节栽培技术

辽东楤木食用部位主要为春季初生的嫩芽，露地生产受生长季节的限制，采食期比较短。利用冬季闲置的温室生产辽东楤木嫩芽，一般在春节前后可上市。辽东楤木温室反季节栽培主要是利用枝条扦插，扦插方式目前主要有两种，一种是水培扦插，另一种是基质扦插。

1. 水培扦插技术

（1）枝条的准备　在秋季落叶、树液停止流动后开始，到第二年春发芽前采集枝条，一般 11 月初至 3 月末，选择茎粗 1.4～2.1cm、距顶芽长 60～70cm、芽苞饱满、无病虫害、健壮的枝条。然后芽向一侧，用铁丝把枝条每 50～70 个捆成 1 捆，可马上栽植，也可堆垛室外或放入地窖内，注意保湿，防止风干。

水培扦插时，枝条底部剪口为平切。基质扦插时，剪口呈 45℃。采用 50～100mg/kg 赤霉素浸泡枝条 15～20h，或扦插后用 30～50mg/kg 赤霉素喷施。赤霉素的作用主要是打破嫩芽休眠，促进其早日萌发，提高嫩芽的整齐度。枝条经赤霉素处理，发芽时间至少提前一周，而且芽的生长速度也较快。

（2）扦插　将备好的枝条顶芽朝上竖直放入栽培池内，扦插密度 800～1000 个/m²，每槽摆满枝条后注入清水，深度 10～20cm。清水扦插当天用 50％多菌灵 500 倍液喷雾防治灰霉病等病害。

（3）扦插后管理　辽东楤木的嫩芽在 5℃以上就能缓慢生长，15～20℃为生长适温，25℃以上生长缓慢。生长期要严格控制温度，温度偏低，嫩芽生长缓慢，温度过高，嫩芽较为瘦弱且易纤维化。空气相对湿度保持在 70％～80％为宜，可以加扣塑料小拱棚，提温保湿。要及时更换水池里的水，如果条件允许可以流水栽培，不允许的话每隔 7～10d 换 1 次水，换水时将陈水排净后，再注入新水（图 10-22）。如果换水不及时，就会在水面长白菌，最后蔓延到茎，导致软腐病发生。辽东楤木喜弱光，扦插后利用遮阳网进行遮阴，透光率以 50％～70％为宜。

（4）病害防治　温室辽东楤木生产中未见虫害发生，主要病害有灰霉病和软腐病，主要是由于温度过低、湿度过大引起的。生产过程中要严格控制温、湿度，及时更换池水，发病时，灰霉病可用 50％多菌灵可湿性粉剂 600 倍液喷雾，5～7d 一次，连防 2～3 次。软腐病可用 65％代森锌 600 倍液喷雾，7～10d 一次，连防 2～3 次。

（5）采收　正常管理 30～40d 即可采收，当顶芽伸长至 15～20cm，嫩叶尚未展开时，是采摘的最佳时期（图 10-23）。过早收获，嫩芽瘦弱，产量较低；过晚收获，嫩芽叶已展开，影响品质，商品性降低。采收时用枝剪在距芽鳞片基部 1～2cm 处平剪。或者直接掰下嫩芽。采收后应进行整理，切去多余木质部，每 250～500g 扎一捆或不扎捆散放于纸箱或筐中。放置在 0～5℃条件下保鲜贮存。也可以将嫩芽连带着枝条放入泡沫盒里活体销售，或者放入花盆中做盆景展示。茎段粗壮时，20～30 个芽即可收 500g，一般情况 30～40 个芽可收 500g。采后将枝条清除进行下一茬嫩芽生产，如果枝条准备充分，可连续采收 2～3 茬。

（6）采收后枝条的处理　辽东楤木茎皮可入药，采收后将枝条拿出放置室外（图 10-24），来年春季剥皮，将树皮晒干销售，或者把枝条粉碎后作菌袋填充物。

图 10-22　定期换水　　　图 10-23　嫩芽采收　　　图 10-24　采后枝条处理

2. 基质扦插技术

（1）栽培槽的准备　在温室内南北走向建槽，宽 1～1.2m，深 20cm，两个栽培槽间设置 30cm 作业道，因为只浇水不排水，所有温室前沿无须设置排水沟。建好后在床底铺一层农膜，并且稀疏扎眼，以便渗水，然后在床内装填 10cm 厚的基质，基质可用细河沙、细炉渣、蛭石粉、木屑等，使用前用 0.1％高锰酸钾溶液消毒，扦插前浇透底水。

（2）扦插　与水培扦插不同，基质扦插时，下端剪口呈斜 45°利于吸水。扦插前后枝条用赤霉素处理，方法同水培扦插。然后将枝条竖直插入基质中，深度 12～15cm，扦插密度 800～1000 个/m²。芽苞向南，扦插后浇一遍水，待茎段表面晾干后，喷施 50％多菌灵 500 倍液。

（3）插后管理　基质栽培湿度调节很重要，温室内的湿度应该保持在 70％～80％。与水培扦插不同，基质扦插空气湿度相对较低，因此为了提高湿度，可以在栽培槽外面加扣小拱棚增温保湿。辽东楤木反季节基质栽培时，水分管理也至关重要，要根据栽培时间及天气情况，及时调节水分供应，在中午温度过高时，及时浇水，浇水时要浇透，水质要干净，其他管理与采收方式同水培扦插。

第十一章

盆栽观赏植物栽培技术

盆栽观赏植物可以调节空气温湿度、净化空气、美化环境、绿化庭院，丰富和调剂人们的精神文化生活，增添生活乐趣、消除疲劳、放松心情，同时还能增长科学知识，提高艺术修养。盆栽观赏植物便于管理、修剪、造型，不仅可供观赏，有的品种还可食用、药用等。

第一节　概述

一、盆栽与盆景的区别

1. 概念

盆景是盆栽进一步发展起来的，但与盆栽又有根本的区别。一般采用盆器栽种植物都统称为盆栽，可供四季观赏和采摘食用。盆栽是植物在盆器内自然的真实体现，其审美的对象，主要是枝叶、花朵、果实等。而盆景是以植物、山石、土壤、水、配件等为基本材料，经过园艺栽培和艺术造型，在盆器内表现自然景观的艺术品。盆景除了盆栽技术之外，还巧妙地运用了各种造型手段，是自然经过加工后的技术体现，是大自然景观的缩影，是集园艺栽培、文学、绘画等艺术互相结合，融为一体的综合性造型艺术。

2. 组成及特点

除了含义之外，盆栽和盆景的组成和特点也各不相同。盆栽的组成要素包括：盆器和植物。盆栽以花草树木等为主要材料，可选择的植物种类非常多，可以是草本植物，也可以是木本植物，可以是蔬菜，可以是果树，也可以是花卉。

盆景由景、盆、几（架）三个要素组成。这三个要素是相互联系、相互影响，缺一不可的统一整体。盆景对植物的选择要求更加"高端"，以奇花异草或珍稀品种为首选。此外，山水盆景要求必须有植物或苔藓等点缀，但它不属于盆栽的范畴之内，而一些自然生长的植物只能算作盆栽，而非盆景。

盆栽选用的盆器比较简单，可用圆形或者方形的盆器，材质可以是普通的泥瓦盆、塑料盆，可以说只要是个容器就能用来盆栽；而盆景对盆器本身的观赏价值有一定的要求，形状颜色更为多样性，要求盆器与盆中的植物相互搭配协调，有更高的审美要求，材质上也是选择更加高端的材料，如紫砂、陶瓷、彩釉等。

3. 艺术性

盆栽与盆景的艺术性有较大的差异。盆栽对于整体的布局设计和艺术造型的要求不高，以养活植物，美观大气，改善室内环境为主要目的；而盆景具有"小中见大"的特点，将景观缩小于咫尺盆中，用于点缀居室，更集中、概括地表现自然风貌；而且盆景的形式更加多元化，艺术性也更强，同时个性化更加突显，是作者艺术情感的寄托与抒发，主观精神的表露。其观赏价值和商品价值远远高于盆栽。

因此，盆栽和盆景对于创作者的技能要求也有所不同：与盆栽相比，盆景是技术和艺术的高度结合，要求一定的园艺知识与技能的同时，对作者的艺术修养、艺术理论和艺术技巧的要求更高。

二、盆栽的分类及特点

盆栽分类的方法较多，还没有一个严格的统一标准，一般会根据植物类别和观赏类别进行分类。按照栽植的园艺植物分类可分为蔬菜盆栽、果树盆栽、花卉盆栽；按照观赏类别分类可分为观花类、观果类、观叶类以及观形类。在本书中重点介绍按照栽植的园艺植物分类。

1. 蔬菜盆栽

蔬菜盆栽因其通常在家里阳台、露台栽植，而且具有一定观赏性，又称为阳台蔬菜、观赏蔬菜等，其以观赏为主要目的，以食用为辅助目的，在家庭、单位及其他人居环境均可种植。

蔬菜盆栽具有取材广泛、规模大小灵活、成本低廉等特点，家里不吃的蔬菜和自己喜欢的蔬菜都可以用来制作盆栽（图11-1）。对环境条件及栽培技术的要求也不高，管理比较方便；而且蔬菜盆栽可随摘随吃，新鲜安全，同时色彩鲜明，具有一定的观赏价值，市场前景也很好；非常适合城市居民种植，可以改善室内生态环境，同时丰富业余生活。

2. 果树（桩）盆栽

将果树（桩）经过矮化处理栽植于盆器内，作为盆栽进行养护，若加之艺术加工，能充分展示果树（桩）的古朴多变、悬根盘曲、果大色艳，亦可作为盆景体现其艺术价值。

果树（桩）盆栽既是可食用的园艺分支，又具较高的观赏价值和经济价值。我国果树资源丰富，春夏可赏花看叶，秋冬可品果观形，一年四赏，极具魅力。同时，果树（桩）盆栽因品种不同，常被赋予祝福的寓意，如苹果代表"平平安安"，石榴代表"多子多福"，桃子代表"健康长寿"等，这也让其增加了一层韵味。

图 11-1 蔬菜盆栽

3. 花卉盆栽

将花卉苗木种植在盆器内，经过简单的艺术加工，广泛应用于庭园美化、居室观赏及重大节日庆典、重要场合装饰摆放等。根据花卉生长习性及形态特征分类，一般可分为草本花卉、木本花卉、多肉和水生花卉（图 11-2）。

大部分花卉管理方便、易于调控，少数品种对环境条件和栽培技术要求较高，而且品种、花色丰富，观赏期长，艺术观赏价值和商品价值均较高。

图 11-2 花卉盆栽

三、盆景的分类及特点

盆景艺术在中国有几千年的历史，发展到现在种类繁多，派系林立。按照盆景选材不同可分为树桩盆景和山水盆景（图 11-3）。树桩盆景常以木本植物为主要材料，山石、人物、鸟兽等作陪衬，通过蟠扎、修剪、整形等方法进行长期的艺术加工和园艺栽培，在盆器中表现旷野巨木葱茂的大树景象。通常选取姿态优美、株形矮小、叶形小巧、寿命长、耐修剪、抗性强、易于造型的品种，在不违背树木生长习性的情况下，抑制其生长，并进行造型加工。山水盆景又称水石盆景，是以山石、水、土作为主要材料，加上植物、苔藓点缀的景观盆景。

(a) 树桩盆景　　　　　　　　　　　(b) 山水盆景

图 11-3 树桩盆景及山水盆景

按照盆景派系不同可分为南北两大派系，而南北两大派系又可分为岭南派、川派、苏派、扬派、海派等。中国幅员辽阔，由于地域环境和自然条件的差异，盆景流派较多，艺术风格也各不相同。

按照盆景的规模大小不同可分为大型盆景、中型盆景、小型盆景和微型盆景。生活中比较常见的是小型盆景和中型盆景。而微型盆景是以整体造型在 15～20cm 的盆景的统称。

第二节　适合盆栽的园艺植物

盆栽按照栽植的园艺植物分类可分为蔬菜盆栽、果树盆栽、花卉盆栽。

一、适合盆栽的蔬菜

制作蔬菜盆栽时，一定要选择管理简便、对人体无害、不易发生病虫害，同时具有一定观赏性的蔬菜品种。适合盆栽的蔬菜种类非常多，主要有色彩斑斓的彩叶类，造型各异、口味香甜的彩果类，特色鲜明的花器类、根茎类，具有保健功能的新奇保健类，以及食用菌类等，可以根据环境特点和自身的喜好灵活地进行选择。

（1）彩叶类盆栽蔬菜　这一类蔬菜以观赏叶片为主，大多具有鲜艳的颜色，可选择紫叶生菜和绿叶生菜的搭配，还可选择紫背天葵、紫苏、紫落葵及叶片形态颜色多变、观赏期较长的羽衣甘蓝等。羽衣甘蓝为甘蓝的园艺变种，叶片有光叶、皱叶、裂叶、波浪叶之分，外叶较宽大，叶片翠绿、黄绿或蓝绿，内部叶叶色极为丰富，有黄、白、粉红、红、玫瑰红、紫红、青灰、杂色等（图 11-4）。

（2）花器类盆栽蔬菜　这一类蔬菜是以花、花茎或花球为主要观赏部位，如花期较长的白菜花，还有黄花菜、花椰菜、西蓝花等。大家都知道白菜与"百财"同音，有"百财聚来"的蕴意。白菜花也有着"招财发财"的含义。

图 11-4　彩叶类蔬菜盆栽　　　　　　　　　　　彩图

（3）彩果类盆栽蔬菜　这一类蔬菜有着丰富多彩的果实颜色，在栽培过程中要注意结果期的管理，通常选择植株小巧、果实量大、挂果期长、果色鲜艳的品种，如常见的樱桃番茄、矮生番茄，还有像五指茄这种观赏茄子以及彩色甜椒、小型辣椒、袖珍西瓜、观赏西葫芦、人参果和红秋葵等。

（4）根茎类盆栽蔬菜　如大蒜、茴香、食用仙人掌、马铃薯、红薯、水果萝卜和水果苤蓝等，其造型奇特，观赏性较强。

（5）新奇保健类盆栽蔬菜　如藤三七、京水菜、香芹、珍珠菜、罗勒、薄荷、地肤和枸杞等。其中藤三七、地肤与枸杞等都是传统药材，罗勒和薄荷有些相似，均能散发出一些香气，还具有提神醒脑的作用。

二、适合盆栽的果树（桩）

我国的果树资源非常丰富，可选择的果树（桩）品种非常多，其一年四季均具有较高的观赏价值，春夏可赏花看叶，秋冬可品果观形。果树盆栽按观赏部位可分为观叶类、观花类、观果类、观形类等 4 个大类。其中，观叶类如银杏叶片在秋季会呈现金黄色，扇形的叶片也独具特色，还有红叶桃、红叶李、紫叶稠李、枫树等，叶片颜色鲜艳、形状各异，都具有极高的观赏价值；观花类如"人面桃花相映红"的桃花、"千树万树梨花开"的梨花、"蕊珠如火一时开"的石榴花、"小蕾深藏数点红"的海棠花以及"红杏枝头春意闹"的杏花等，色彩艳丽，芳香宜人，令人赏心悦目，不仅对身心健康大有裨益，还可陶冶情操；观果类常见的如桃、李、梨、杏、柿子、苹果、山楂、海棠、石榴、银杏、金柑、葡萄、草莓、蓝莓、无花果等，形态、颜色各异，并且代表着不同的祝福寓意；观形类除果树（桩）本身具有的特殊形态外，经过艺术加工形成如圆柱式、塔式、垂枝式、直干式、双干式、曲干式、风吹式、过桥式、悬崖式等多种形态，均具较高的观赏价值，充分体现自然景观的艺术性。

三、适合盆栽的花卉

适合盆栽的花卉种类非常多，按观赏部位可分为观花类、观叶类、观果类、观茎类、芳香类。按光照强度要求可分为喜阳性花卉和耐阴性花卉。按生态习性可分为草本花卉、木本花卉、多肉、水生花卉。其中，草本花卉包括鸢尾、玉簪、美人蕉、君子兰、一串红、凤尾鸡冠花、菊花、文竹、虎尾兰、桔梗等；木本花卉包括乔木、灌木、藤本三种类型，乔木花卉如桂花、白兰、发财树、富贵竹等均可作盆栽，灌木花卉如月季花、连翘、栀子花、茉莉花等，藤本花卉枝条一般生长细弱，不能直立，通常为蔓生，如绿萝、牵牛花、紫藤花、凌霄等；多肉品种繁多，形态各异，适应力和繁殖能力都很强，常见的多肉（按照植物学分类）主要来自景天科、番杏科、百合科、仙人掌科、龙舌兰科、萝摩科等，按照贮水器官的不同可将多肉植物分为叶多肉植物、根多肉植物、茎多肉植物及其他多肉植物，按照生长期可将多肉植物分为春秋型、夏型和冬型；水生花卉中常见的如荷花、睡莲、香蒲等，还有一些花卉如风信子、海芋、花叶万年青、绿萝、富贵竹等既可以进行水培也可以采用基质栽培。

第三节　盆栽的关键技术环节

一、朝向及环境

想要种好盆栽，首先要选择合理的日照朝向，最好是南向或者东向、西向的窗台、阳台，如果是北向，那么受到光照条件的制约，选择栽植的品种将会受限，宜选择一些耐阴植物。其中最适宜种植蔬菜盆栽朝向为南向，北向不建议栽植蔬菜盆栽。西南向或东南向，不挡光的条件下，建议种植叶菜类蔬菜，其他朝向可根据季节选择性种植蔬菜。

常见的喜光植物包括茄果类、瓜类、白菜类蔬菜，三色堇、一串红、月季、紫罗兰、牵牛花等花卉及大多数多肉植物。常见的耐阴植物包括大部分叶菜类蔬菜，常青藤、吊兰、一叶兰、虎尾兰、绿萝、富贵竹等花卉，这些植物日常浇足水就能成活，在光线较暗的角落也能正常生长，而且枝繁叶茂。石榴、柿子、枇杷、柑橘、杨梅等果树也都是比较耐阴的，在采光不良的地方可以进行种植，但是生长期长时间不见阳光照射，会影响其结果量和果实品质。

另外，盆栽时要结合环境特点选择适当的摆放位置，也可以结合实际情况自制或是购买立体、多层栽培架，高度一般在1.6m以下，方便管理。同时注意观察光照强度、日照时长、风力、空气温湿度等环境条件，结合环境条件，在盆栽养护过程中进一步调控。

二、盆栽容器的选择

盆栽容器的选择在材质上可选择耐用轻巧的树脂、玻璃、塑料材质的盆器，或泥瓦盆、木盆等，特别名贵的品种还可选用紫砂盆和彩釉陶瓷盆。理论上选择具有透气性的泥瓦盆和紫砂盆为好，但在实际使用过程中也没有太过严格的限制。另外，还要给盆器配备盆托或盆垫，防止浇水时渗出影响环境及观赏效果。

1. 盆栽容器的主要类型

（1）陶盆 又称瓦盆，采用黏土烧制而成，通常有灰色和红色两种，因各地黏土的类型、性质不同，烧制的陶盆性质也具有一定差异。陶盆使用历史悠久，经久耐用、价格低廉，应用最广泛，与其他类型盆器相比，陶盆透气性最好，有利于根系的生长发育（图 11-5）。

（2）紫砂盆 陶盆的一种，透气性比瓦盆稍差，但造型美观，其盆壁多刻有花鸟、山水、题字等，显得典雅大方，具有典型的东方容器特点，但价格相对较高。底部无孔的紫砂盆可作为套盆使用，十分美观。

（3）瓷盆 瓷盆为一类表面涂釉的器皿，其透水、透气性都较差，直接种植植物不利于植物根系呼吸，因此，一般不直接用于栽种植物。但瓷盆外形美观大方，极适合陈列之用，故一般多作套盆使用，可将栽种植物的陶盆套入瓷盆内，陈列于居室内，十分雅致美观。

（4）塑料盆 塑料盆在蔬菜和花卉栽培中应用广泛，其造型美观、质量轻、色彩鲜艳并且规格齐全，深受种植者的欢迎，有逐步替代普通陶盆的趋势。塑料盆的规格一般以盆口的直径（mm）标注，如 200，即表示直径 200mm。但塑料盆的透气性较差，盆栽用土应更疏松，以增其透气性。塑料盆的缺点是易老化破碎，不使用时应注意保管。

（5）营养钵 又称塑料钵，是家庭盆栽育苗及栽种小个体植物的理想器皿，其规格齐全，价格极便宜，绝大多数蔬菜品种的育苗均可用。

（6）木盆 用松木或柏木制成的较大规格的圆形或方形木盆，主要用来栽种深根系或开展度较大的植物。木盆底部可钻排水孔数个，盆外侧安装拉手 2～4 个，以便搬动。木盆外可涂绿色油漆，里面涂黑色的沥青以达到防腐的目的。

（7）玻璃瓶/树脂瓶 常用于水生植物栽培，因其形状、颜色、尺寸多变，水位一目了然，植物根系清晰可见，观赏性极强。

（8）栽培箱或栽培槽 用木条、竹片、柳条等轻质材料做成的各种形状的栽培箱或用水泥、砖头或木条制成的永久性或半永久性的栽培槽，其大小和形状可随植物品种、住宅结构、环境空间及方便操作管理而变化（图 11-6）。

图 11-5 陶盆栽植　　　　　　　　**图 11-6 箱栽**

（9）套盆　套盆可用来将陶盆、塑料盆等盆栽植物套装在里面，防止浇水后多余的水弄湿地面或家具，并使盆栽植物更美观。因此，套盆是盆底无孔洞、不漏水、外表美观大方的容器。目前，国内大量使用的套盆多是用重量较轻、表面光洁的玻璃钢制成，造型美观大方，规格很多。此外，也可采用紫砂盆、瓷盆等作套盆。

（10）盆托或盆垫　盆托或盆垫可起到套盆的作用，为形状像盘子的垫子，可用紫砂、釉瓷或塑料制成，现在塑料盆托或盆垫使用最多。

2. 盆栽容器选择原则

盆栽植物的容器选择应掌握既要有利于植物的生长，又要考虑美观大方和经济实用的原则。

（1）根据栽种植物生物学特性选择　盆栽容器在空间上要满足根系发育需要，茎叶开展度大、根系深的植物如番茄、黄瓜、抱子甘蓝、果树等应选择口径较大、深度也相对高的容器，彩叶类根系较小，可选择稍小的盆器。还要求排水、透气性良好，有排水孔等。

（2）根据栽种植物的数量选择　个体较小的植物，可根据栽种数量进行选择，如单纯作为观赏，容器可小一点，每件容器栽种 1～2 株；如果是观赏、食用兼备的，每件容器栽种 4～5 株，则要选口径大一些的容器。

（3）根据观赏性选择　观赏植物盆栽选择盆器时，应选择与树形、叶片、花、果实色泽、形态协调的盆器，突出美观性。一般情况下，树形外观呈圆形，盆器也选用圆形；树形的棱角分明，则盆器也选有棱角的，树形较高大，则盆器也高深一些；树形低矮，盆器也用低矮形。果实色深，选择浅色盆；果实色淡，选择深色盆。

（4）根据摆设位置和环境协调性选择　庭院及阳台栽种及收获的，可选择箱、槽、木桶等容器；如植物生长到一定阶段要作为室内观赏的，则应选择外形美观、雅致的瓷盆、紫砂盆、釉盆、木雕盆等容器，亦可采用套盆的方法。

三、营养土或基质配制

盆栽植物的种植可采用土壤栽培或无土栽培。土壤是一切植物生长发育的基础，植物生长发育所需的水分、空气、养料等均可从土壤中获得。肥沃、有机质含量高，保水、保肥能力强，通气性好且又不含过多重金属及其他有毒物质的壤土、沙壤土等天然土壤，均适合盆栽植物的种植。无土栽培不受土壤条件的限制，栽培基质随配随用，且安全卫生，在盆栽中得到广泛应用。无土栽培又分为基质栽培、水培和气雾培等方式，由于水培和气雾培对设备和植物品种都有特别的要求，因而庭院盆栽主要采用各种基质配制营养土的栽培方法。

盆栽植物的生长发育受到容器的限制，根系吸收营养的面积有限，为了尽量满足蔬菜生长发育的需求，必须人工配制营养土/基质，使其具有良好的物理及化学性状。

1. 配制营养土的材料

常见营养土配制原料主要有田园土、腐叶土、堆肥土、泥炭土、草木灰、蛭石、珍珠岩、河沙、木屑等。

（1）田园土　最普通的栽培土，由于经常耕作施肥，土壤肥力较高，团粒结构好，但其缺点是干时表层易板结，湿时通气及透水性较差，须与其他基质混合使用。

（2）腐叶土（腐殖质土）　利用各种植物的叶子、杂草等掺入田园土，加水及动物尿液经过堆积、发酵、腐熟而成的培养土，但须经暴晒过筛后使用。

（3）堆肥土　由落叶、枯草或绿肥堆积在一起，浇水并加入肥料，使之充分发酵腐熟而成，微酸性，疏松肥沃，通透性好，所含养分易被植物吸收。

（4）泥炭土（又称草炭、黑土）　泥炭土中含有大量有机质，疏松、透气、透水性能好，保水持肥能力强，质地轻。但泥炭土本身肥力很少，在配制营养土时要添加氮、磷、钾和其他微量元素。

（5）草木灰　即稻谷壳、稻草及其他杂草烧后的灰，含有丰富的钾肥，加入营养土可增加钾肥含量，并使其疏松、排水良好。

（6）蛭石　惰性矿物质，质地轻、容重较小，总孔隙度大，具有良好的透气性和保水性，pH 中性或偏酸性，氮、磷、钾、钙、镁、铁的含量较多。

（7）珍珠岩　可作为营养土的添加物，以改善其物理性能，使其更加疏松、透气。珍珠岩具有封闭的多孔性结构、质量轻、通气好，但无营养成分，使用中易浮在营养土表面。

（8）河沙　内陆河泥沙，多用来改善阴阳土的物理性质。河沙的粗细应根据需要确定。

（9）木屑　与营养土的其他材料混合使用，以增加其排水和通气性能，又具有一定的保温性。

2. 营养土/基质配制

盆栽的营养土/基质选择以营养全面、富含有机质、安全清洁、无病虫害为原则。且要求物理性状优良，如疏松透气、保水保肥，同时兼顾减轻盆器的重量、易于运输和搬运等特点。

配制营养土/基质的每种原料都有其自身的特点，如有的原料富含某种微量元素，有的原料易分解，有的不易分解；有的容量大，有的容量小；有的酸性大，有的碱性大。因此，营养土/基质配制的各种原料一定要掌握互补的原则，使各种原料混合配制后，植物生长发育达到理想效果。室内盆栽配制营养土/基质时，尽量不要选择天然土壤。这是因为小区和花园的天然土壤中隐藏着其他植物的种子，同时含有大量细菌、真菌以及虫卵，用于盆栽很可能将害虫带入室内，细菌及真菌也有引起植物病害的风险。配制营养土/基质时可选取其中的几种，根据栽植植物的种类、根系生长需求按比例混合配制，常见配制比例如田园土∶草炭为 1∶1；田园土∶腐叶土为 1∶2；田园土∶草炭∶珍珠岩为 1∶1∶1；草炭∶蛭石∶珍珠岩为 1∶1∶1 等。为增加基质的美观性，可采用陶瓷土、珍珠岩、火山石、绿沸石、海藻等覆盖。

另外，营养土/基质酸碱度对植物生长发育也有很大的影响，营养土/基质酸碱度不合适，会影响植物根系对养分的吸收。取少量营养土/基质放入玻璃杯中，按土∶水为 1∶2 的比例加水，充分搅拌，用 pH 试纸蘸取澄清液，根据试纸颜色变化就可知其酸碱度或采用 pH 计直接测定。根据栽种植物对酸碱度的要求，进行酸碱度调整。对于酸碱度不适的营养土应加以调整。酸度过高，可在营养土中加入一些石灰粉或增加草木灰；碱性过高，可加入适量的白矾［$KAl(SO_4)_2 \cdot 12H_2O$］或绿矾（$FeSO_4 \cdot 7H_2O$）。

3. 营养土或基质消毒

为了防止土传病害，预防病虫害的发生，促进植株健壮生长，配制好的营养土/基质需要进行消毒。常用的消毒法有日晒法、蒸汽消毒法、水煮消毒法和药剂消毒法。全新的营养土/基质可不进行消毒，如反复利用，栽植前一定要进行消毒。

（1）日晒法　将配制好的营养土/基质，放在清洁的混凝土地面上或木板、铁皮上，薄薄平摊，暴晒 3～15d，可以杀死其中的大量病菌孢子、菌丝、虫卵和线虫。日晒法简便，成本低，适合大量配土，其缺点是占地面积大、消毒不彻底。

（2）蒸汽消毒法　把已配好的营养土/基质放入适当的容器中，隔水在锅中高温（60～100℃）蒸 30～60min 即可。加热时间不宜太长，否则会杀灭能够分解肥料的有益微生物，以至影响植物的正常生长发育。

（3）水煮消毒法　把营养土/基质倒入水中，加热到 80～100℃，煮 30～60min。煮后滤去水分，晾干到适中程度即可使用。

（4）药剂消毒法　主要是采用福尔马林消毒或者木醋液等，营养土/基质配制后可喷洒木醋液或 0.1%的福尔马林溶液（500ml/m³）进行消毒，至少密封 24h，之后晾晒 3～4d，使药剂充分挥发，药剂消毒后要及时添加微生物菌剂。或直接采用多菌灵、百菌清等药剂拌入营养土/基质中进行消毒。

四、肥料及其他工具

1. 肥料的种类

盆栽植物整个生长期所需的营养单纯依靠肥沃的培养土是不够的，还需要通过施肥来补给。施肥的合理与否直接影响植物的生长发育。常用的肥料包括农家肥、化学肥料和其他肥料。

（1）农家肥料（有机肥）　常见的有人粪尿、畜禽粪、各种饼肥和骨粉等。因肥料种类和来源不同，其有效成分也具有较大的差异，但通常都含有植物需要的多种营养元素和丰富的有机质。农家肥料需经过充分腐熟、发酵、分解后才能被植物吸收利用，肥效释放较慢。多施用农家肥料有利于土壤的改良，使土壤疏松，有利于植物根系的生长。城镇庭院盆栽一般不需要自行腐熟，可以直接购买由有机肥厂利用畜禽粪肥生产的纯有机肥。

（2）化学肥料　简称化肥，每种化肥一般只含一种或两种营养成分，化肥养分含量高、浓度大、肥效快、施用方便，但长期单纯使用化肥，容易造成盆土板结，故应与农家肥料及叶面肥料混合使用，这样效果比较好。常用的氮肥主要有尿素、碳酸氢铵、硫酸铵、硝酸铵；磷肥主要有过磷酸钙、钙镁磷肥、磷酸铵、磷酸二氢钾，前两种肥效比较慢，一般添加在营养土/基质中，后两种为高浓度速效肥料，一般作追肥用；钾肥主要有硫酸钾、氯化钾和硝酸钾，均为速效性肥料，一般作追肥用；复合肥一般含有氮、磷、钾三要素，并可根据不同作物对氮、磷、钾的需要配制成不同比例的专用复合肥，为了施用的方便性和科学性，盆栽广泛使用复合肥；微量元素肥料是植物生长所必需的，虽然植物对微量元素的需要量很小，但缺乏微量元素，往往会出现一些缺素症状，影响其生长发育和美观性。

（3）其他肥料　主要有微生物菌肥及叶面肥料等。

2. 施肥的方法

施肥一般可分为基肥和追肥，基肥和追肥的施肥方法是不同的。肥料施用以发酵菌堆制或充分腐熟有机肥为主，根据盆栽植物种类和不同生长阶段的需求适当配合化肥追施。如观叶植物可偏施多一些豆饼和氮肥，在无病虫害的情况下，尽量不要使用化学农药；但允许使用生物农药来防治病虫害，如具有固氮、解磷作用的根瘤菌、光合细菌和溶磷菌，通过这些有益菌的活动来促进植物对养分的吸收和利用。

（1）基肥　也称底肥，是在播种或移植前施用的肥料。主要是供给植物整个生长期中所需要的基础养分，为植物生长发育创造良好的土壤条件，也有改良土壤、培肥地力的作用。可将充分腐熟的农家肥料（或购买的纯有机肥）和过磷酸钙等化学肥料在配制营养土/基质时一起施入，并加以充分混合，以提高肥力。基肥施用能够改良土壤肥力，使土壤养分均衡，但肥力有限，且肥效较慢，持续时间长。

（2）根外追肥　盆栽由于受到容器的限制，营养土/基质不多，基肥施入有限，因此，必须及时补充肥料，这种施肥称为追肥。追肥是对基肥的补充，一般使用速效肥料，如各种化肥和已发酵的液体农家肥料。追肥要结合植物的不同生育时期的特点及植株长势，适时、适量地分期（关键时期）追施，但要严格掌握浓度，以免造成肥害。追肥的方法除随水一起施用外，还可以叶面喷施或盆内穴施。追肥针对性强，肥效较快、较短等，但过量追肥容易导致土壤板结、盐渍化等。

（3）叶面喷施　将化肥或微量元素用水溶解后喷施于叶片等地上部分。如 0.1％～0.3％磷酸二氢钾，钙、硼、钼、锌、锰等元素。叶面肥料选择要有针对性，在基肥施用不足的情况下，可选用以含氮、磷、钾为主的叶面肥料。在基肥施用充足时，则可选用微量元素型叶面肥料。叶片喷施直接作用于植物叶片，用量少、吸收快、见效快、流失少、效率高等。

3. 盆栽的其他必要工具

盆栽时必要的工具主要包括植物支架、钳子、铁丝、线绳、剪刀、铲子、镊子、喷壶等。

五、盆栽养护及环境调控

1. 环境调控

在栽培过程中，要根据盆栽植物的生长习性，调节适宜的空气温湿度和光照条件。适宜的温度是保证植物生长的必要条件，保证合适的湿度可有效避免病害的发生。同时应注意光照强度、光质和光照时间，必要时可进行补光，室内可以选择全光谱 LED 补光灯。

（1）温度　温度是影响植物生长发育的重要环境因素之一。不同植物由于原产地不同，经过长期的自然选择，对温度的适应范围有较大差异，在栽培中应尽量满足其最适宜的温度。植物对温度的要求有三个基点（即最高温度、最低温度和最适宜温度），一般来说，大多数植物的生长最适宜温度为 10～30℃。在适宜温度范围内，植株生理活动最旺盛，生长速度也最快，且植物不同生长阶段所需温度也不尽相同。当温度高于最适温度的上限时，虽然温度继续上升，但植株生长不但不再加快反而变慢，生理活动受到破坏，致使植物停止生长甚至死亡。在原产地温度较高的热带地区分布的植物生长的三基点要求较高，原产于寒带的植物三基点较低，原产于温带的植物三基点介于二者之间。

温度还影响花芽分化、花色形成以及果实色泽、品质及成熟期。温度高发芽开花早，温度低，则萌动开花迟。但有些植物低温有利于花芽分化，如紫罗兰需要 10℃ 以下的温度才能花芽分化。一般来说，植物花芽分化与开花所需温度有所不同。高温类的花卉开花所需温度较高，低温类的对温度要求较低。温度对花色有一定的影响，花色中的花青素和色素的形成与积累受到温度的控制。温度适宜时，花色艳丽；反之，花色淡而不艳。另外，一般温度较高，果实含糖量高，色泽品质好，相反酸含量高、品质差。昼夜温差大糖分积累高，风味浓。

根据蔬菜的适宜温度及其适应的温度范围，大致可分为耐寒性植物、半耐寒性植物、喜温植物、耐热植物等。其中常见的耐寒性植物包括大部分绿叶菜类、葱蒜类等，较耐低温，大部分可越冬，不耐高温，40℃ 生长受抑制；半耐寒性植物包括甘蓝类、白菜类、根菜类、豌豆等；喜温植物包括茄果类、黄瓜等，超过 35℃ 生长发育不良，不耐霜冻，10～15℃ 授粉不良，引起落花落果；耐热性植物包括西甜瓜、西葫芦、豇豆、蕹菜（空心菜）等，喜高温，耐热性较强，15℃ 以下影响开花坐果，10℃ 以下生长停止。

果树在年生长周期中，都要求一定的温度范围，达到一定的温度总量（积温）时才能完成其生活周期。一般落叶果树的生物学有效积温起点，即平均温度为 6～10℃；常绿果树为 10～15℃。柑橘的有效积温为 3000～3500℃，苹果为 2500℃。不同的树种及品种，对温度的要求也有差异。一般果树根系在 0℃ 以上开始活动，生长最适温度在 15～25℃。盆栽果树超过 30℃，根系受到抑制。幼果期日均温＞25℃，日最高温达 33℃，相对湿度＜70% 时，易发生落果。

根据花卉对温度的要求不同可分为低温类（耐寒性花卉）、中温类（半耐寒性花卉）和高温类（不耐寒性花卉），低温类植物多原产于寒、温带地区，如夹竹桃、柑橘类。这些植物在长江以南可露地种植，北方冬季存放的室温在 0℃ 以上即可。中温类植物原产地属于温带较温暖的地区，如白兰花、扶桑、茉莉等，在南方为露地种植；在北方，冬季最低室温应在 5℃ 以上。高温类植物原产于热带或亚热带地区，如一品红、文竹、龙吐珠等，这些花卉有的需要在高温下才能开花，北方地区冬季室内最低温度应在 10℃ 以上。

（2）光照　光照是一切绿色植物进行光合作用的能量来源。光照强度、光质和光周期对于植物生长发育都非常重要。同时，光在某种程度上能抑制病菌活动。喜强光植物如西甜瓜、茄果类、仙人掌等，要求强的光照才能生长良好。喜中等光强植物如白菜类、葱蒜类、茉莉、白兰花等，仅要求中等强度的光照。耐弱光植物如兰花、茶花、杜鹃、含笑等一般需要适度的遮阴，在弱光和散射光条件下，才能生长发育良好。文竹、绿萝、万年青等可以较长时间在室内陈设，又称"室内花卉"。果树不同树种、同一树种的不同生长时期对光的需要程度不同。充分满足果树的光照，则可促使枝叶健壮生长，增强树体的生理活动，改善树体的营养状况，提高果实产量和质量。不同果树喜光程度不一样，若受光不良，对花芽的形成和发育均有不良影响。桃、杏最喜光，苹果、梨、葡萄、柿比较喜光。

光周期对植物开花结果等都有影响，各种植物开花所需的每日光照时间是不同的。长日照植物在 12～14h 以上的日照条件下能促进开花，而在较短的日照下，不开花或延迟开花。如白菜类、甘蓝类、唐菖蒲、凤仙花等，一般在春季长日照条件下才能抽薹开花。短日照植物在 12～14h 以下，能促进开花结实，反之不开花或延迟开花，如菊花、一品红、蟹爪兰等，这些植物大多在秋、冬季节开花。中光性植物对日照长短要求不严格，在较长或较短的日照下，都能开花结实，如黄瓜、番茄、辣椒、菜豆、四季海棠、月季、美人蕉等，只要温度适宜，它们一年四季都可开花结实。此外，光照的有无、强弱影响着植物花芽的形成和花蕾的绽放，如半枝莲必须在强光下才能开放，日落后即闭合；而昙花则在夜晚开放。

光质，即光的组成，对植物的生长发育、色素形成等均有一定的作用。据测定，太阳光的可见光（380～760nm）部分占全部太阳辐射的 52%，不可见光如红外线占 43%，而紫外线只占 5%。太阳光中被叶绿素吸收最多的是红光，同时作用也最大，黄光次之，蓝紫光的同化作用效率仅为红光的 14%，但在太阳散射光中，红光和黄光占 50%～60%，而在直射光中，红光和黄光最多只有 37%。如红光促进（或延迟）长日照（或短日照）植物生长发育；球茎甘蓝膨大的球茎在蓝光下容易形成，而在绿光下不易形成；对于洋葱鳞茎的形成，蓝光和近紫外光起促进作用，红光起阻碍作用；紫外光有利于花青素、维生素 C 的合成。

（3）通风　空气对植物的影响是多方面的，O_2 是呼吸作用必不可少的元素，CO_2 是光合作用的原料，它们浓度的大小对植物的生产发育有着密切的关系。空气中 O_2 浓度低时，影响呼吸作用，土壤 O_2 浓度低时，会使植物根系腐烂；CO_2 浓度过大，会造成植物中毒以致受害死亡。此外，空气中还存在着一些有害气体，如 SO_2、CO、O_3、H_2S 等的浓度超出植物的抵抗能力时，会使植物受害。而不同的植物对有害气体的抵御能力是不同的。室内盆栽需要经常通风，而且盆栽的摆放不能太拥挤，否则不但通风不好，光照也不好。另外通风可使果树枝叶摇动，促进其与外界交换气体，散发水分，改变树体的全面受光量。

2. 肥水管理

（1）浇水　盆栽要保证肥水供给，确保植株长势良好。浇水一般要遵循"见干见湿，浇则浇透"的原则，即浇水时一次浇透，也就是浇水要浇到有水从盆底排水孔流出，待到土壤快要干透时再次浇水。具体浇水过程中，浇水时间、浇水量及次数应视季节、天气、植物品种、不同生育期和土壤性质、墒情等条件来灵活掌握，适时适量浇水。浇水量过大会导致植物根系缺氧，严重的会导致根系腐烂，浇水量不足会导致水分补充量低于蒸腾失水量，使植株萎蔫，枝叶干枯。

浇水可采用喷水壶浇水，使用方便，浇水量也容易控制与掌握。喷头是活动的，用时套上，不用时取下。还可以采用浸水法，即将盆栽放入盛水容器中，水深低于盆土土面，让水自盆底部的排水孔渗入盆土内，通过土壤的毛细管作用使水由下而上渗入，直到盆土表面见湿，然后将盆从水中取出。浸水法主要用于种子播种后及小苗移栽后的盆栽浇水，以避免种子及幼苗移位，也可减少培养土板结。采用喷壶向植物叶面喷水也是常用方法，可以增加空气湿度，降低温度，也可冲洗掉叶面的尘土，可与叶面施肥结合起来。春秋季一般在中午前后，而在夏天炎热期间一般在早晨 8 时前或下午 5 时后进行。

浇水时应注意的问题：

① 浇水温度与土温、气温的差异不宜过大，最好在 5℃ 以内，否则，温差过大，根系土壤温度突然下降或升高，会使根系正常的生理活动受阻，吸水能力减弱，使得植物生理干旱。尤其盛夏以早晚浇水为宜，中午切忌浇水。冬季水温低于室温，使用时，稍加温水，以利植株生长。

② 盛花期尽量不采用喷洒叶面的浇水方法，以免冲掉花粉，或造成花瓣腐烂，影响受精，降低结实率。

③ 经常进行松土。盆内容积小，根系非常稠密地团抱在一起，长期浇水和施肥会影响根的呼吸，经常松土可造成良好的通气条件。松土应在浇水后盆土半干时进行，深度以见根为准。

（2）施肥　施肥必须注意季节、适时适量，视植株长势合理施肥。春、夏季节，植物生长旺盛，可多施肥，除施足底肥外，一般每隔 7～10d 追施稀薄肥一次。立秋后，长势渐缓，可 15～20d 追肥一次。冬季处于休眠状态的可停止施肥。不同植物在不同的生长发育阶段对于氮、磷、钾的需求不同，营养生长阶段以氮肥为主，开花期和结果期以磷钾肥为主，并结合叶面喷施钙素、硼素等。如花芽生长期施入氮肥过多，会影响开花；花期氮肥过量，使花蕾脱落。当发现叶色变淡、植株生长衰弱时，施肥最为适宜。

另外，观赏部位不同的植物对环境条件和栽培技术的要求不同，要区别管理，必要时分开栽植。观叶植物应注意氮肥的充足供应，观花或观果植物应注重磷钾肥的充足供应，不可偏施氮肥。

盆栽施肥应采取"少吃多餐"的原则，即施肥次数可适当加多，但每次施用量不宜过多。各种肥料如施用量较多，浓度较大，不仅不能被植物吸收利用，相反，还会使叶片变黄、脱落，甚至造成死亡。另外，施肥必须施熟肥，不要施生肥，无论是基肥还是追肥，均需要经过发酵，充分腐熟。否则在其发酵过程中产生高温和一些有机酸，会伤害植物根系，特别容易使幼根和根毛遭到烧伤或中毒，从而影响根系对水分和养料的吸收，致使植物生长发育受阻。施用生肥还常常招致病虫害。

3. 整形修剪

植物在自然状态下具有各自独特的形态特征和生长习性，若任其自由生长，则枝条丛生，分布不均，主枝侧枝的从属关系不明显，造成长势弱，观赏性差。在盆栽种植过程中，要根据生长需求和造型特点通过整形修剪来调节，并充分体现观赏盆栽的艺术性及审美情趣。整形修剪前，必须对植物的生长习性有充分的了解，并根据盆栽植物特点、习性以及观赏需求确定整形方式、修剪方法和修剪程度。

整形常用的材料主要有竹竿、竹片、铅丝、线绳等，常用方法有绑扎、做弯和捏形，有时为了造型还可设立各种形状的支架或多盆造型。整形可以通过修剪、搭架及拉枝和曲枝等手段将植株的外形进行整理，以达到株形美观，调节生长发育的目的。修剪是指对植株的局部或某一器官实施具体整理，可以使树形圆满紧凑，改善植株内的透光通风条件，节省养分，使其各部分器官的生理机能相协调，从而使花和枝叶生长均衡，防止枝条细长和促进开花结果，提高观赏价值。整形一般为自然式和人工式两种。自然式整形是指利用植株自然株形，稍加人工修整，使分枝布局更加合理美观，多运用于高大植物。人工式整形是根据人们不同爱好对植株整修造形，强制植物按造型要求生长。

修剪可分为生长期修剪和休眠期修剪。生长期修剪是指春、夏、秋三季所进行的修剪，修剪量比较小，包括摘心、除芽、疏剪、剪枝、剥蕾、摘除黄叶等。观果为主的植物还应及时疏花、疏果。休眠期修剪是指晚秋至次春发芽前进行。

整形修剪是一项细致的管理工作。在具体操作时还应注意整形要适时。整形过早，枝条过嫩，不适操作；整形太晚，枝条硬化，不易造型。要根据植物的不同生长习性，早作整形规划，适时动手整形。修剪时要从大到小，先去大枝，然后修剪小枝。操作要细致，防止碰伤、撕裂树皮、折断树枝以及不要留下一段残枝，要使切口与枝条分枝基部相平。短截时，还要注意芽的位置，一般选留外侧芽，不留内侧芽。

4. 病虫害防治

盆栽种植过程中常会发生一些病虫害，既影响盆栽植物的生长发育，又影响其观赏价值。因此，必须注意病虫害的防治。庭院盆栽病虫害防治应该遵循"预防为主、综合防治、及时控制"的原则，选用良种壮苗以及引入幼苗时防止带入病虫害等，栽植前要进行种子处理及营养土/基质消毒，并通过环境调控保持适宜的空气温湿度，使通风良好、土壤温湿度适合，这些都是有效防治病虫害的重要措施。一旦发生病虫害，应立即采取治理措施，以防蔓延。

（1）病害防治　常见的病害主要有白粉病、霜霉病、黑斑病、褐斑病、锈病等。盆栽时应以防为主，要注意通风，控制空气温湿度，调节光照，加强肥水管理，增加营养，提高植株抗病能力。发现病叶、病枝及时剪除，集中烧毁，并将病株隔离观察。必要时要及时结合药剂喷施，避免病害蔓延。

（2）虫害防治　常见的虫害主要包括蚜虫、蓟马、白粉虱、红蜘蛛等，以早发现早控制为宜。首先要消除越冬休眠期间虫卵或虫蛹，清除越冬寄主，可有效预防生长季虫害。发现害虫后，少量时可徒手捕捉，大量发生时，把虫害集中的叶、嫩梢及时摘除，并结合药剂喷施。

第四节　紫背天葵盆栽技术

紫背天葵（*Begonia fimbristipula* Hance）又称观音菜、红背菜、双色三七草、血皮菜，为秋海棠科秋海棠属多年生无茎草本植物。紫背天葵营养丰富，食用部位（鲜嫩茎叶和嫩梢）富含造血功能的铁素、维生素 A 原、黄酮类化合物及酶化剂锰元素，具有清热解毒、止血补血、提高人体免疫力等功效，还可以延长维生素 C 的作用时间，减少血管紫癜。此外，紫背天葵还可以提高抗寄生虫和抗病毒的能力，对肿瘤有一定的防效。但是食用紫背天葵也有禁忌，体寒体虚的人不宜食用，对紫背天葵过敏的人也不宜食用。

紫背天葵叶色鲜艳，茎秆紫红带青，衬托绿叶紫背和黄色花朵，具有较高的观赏价值，而且适应性较强，可周年生长，无明显休眠期，非常适合家庭阳台、露台盆栽。可以说，紫背天葵是一种集菜用、营养保健与特殊风味和观赏为一体的高档蔬菜。

一、品种选择

紫背天葵盆栽以观叶为主，根据植株茎叶颜色差别，可分为紫茎红背叶品种和紫茎绿背叶品种。其中紫茎红背叶品种叶背、茎及新芽叶片均为紫红色，随着茎的成熟渐变成绿色，较耐低温。紫茎绿背叶品种下部茎秆呈浅紫红色，叶面及叶背呈深绿色，分枝性弱，口感差，但较耐高温干旱。盆栽紫背天葵应选择分枝性强、抗逆抗病、适口性好且既耐高温又较耐低温的紫茎红背叶品种。

二、营养土/基质配制

盆栽紫背天葵的营养土/基质以富含有机质、疏松透气、保水保肥力强、营养元素全为原则。可采用田园土、腐殖土、充分腐熟的农家肥或商品有机肥按照一定比例混合配制。或采用草炭、蛭石、稻壳、菇渣、中药渣等，任选其中 2～3 种混合配制。混合后的营养土/基质可用木醋液或 0.1% 高锰酸钾溶液消毒，消毒后要及时添加微生物菌剂。

三、繁殖方式

紫背天葵主要有扦插繁殖、分株繁殖和种子繁殖 3 种繁殖方式。

1. 扦插繁殖

虽然紫背天葵可以开花，但是很少结果实，而它的茎节部易发生不定根，扦插枝条极容易存活，适合扦插繁殖，这也是生产上常用的繁殖方式（图 11-7）。扦插时，要选择无病健壮植株，剪取具有一定成熟度、生长健壮的枝条，不能选择过嫩或过老的枝条作扦插枝条。一般选取 8～10cm 长枝条，留 3～5 片叶，需摘去基部的 1～2 片叶，按株距 7～10cm 斜插于盆内，枝条入土深度以 5～6cm 为宜，插好后浇水浇透。在 20～25℃ 的温度条件下，10～15d 即可成活生根。另外，苗期还应注意保持土壤湿润，过干过湿都不利于插条生根和新叶生长。

2. 分株繁殖

分株繁殖一般在植株进入休眠后或恢复生长前（一般在春季萌发前）挖取地下宿根，选健壮的进行分株，随切随定植。但分株繁殖的繁殖系数较低，且分株后植株的生长势弱，对于产量和品质有一定影响，故生产上一般不采用分株繁殖（图 11-8）。

3. 种子繁殖

一般气温稳定在 12℃ 以上时播种，播后 8～10d 即可出苗，苗高 10～15cm 时可定植。紫背天葵虽然很少结实，但是利用种子繁殖繁育出的幼苗几乎不带病毒，可实现种株更新复壮。

图 11-7　紫背天葵扦插繁殖　　　图 11-8　紫背天葵分株繁殖　　　彩图

四、栽植

栽植紫背天葵时可选择塑料盆、木盆、陶盆、瓦盆、栽培槽、立式栽培架等。盆器大小根据具体栽培株数和空间而定。栽培密度可适当密一些，单株面积为 15cm×15cm。栽植后浇水浇透。

五、栽植后管理

紫背天葵栽植后保持营养土/基质湿润，避免忽干忽湿。株高 25～30cm，嫩梢长15cm 时即可采收食用，采收期间应少量多次追施复合肥。只要条件适宜，一年四季均可收获。紫背天葵为喜光植物，但较耐阴；强光时，观赏价值提高。其生长适温为 20～25℃，气温高于 30℃时，要注意通风。因其耐低温能力较差，气温低于 3℃，易受冻害。

六、病虫害防治

紫背天葵整个生长期病虫害较少，但要注意防治蚜虫。蚜虫会危害幼嫩的茎叶，发病的植株顶端嫩叶症状最明显，表现为叶片浓淡不均的斑驳条纹，严重的叶片皱缩变小，生长受抑制。综合防治方法：一是扦插繁殖和分株繁殖时一定要选用无病植株；二是可采用种子繁殖更新母株；三是加强栽培管理，提高植株的抗病力；四是早期发现病株要及时拔除，采收时注意防止接触传播；五是及时防治蚜虫，以免病毒传播。

第五节　金柑盆栽技术

金柑（*Citrus japonica* Thunb.）为芸香科柑橘属常绿灌木，是观花和观果植物中的佳品，四季常绿，夏天开花、秋冬结果，既可赏玩又可食用。金柑花为两性花，白色，具有芳香气味；果实呈椭圆或圆形，果皮甜而果肉酸，可生食也可制成各种食品，营养丰富并具医药保健功效，具有助消化、化痰止咳等功效，可摆放在庭院、客厅、阳台，既增添新意又显雅致，寓意吉祥，金果累累，受到人们的青睐。

一、品种选择

金柑一般应选择结实率高、果大、挂果时间长、品质优、自花授粉着果能力强的品种，以大果型金柑品种为好。

二、盆器选择

盆栽金柑选用盆的类型和大小根据消费水平、场地空间而定，一般盆口直径大于20cm，并且要求底部有排水孔，具体大小根据金柑苗株大小而定，但盆口面积应小于树冠投影面积，更具观赏性。另外，随着株体增大，注意及时换上大盆。可选用紫砂盆、釉陶盆、泥瓦盆、瓷盆和塑料盆等，但瓷盆透气性差，塑料盆排水功能差且易老化。

三、营养土/基质配制

金柑喜肥且喜微酸性土壤，营养土/基质要选用排水透气、保水保肥力强、疏松肥沃并且含有丰富腐殖质的微酸性壤土，可用腐叶土、沙土按 4∶5 的比例配制，也可用酸性泥炭土、田园土、堆肥土按 1∶1∶1 的比例混合制成营养土/基质，并加入适量充分腐熟的有机肥及粗沙搅拌均匀。

将配制好的营养土/基质进行消毒，可采用 0.1% 的福尔马林溶液（以 500ml/m³ 用量）或 1% 的高锰酸钾溶液均匀喷洒，密封 24h 后，晾晒 3～4d，使药剂充分挥发，消毒后要及时添加微生物菌剂。

四、繁殖方式

金柑繁殖方式主要包括扦插繁殖、分株繁殖和嫁接繁殖。其中扦插繁殖是最常见的金柑繁殖方式之一，适用于年龄在 2～3 年的健康金柑树，选择健康的、生长良好的生长枝进行扦插，扦插约 2 个月后，待扦插苗会长出根和新枝时即可移植。

分株繁殖需要在春季或秋季进行，选择成熟且健康的金柑树，使用园艺铲将其基部的侧芽切割下来，并保持完整；在沙土中种植分株，并保持水分和温度；约 3 个月后即可移植。

嫁接繁殖是金柑和其他柑橘树进行嫁接。选择金柑和其他柑橘树中的健康枝条，并将其切割为相同长度和形状的段；用刀片将这些段切成"V"形；用刀片切削相同形状的树皮，将两个不同的"V"形段连接在一起；用细绳进行固定，并遮光保持湿润；约一周后，苗芽开始发芽，之后再次浸泡水中，避免其生长过快；约 3 个月后苗木即可移植。

五、栽植

1. 栽植前苗木准备

金柑植株的选择应以能否达到理想的观赏效果为标准，可选择根系发达、苗木健壮，苗高 0.8～1.2m，直径 0.5cm 以上，有 2～3 个分枝、无病虫害、易整形修剪、姿态匀称的壮苗，选择嫁接苗为宜。有条件的可选择虬枝老干、苍劲古朴的老树桩。

2. 栽植方法

栽植前需要保留 2/3 土坨，并对苗木根系进行整理，剪去受伤和过长过粗的根系。栽植时，将盆器底部排水孔垫好，防止土壤漏掉，再装入 1/3～1/2 的营养土/基质，按金柑苗的根系自然舒展状态放入盆中，扶正苗木，添加营养土/基质并压实，土面低于盆口，浇透水定根，再适当添加一些营养土/基质补充下沉的部分。刚栽植的金柑需要避光 7～10d，同时注意嫁接苗嫁接口要露出土面，否则从接穗基部发生不定根，砧木起不到作用。

六、栽植后管理

1. 环境要求

金柑为喜光植物，生长期要求阳光充足，夏季光照强度高，可适当遮阴，冬季观果时，放置在室内见光处。对于休眠的小植株，冬季对光照要求不严。金柑对温度要求也较高，生长最适宜温度为 22～29℃，室内观赏的最佳温度为 10～15℃，如果植株尚小未结果，越冬应保持温度在 3～5℃，不宜超过 10℃，否则影响休眠。

2. 肥水管理

金柑盆栽对肥水条件要求比较高，应根据不同季节、土壤蒸发量和金柑生长状况，酌情供应水分。刚栽植的金柑需要保持盆土湿润，待植株正常生长后，再进行施肥浇水等正常管理。夏季金柑生长旺盛，气温高，蒸发量大，每天早晚各浇水 1 次，但不能有积水，否则容易烂根。春、秋季每天浇水 1 次，冬季可以每隔 2～3d 浇水 1 次。开花期盆土可稍干，切忌往花上浇水，坐果稳定后正常浇水，休眠期控水。浇水按照"见干见湿、浇则浇透、干花湿果"的原则。

金柑喜肥，但要注意薄肥勤施，生长期每 7～10d 追一次肥。前期以氮肥为主，结果期以磷钾肥为主，也可以叶面喷施少量稀释过的氮、磷、钾混合溶液等。冬季观赏期可不施肥。另外叶面喷施赤霉素、过磷酸钙、磷酸二氢钾以及防落素，有利于提高坐果率，有助于幼果发育，亦可延长观果期。

3. 整枝及修剪造型

为了促进盆栽金柑的生长，塑造良好株形，整枝修剪是必不可少的。金柑盆栽一般采用主干多主枝树形，一般主干高 20～30cm，主干上着生 3～4 个分布均匀的主枝，每个主枝留 3～4 个侧枝。幼树整枝修剪以摘心抹芽为主，形成矮化紧凑、立体结果的丰产稳产树冠。2～3 年生金柑每次抽生新梢时，应保留健壮、位置好的枝梢，抹掉过密、丛生枝芽。

金柑盆栽修剪多采用自然半圆形或柱形、塔形，随着金柑生长及时调整方位，使主枝分布均匀，树冠圆整。每次修剪后，还应适当喷洒多菌灵消毒，防止细菌感染伤口。盆栽金柑花期和结果期，要注意疏花疏果，调整叶与根以及叶与果的比例，叶果比一般约为 6：1，不仅能让留存的果实长得更加壮硕、鲜亮，也能防止出现养分不足造成结小果现象，同时能保证植株也有足够的养分，继续保持生长。

七、病虫害防治

金柑盆栽的主要病害有溃疡病、炭疽病等，主要害虫有红蜘蛛、潜叶蛾等。病虫害防治应遵循"预防为主，综合防治"原则。平时要加强栽培管理，发现病叶、病枝要及时摘除，人工捕捉害虫，还可以喷施一些保护型药剂，必要时喷施杀虫杀菌剂进行化学防治。

第六节　石榴盆栽技术

石榴（*Punica granatum* L.）为千屈菜科石榴属落叶灌木或乔木，树形优美，花期可达2～3个月，果实观赏期达7～8个月。春季新芽茂密，夏季繁花满树，秋冬锦果垂枝，一年四季均可观赏，庭院、阳台、茶室等场所都可盆栽，石榴盆栽叶小枝软，观花观果融为一体，易于造型。石榴象征着"团圆、喜庆、繁荣、和睦"，还有"多子多福"、"长寿"等寓意，被中国老百姓称为"吉祥果"。

一、品种选择

石榴盆栽应选择矮型，小叶且浓绿，挂果期长，果大、果实色泽好、果形美观，抗性强，适应当地生长、具备盆栽特点的品种，如'月季石榴'、'牡丹石榴'、'胭脂红石榴'、'泰山红石榴'、'黄石榴'、'玛瑙石榴'、'霜红宝石石榴'等。

二、盆器选择

盆器的大小、款式、颜色要与选择的石榴叶、花、果色泽，树冠形状、大小等匹配得当。像石榴这种果树盆栽的用盆直径一般应略小于树冠的直径，也就是说，枝叶要伸出盆外，至于伸出多少，向左还是向右，要根据其造型款式、大小灵活掌握。盆栽石榴可用瓦盆、陶盆、塑料盆等容器。

三、营养土/基质配制

石榴适应性较强，盆栽对营养土/基质要求不严格，一般酸、碱、中性土均可以，富含有机质的沙质壤土最宜。营养土/基质可用腐叶土（或草炭土）、田园土、沙土（或煤渣）按照6：3：1的体积比例充分混合，亦可加入适量充分腐熟的有机肥。或采用田园土：草炭土（或椰糠）：珍珠岩＝2：2：1充分混合均匀后，再按照1：1的比例与粉碎的经过充分腐熟的有机肥充分混合，配制成透气性、透水性和肥力都较好的混合基质。采用0.1%的福尔马林溶液（以500ml/m³用量）或1%的高锰酸钾溶液均匀喷洒进行消毒，消毒后要及时添加微生物菌剂。

四、繁殖方式

繁育石榴苗采用实生、分株、压条、扦插及嫁接等方式均可，但以扦插繁殖应用较广泛。只要温湿度合适，石榴扦插四季均可进行。北方以春、秋两季扦插效果好。在生长季节利用木质化或半木质化的绿枝做插条，插条长 15～20cm，保留上部 2 片叶，上口平剪，下口斜剪，并采用生根剂处理。然后插到盆中，深度约为插条的 1/2。扦插后最好进行遮阴，并及时浇水，保持土壤湿润。待苗生根，开始长新叶时逐步撤掉遮阴设备。

五、栽植

栽植前修剪苗木，剪平伤口，剪除伤根，多留须根；栽植时一手扶正苗木，一手向四周填入营养土/基质，并将苗木轻轻上提，稍加振荡使根部舒展并与土壤密接。栽植深度以与苗木原土痕（根茎）处相平为宜，压实以防形成大的空隙，要注意栽植的速度要快，栽植后浇透水，置于背阴处或进行遮阴，保持营养土/基质湿润，5～7d 后即可置于阳光充足的环境中。

六、栽植后管理

1. 肥水管理

石榴较耐干旱，但生长期需水量比休眠季节大得多，生长期应注意天气情况、营养土/基质墒情及石榴植株长势，浇水掌握"见干见湿，浇则浇透"的原则。花期应注意不能过湿，也不要浇水浇到花上，以免冲去花粉，影响坐果。结果期可加强肥水，但过湿易裂果、落果。

石榴喜肥，生长季节应注意"薄肥勤施"，7～10d 追施有机肥，如豆饼水等，亦可直接追施氮磷钾水溶肥。花期应减少施肥量与次数，并注意施用磷肥，以利着花，可喷施 0.2%～0.3% 的硼酸，坐果后喷 0.2% 的磷酸二氢钾 1～2 次，促进坐果，并提高石榴果实外观品质。

2. 环境管理

盆栽石榴喜阳光充足，要求全日照。春夏应将石榴盆栽放置于通风透光处，夏季不怕烈日暴晒，越晒开花越艳。高温干燥、背风向阳是形成花芽、开花、结果的重要条件。若光照不足，只长叶不开花，因此光照直接影响开花和结果。

石榴喜温暖气候，不耐寒，北方冬天必须放置室内向阳处越冬。萌芽期温度要求 10～12℃，花期宜在 15℃左右。一般可忍耐较长时间 −10℃ 低温，−17℃ 为冻害的临界温度，−20℃ 以下低温会全株冻死。倘若受冻，可将枝干部分锯掉，施入有机肥，并置向阳温暖处，翌年春使根部重新萌发新枝。

3. 整枝及修剪造型

石榴耐修剪，既可整枝为单干圆头形，又可修剪为多干丛状或平顶形。盆栽石榴幼树的整枝以单干式、双干式和多干式自然形为主。小型石榴盆栽，枝干高一般为 15～20cm，保留 3～5 个主枝，其上分布适量结果枝，向四方合理分布，使树形呈自然形。可根据个人喜好进行造型，先采用铁丝固定枝干，再用铝线缠绕枝条并进行弯制，调整枝条生长方向和形态，使整个树形呈现不同的艺术形态，常用的树形式有直干式、斜干式、曲干式、枯干式、悬崖式、附石式等，既有利于结果，又具有观赏价值（图 11-9）。

春季修剪应注意保留健壮的结果枝，剪去不充实的病枝、细枝、弱枝，短截徒长枝。生长期应适当摘心，抑制营养生长，以促进花芽形成，维持一定的树形。夏季修剪主要于落花期进行，疏去细枝、弱枝、过密枝、重叠交叉枝，将长枝摘心，抑制其伸长生长，以利形成结果枝；花果期每隔 1～2 周疏去退化花和过多、过密花及幼果，留果数量视植株的大小而定，果实布局要做到高低错落、疏密有致，以便提高观赏效果。落叶后或萌芽前根据观赏树形的需要进行 1 次整形修剪，修剪时注意保留健壮的结果枝，生长势强壮的枝，可通过短截、缓放、拉枝、扭梢、环剥等改造成结果枝。冬季应以疏枝为主，并注意把根部和干枝上萌生的枝条剪除。

图 11-9　石榴盆栽造型

七、病虫害防治

石榴盆栽一般病虫害较轻，病虫害防治以预防和综合防治为主，平时要加强栽培管理，落叶后及时清理枯枝、病枝和落叶。发生蚜虫和红蜘蛛等虫害时，可人工捕捉害虫，还可喷施保护型药剂，如石硫合剂，必要时喷施杀虫杀菌剂进行化学防治，如可用乐果300 倍液或氰戊菊酯 500 倍液喷雾。

第七节　多肉植物盆栽技术

多肉植物（多浆植物）指植物器官的茎、叶或根具有发达的薄壁组织用以贮藏水分，在外形上显得肥厚多汁的一类植物。多肉植物是生活中常见的、具有较高的观赏价值的一种观赏性植物，种类有很多，而且不同种类的多肉植物在形态特征以及生长习性上存在着很大的差别。

一、品种选择

常见的多肉植物（按照植物学分类）主要来自景天科、番杏科、百合科、仙人掌科、龙舌兰科、萝藦科等。按照贮水器官的不同可分为叶多肉植物（芦荟等）、根多肉植物、茎多肉植物（仙人掌等）、其他多肉植物（葡萄瓮等）四种类型。按照生长期可以分为喜好温和气候的春秋型、喜好高温的夏型以及喜好寒冷气候的冬型等三种类型。多肉植物家族十分庞大，全世界已知的多肉植物超过一万种，在分类上隶属100余科。多肉植物的适应力、繁殖能力都很强，可根据需要选择适宜的种类。

二、繁殖方式

多肉植物的根、茎干、叶片、种子甚至花，都可以繁殖出新的幼苗。常见的繁殖方式包括有性繁殖和无性繁殖，有性繁殖也就是种子繁殖；无性繁殖主要包括扦插繁殖、分株繁殖、嫁接繁殖等。其中扦插繁殖按照扦插部位不同还可以分成叶插繁殖、茎插繁殖和根插繁殖。

1. 种子繁殖

采用种子繁殖时，取得种子后需要及时播种，并且一般在春季进行播种；播种前将种子、用具和营养土/基质进行杀菌、消毒处理，消毒后直接将多肉种子撒在盆中；播种后覆盖一层细土，稍微浇一点水，适当通风，等待生根即可。但是大多数多肉植物需要人工授粉才能得到种子，而且种子寿命极短，储藏时间过长会降低它的发芽率，因此多肉植物种子繁殖应用相对较少。

2. 叶插繁殖

多肉植物以扦插繁殖为主，扦插繁殖中叶插繁殖是人工繁殖多肉的主要方式。叶插繁殖即采用多肉植物的肉质叶片进行扦插的繁殖方式，包括全叶插和片叶插。一般一年四季均可叶插，但是春秋两季成活率要高于夏冬两季（叶插要求温度在10～30℃之间）。首先，从健康植株上取下发育充实的叶片，全叶插时注意保持叶片完整；将叶片在阴凉处晾1～2d，使伤口干燥，防止感染；将晾好的叶片插入土中，平铺和斜插两种方式均可，之后等待生根。一般情况下几天之后就会生出根，长成芽（图11-10）。

 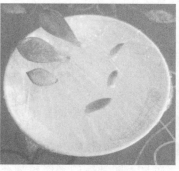

图 11-10 多肉植物叶插繁殖   彩图

叶插繁殖成活率高，操作简单，但并不是所有的多肉植物都适合进行叶插繁殖。叶插繁殖主要用于能自叶上发生不定芽及不定根的品种类型，通常具有粗壮的叶柄、叶脉或肥厚的叶片。适合叶插的多肉植物包括虹之玉、白牡丹、姬胧月、乙女心、石莲花属、景天属等；不适合叶插的包括蓝松、熊童子、黑法师、青锁龙属、莲花掌属等。

3. 茎插繁殖

采用茎插繁殖时，剪取生长良好、无病害的茎枝；放置在阴凉处晾 3～5d，待伤口完全愈合；将晾干的茎枝插到盆内，等待生根。常见适合茎插的多肉植物有八千代、艳日辉、黑法师等。

4. 根插繁殖

一般能从根上产生不定芽进而形成幼株的多肉植物，都可以采用根插繁殖。根插时，取出个头大、健康无病虫害的植株，挑选粗壮的肉质根，清洗晾干，用小刀切下，将肉质根埋入基质，注意切口露出土面，否则容易腐烂，也不利于根上幼芽长出。根插结束后，将花盆置于明亮的地方，保持营养土/基质湿润，但不能积水，几天后肉质根上就能长出小芽。

5. 分株繁殖

分株繁殖是这些繁殖方式中最简便、最安全的方法。分株繁殖是将景天科、仙人掌科中多头品种的母株旁生长的幼株剥离母体，分别栽种，使其成为新植株的繁殖方式。分株繁殖可以结合春季换盆时进行。选择合适的位置，将母株周围旁生的幼株小心掰开，在盆中摆正幼株的位置，一边加土，一边轻提幼株。

6. 嫁接繁殖

嫁接繁殖常用于根系不发达、生长缓慢、不易开花，或者珍贵稀少的畸变种类，且嫁接繁殖的操作难度较大，需要合适的接穗和砧木，要求操作迅速、熟练。

嫁接时选择健壮无病的砧木与接穗；将切好的接穗与砧木结合，用力挤压出气泡，利用汁液黏合在一起，并将其固定；嫁接后放置在阴凉处，避免强光直射，保持基质湿润，但不可积水，避免接口处感染。

三、营养土/基质配制

盆栽多肉植物的营养土/基质要满足如下要求：第一，要疏松透气，以满足根系呼吸；第二，要水分渗透性能良好，不积水；第三，要能固持水分和养分，供应生长发育；第四，要酸碱度适合生长要求；第五，无有害微生物和其他有害物质滋生混入；第六，腐殖质是营养基质中重要的组成成分。

常见的营养土/基质配制原料包括田园土、泥炭土、堆肥土、腐叶土、椰糠、草炭、蛭石、珍珠岩等。要根据多肉植物的生长习性来配制适合多肉植物的营养基质，可选择的基质主要包括蛭石、珍珠岩、火山石、绿沸石、陶粒、麦饭石、彩虹石、河沙等。

四、栽植

多肉植物栽植前要提前松土、断水，然后将多肉整株脱盆，注意不要伤及茎叶和根部。脱盆之后，适当修剪根部，剪掉死根、枯根，并放置在阴凉处晾干伤口。伤口晾干之后，将多肉植株放入新的盆中，调整它的位置，从侧面填入营养土/基质，按压一下。栽植后，要保持土壤干燥，放在阳光直射处，3～4d 后再浇水。浇水时，避开多肉，并且尽量在晚上浇。

五、栽植后管理

多肉植物栽植之后，出根之前不用浇水，出根之后适当浇水，浇水后注意通风。要根据栽植种类及土壤墒情合理浇水，如芦荟和仙人掌虽然都是抗旱型的多肉植物，但水分管理截然不同，芦荟浇水多时，生长快、长势强；仙人掌浇水多时则容易烂根。另外，一般浇水过多容易造成植株徒长而影响观赏性。

多肉植物大多喜光，在干旱、强光条件下，观赏性提高，必要时可采用全光谱 LED 补光灯进行补光。但是要注意，嫩苗不宜暴晒，可放置在有散射阳光的地方，随着植株生长慢慢增加日照。多肉植物需肥量相对较少，春秋生长季节，一般一个月施肥一次。夏冬休眠期可适当减少施肥，一般两个月施肥一次即可。

[1] 边银丙.食用菌栽培学［M］.北京：高等教育出版社，2017.

[2] 毕玉根，郑雪起，张洪旗.特色花卉和果树实用栽培技术［M］.北京：中国农业科学技术出版社，2017.

[3] 曹欢欢，刘思明.庭园阳台盆栽蔬菜［M］.上海：上海科学普及出版社，2007.

[4] 崔瑾.芽苗菜最新生产技术［M］.北京：中国农业出版社，2014.

[5] 董清华，朱德兴.休闲园艺：盆栽果树［M］.北京：中国农业大学出版社，2010.

[6] 郭世荣，孙锦.设施园艺学［M］.北京：中国农业出版社，2020.

[7] 胡晓辉.园艺设施设计与建造［M］.北京：科学出版社，2021.

[8] 姜淑苓，贾敬贤.果树盆栽实用技术［M］.北京：金盾出版社，2020.

[9] 蒋先华，蒋欣梅.科学种菜奔小康［M］.哈尔滨：黑龙江人民出版社，2003.

[10] 蒋先华.北方家庭园艺［M］.哈尔滨：黑龙江科学技术出版社，1992.

[11] 刘金海，王秀娟.观赏植物栽培［M］.北京：高等教育出版社，2009.

[12] 缪旻珉，汪李平.蔬菜栽培学［M］.北京：科学出版社，2021.

[13] 彭镜波.果树栽培学各论（南方本）［M］.北京：中国农业出版社，1993.

[14] 曲迎洲，祖爱民，吴曼霖.家庭常见花卉栽培技艺［M］.济南：山东科学技术出版社，2002.

[15] 饶璐璐.家庭特菜栽培［M］.北京：中国农业出版社，2003.

[16] 吴凤芝.园艺设施工程学［M］.北京：科学出版社，2023.

[17] 王久兴.绿色阳台小菜园［M］.北京：天津科学技术出版社，2002.

[18] 王秀峰.蔬菜栽培学各论（北方本）［M］.4版.北京：中国农业出版社，2011.

[19] 徐立华，郑艾琴，贾小.花卉繁育与栽培［M］.银川：宁夏人民出版社，2009.

[20] 于锡宏，蒋欣梅，刘守伟.农家庭院棚室蔬菜栽培与管理［M］.哈尔滨：黑龙江省科技出版社，2005.

[21] 云正明，赵志忠，郭素芹.家庭园艺［M］.北京：中国农业出版社，1992.

[22] 钟凤林，林义章.设施植物栽培学［M］.北京：科学出版社，2018.

[23] 张金霞，蔡为明，黄晨阳.中国食用菌栽培学［M］.北京：中国农业出版社，2020.

[24] 张俊叶，田云芳，徐海霞，等.花卉栽培技术［M］.北京：中国轻工业出版社，2014.

[25] 张振贤.蔬菜栽培学［M］.北京：中国农业大学出版社，2003.

[26] 冯奕玺.火龙果生物学特性、栽培技术及其发展前景［J］.云南热作科技，2002，（03）：36-40.

[27] 康林峰，曾秋香.南方油桃密植丰产栽培技术［J］.湖南农业科学，2006，（05）：55-57.

[28] 李富恒，张宏发，张永芳，等.种子成熟度差异对老山芹种子层积效果的影响［J］.东北农业大学学报，2022，53（04）：17-29.

[29] 李琳，黄士杰.草莓高产优质栽培技术［J］.北方园艺，2005，（06）：36-37.

[30] 李亚娟.北方温室油桃的栽培技术要点［J］.内蒙古农业科技，2005，（7）：67-68.

[31] 乔洒妮.芽苗菜的栽培技术及应用分析［J］.农业技术与装备，2023，（04）：173-177.

[32] 孙安忠.盆景果树栽培技术［J］.现代农业科技，2017，（7）：158-159.

[33] 王成元，王霞.月季的栽培管理及病虫害防治［J］.种子科技，2023，41（15）：84-86.

[34] 杨俊杰，张月琴，汪云.茉莉花栽培管理技术［J］.农业工程技术（温室园艺），2013，（06）：48-49.

[35] 张焦乐.唐菖蒲栽培管理技术［J］.中国园艺文摘，2016，32（05）：177-178.

[36] 曾庆鸿，穆雪，卢扬，等.芽苗菜栽培技术［J］.农技服务，2022，39（10）：15-17.